AF319255

TRAITÉ

DE

GÉOMÉTRIE ÉLÉMENTAIRE

A L'USAGE

des élèves de l'enseignement secondaire

(PREMIER ET SECOND CYCLES)

SUIVI DE COMPLÉMENTS

A L'USAGE DES CANDIDATS AUX ÉCOLES DU GOUVERNEMENT

PAR

P. SIMON

ANCIEN ÉLÈVE DE L'ÉCOLE NORMALE SUPÉRIEURE
PROFESSEUR A L'ÉCOLE ALSACIENNE

Ouvrage conforme aux programmes officiels du 31 mai 1902

GÉOMÉTRIE DE L'ESPACE

PARIS

LIBRAIRIE CLASSIQUE EUGÈNE BELIN

BELIN FRÈRES

RUE DE VAUGIRARD, 52

Tout exemplaire de cet ouvrage non revêtu de notre griffe sera
réputé contrefait.

SAINT-CLOUD. — IMPRIMERIE BELIN FRÈRES.

PRÉFACE

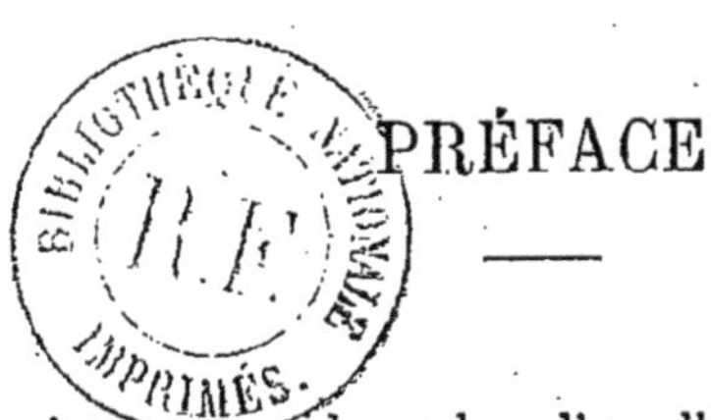

———

Il existe un grand nombre d'excellents traités de géométrie élémentaire. Aussi, si nous en publions ici un nouveau, est-ce uniquement parce que nous désirons nous placer à un nouveau point de vue, et, selon nous, combler un vide.

Parmi les livres de géométrie, les uns, à grande allure, très savants, sont incontestablement très utiles aux élèves forts.

Les autres livres, plus modestes, moins rénovateurs, et tous, il est vrai, assez pareils, peuvent évidemment être consultés avec fruit par les élèves faibles ou moyens. Seulement, comme la méthode synthétique y est presque toujours employée, les élèves de cette deuxième catégorie ne peuvent faire et ne font guère qu'une chose : s'efforcer d'apprendre par cœur, machinalement, une à une, les démonstrations, telles qu'elles figurent dans le livre. Travail dangereux, pénible, et (l'expérience le prouve) longtemps infructueux.

C'est pour essayer de remédier à cet état de choses fâcheux que nous publions ici cet ouvrage, estimant qu'un livre de géométrie ne doit pas être seulement un bon dictionnaire complet, mais que les idées et les méthodes générales doivent toujours largement y circuler, afin que l'élève sache, quand il mène une ligne ou considère un triangle, pourquoi il faut le faire. En un mot, dans ce nouveau traité, désireux d'amener les élèves à travailler d'une autre façon, nous emploierons presque toujours franchement la méthode analytique, et non pas, comme le font les traités usuels, la méthode synthétique.

La mémoire inintelligente étant de la sorte supprimée, il nous semble clair que, les jours d'examens, l'élève bien entraîné, s'il est sensible à cet appel naturel des idées que nous préconisons, sera en état de retrouver à peu près seul, de lui-même, naturellement, toutes les démonstrations qui ne reposent pas sur des artifices.

Le but poursuivi dans notre livre est donc nettement défini.

Ce livre, bien entendu, n'empêchera pas les élèves de pouvoir consulter avec fruit les livres de géométrie traités au point de vue synthétique. Il n'empêchera pas non plus le cours du maître d'être absolument nécessaire, car un enseignement parlé ne pourra jamais être remplacé par aucun livre, quel qu'il soit.

Ajoutons, pour terminer, que la bienveillance avec laquelle maîtres et élèves ont bien voulu accueillir le *Guide méthodique de résolution des problèmes de géométrie élémentaire* que nous avons publié il y a quelque temps nous fait espérer que, ici encore, on voudra se montrer indulgent et nous tenir compte du désir que nous avons eu d'agir constamment dans l'intérêt des élèves (forts ou faibles), à quelque cycle et à quelque division qu'ils appartiennent.

TRAITÉ DE GÉOMÉTRIE ÉLÉMENTAIRE

GÉOMÉTRIE DE L'ESPACE

LIVRE V

Droites et plans.

Sommaire :

§ 1er. — **Définitions et théorèmes préliminaires.**
§ 2. — **Droites perpendiculaires à plans[1].**
§ 3. — **Droites et plans parallèles.**
§ 4. — **Angles dièdres : quelconques — droits.**
§ 5. — **Projections.**
§ 6. — **Angles trièdres et angles polyèdres.**

---

§ 1er. — Définitions et théorèmes préliminaires.

Nous adopterons l'ordre suivant :

Définition du plan.
Deux droites déterminent un plan.
Intersection de deux plans.
Premières propriétés des droites parallèles.
Angle de deux droites de l'espace.

---

1. Dans le programme officiel, on met la perpendicularité des droites et plans avant leur parallélisme. On pourrait, il est vrai, étudier d'abord le parallélisme (voir la note placée à la fin du livre V).

Définition du plan.

On appelle *surface plane* ou *plan*, une surface illimitée telle que, si on y prend deux points quelconques, la droite indéfinie qui les joint a tous ses points sur la surface.

En d'autres termes, un plan est une surface indéfinie telle qu'une droite peut y être appliquée dans toutes les directions.

Nous admettrons sans démonstration qu'il existe des surfaces planes, de même que nous avons admis sans démonstration qu'il existe des lignes droites.

L'image d'un fil fortement tendu, la surface d'un lac tranquille nous donnent la notion très nette d'une droite ou d'un plan.

Ordinairement, un plan se représente par un parallélogramme limité. Toutefois on peut lui donner des bords dentelés — et dans tous les cas on peut lui mettre autant de rallonges qu'on voudra. Ce sera toujours le même plan.

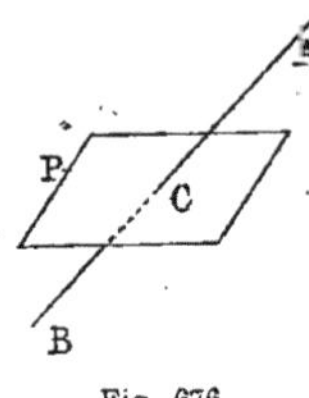

Fig. 676.

Nous sommes forcés d'admettre qu'une surface plane partage l'espace en deux régions. Par conséquent, si on prend un point A au-dessus du plan P, puis un point B au-dessous, on devra admettre que la droite qui relie A à B traverse forcément le plan P.

Ce plan P coupe donc la droite indéfinie AB en deux demi-droites CA et CB, l'une d'un côté du plan P, l'autre de l'autre côté de ce plan.

Façon de définir la position d'un plan de l'espace.

Théorème. — *Deux droites qui se coupent, OX et OY, définissent un plan.*

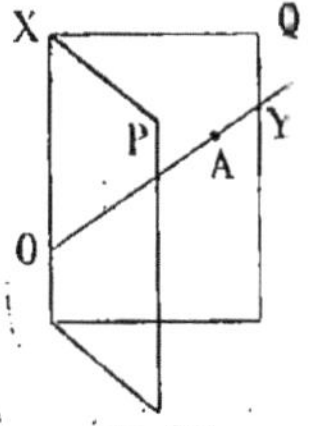

Fig. 677.

En effet, par la première droite OX on peut certainement faire passer un plan quelconque P, puis on peut le faire tourner jusqu'à ce qu'il passe par un point quelconque A pris sur la seconde droite OY. Dans cette position, le plan Q passe à la fois par OX et OY. On voit donc qu'il y en a un.

Cela posé, supposons que par un autre moyen (que nous ignorons) on ait trouvé un second plan Q' passant par les deux droites OX et OY. Je dis que ces deux plans Q et Q' sont les mêmes. En effet, prenons un point M du premier plan Q. En menant par M une droite DME reliant OX à OY, on a une droite DE située tout entière dans le plan Q. Mais cette droite DE est aussi tout entière dans le plan Q' puisqu'elle joint deux points D et E de ce plan Q'. Donc le point M du plan Q appartient au plan Q'.

On prouverait de même que tous les points du plan Q' appartiennent au plan Q.

Donc par deux droites qui se coupent passe un plan et un seul.

C. Q. F. D.

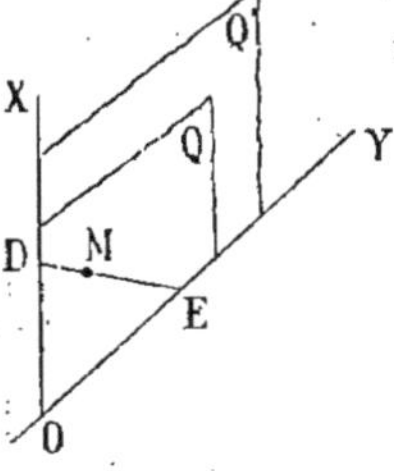

Fig. 678.

COROLLAIRE. — *Une droite AB et un point C en dehors, de même que trois points α, β, γ non en ligne droite définissent encore un plan de l'espace et un seul.*

Car d'une part, si on joint C à un point D de AB, il est impossible qu'un plan passant par AB et C ne contienne pas AB et CD; donc chercher à faire passer un plan par AB et C revient à faire passer un plan par deux droites qui se coupent.

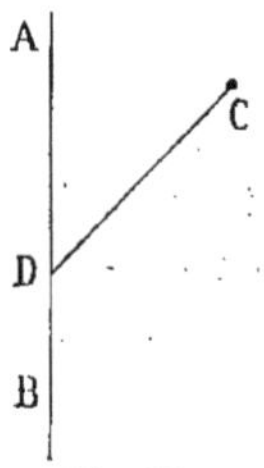

De même, si on joint αβ et βγ, tout plan passant par les trois points α, β, γ passe par les deux droites et réciproquement; donc, que l'on fasse l'un ou l'autre de ces problèmes, le résultat sera toujours pareil.

Fig. 679.

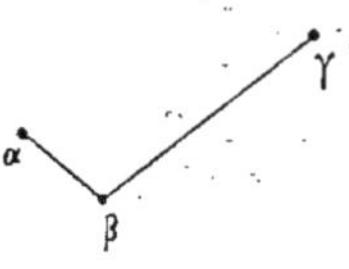

Fig. 680.

REMARQUE. — En géométrie plane on a étudié les droites parallèles. Ce sont des droites qui, situées dans un même plan, ne se rencontrent pas.

Par conséquent, quand on se trouve en présence de deux droites parallèles entre elles, on est sûr que ces deux droites sont forcément tout entières dans un même plan.

On est par conséquent sûr que le plan passant par l'une d'elles et un point de l'autre contient forcément cette autre tout entière.

C'est pour cela que l'on dit quelquefois que *deux droites parallèles données définissent nettement un plan et un seul.*

Il résulte de ce qui précède qu'un plan peut être regardé comme engendré par le mouvement d'une droite qui se meut en passant constamment par un même point et s'appuyant sur une droite quelconque — ou encore par une droite qui se meut en restant plle à elle-même en s'appuyant sur une droite quelconque (c'est-à-dire par une droite animée d'un mouvement de translation).

Intersection de deux plans.

Théorème fondamental I. — *L'intersection de deux plans distincts[1] P et Q ayant deux points communs A et B est une ligne droite.*

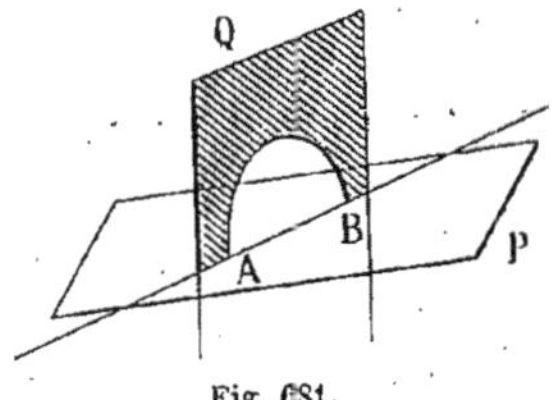
Fig. 681.

D'abord la droite AB est tout entière à la fois dans le plan P et dans le plan Q. Donc déjà ces deux plans ont une infinité de points communs en ligne droite.

Mais aucun point en dehors de cette droite indéfinie AB ne saurait être à la fois dans les deux plans P et Q, car sans cela les deux plans P et Q ayant une droite et un point commun seraient confondus, ce qui n'est pas.

Donc les points communs aux deux plans sont tous en ligne droite.   C. Q. F. D.

Théorème fondamental II. — *L'intersection de deux plans distincts qui ont un point commun A est une ligne droite.*

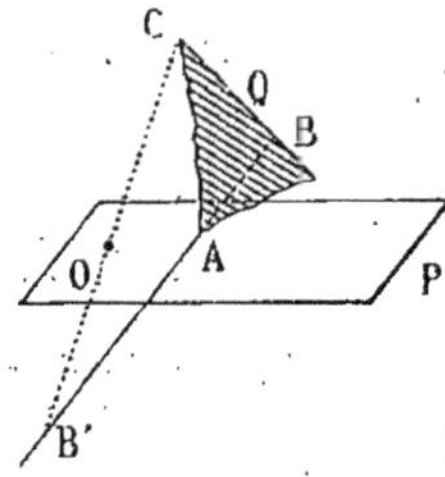
Fig. 682.

Soit A un point commun aux deux plans distincts P et Q. Le plan Q pourra évidemment être défini par les deux demi-droites AB et AC situées par exemple au-dessus du plan P. Mais alors, si nous prolongeons BA en dessous, nous pouvons sur ce prolongement prendre un point B', lequel, étant joint au point C, donne naissance à une droite B'C qui évidemment traverse le plan P en un point que nous appellerons O.

---

1. Nous appellerons *plans distincts* des plans qui ont des points non communs. Il en existe évidemment.

La droite B'C étant dans le plan Q, ce point O appartient évidemment aux deux plans P et Q.

Donc on voit maintenant que les deux plans P et Q ont deux points communs. On est dès lors ramené au cas précédent, et les deux plans P et Q ont une infinité de points communs tous en ligne droite.   C. Q. F. D.

Premières propriétés des droites parallèles.

Définitions diverses. — 1° On dit qu'une droite *coupe* un plan quand elle n'a avec lui qu'un point commun.

Ce point commun s'appelle le **pied** de la droite sur le plan.

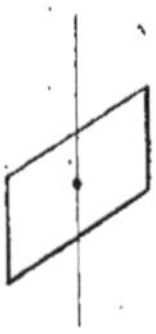

2° On dit que deux droites de l'espace sont *parallèles entre elles* quand elles sont situées dans un même plan et qu'elles ne se rencontrent pas.

(Il faut remarquer que la condition du parallélisme de deux droites est double, et il ne suffirait pas de dire que les droites ne se rencontrent pas.)

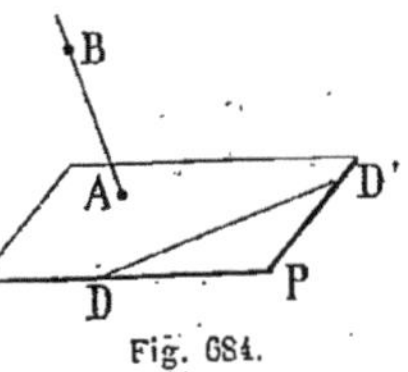

Fig. 683.

En général deux droites de l'espace ne se rencontrent pas, et pourtant elles ne sont pas alors parallèles. Pour dessiner deux droites de l'espace qui ne se coupent pas, il n'y a qu'à prendre un plan P, à mener dans ce plan une droite DD', à y prendre un point A extérieur à cette droite DD' et à le joindre à un point B extérieur au plan P.

Fig. 684.

(Ces deux droites DD' et AB ne peuvent pas être dans un même plan, car ce plan serait le plan DD'A, ce qui est impossible puisque la droite AB contient un point B extérieur au plan P). (Et de plus ces deux droites DD' et AB ne peuvent pas se rencontrer puisque sans cela la droite AB, passant par A et rencontrant DD', serait dans le plan P, ce qui n'est pas.)

Théorème I. — *Par un point O de l'espace on ne peut mener qu'une droite parallèle à une droite donnée AB.*

En effet cette plle doit être dans le plan passant par AB et le point O, et il n'y a qu'un plan.

De plus, dans ce plan, il n'y a qu'une droite parallèle à AB.

Théorème II. — *Quand deux droites A et B sont parallèles, tout plan P qui coupe l'une coupe l'autre.*

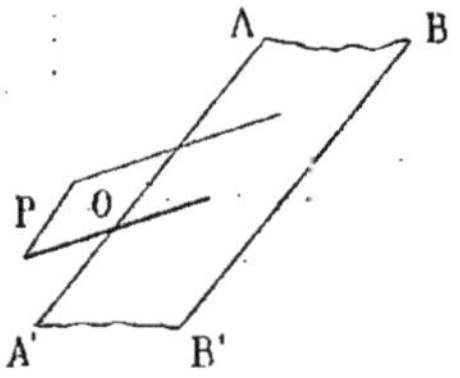

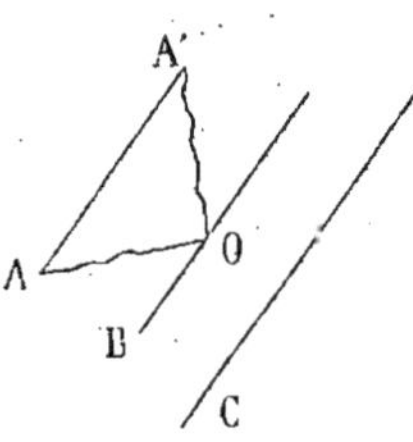

Fig. 685.

En effet les deux droites sont dans un même plan (puisqu'elles sont par hypothèse parallèles).

Mais alors on a deux plans P et ABA'B' qui ont un point commun O. Donc, d'après le théorème connu, ces deux plans se coupent. La droite d'intersection OX étant située dans le plan ABA'B' coupe forcément BB'; ce point I d'intersection étant aussi dans le plan P, P coupe BB'.   C. Q. F. D.

Théorème III. — *Deux droites parallèles à une troisième sont parallèles entre elles.*

Soient A et B deux droites parallèles à la droite C.

1° *Elles sont dans le même plan.* Car si on considère le plan AA'O, passant par un point O de B, si ce plan coupait B, il couperait C. Coupant C, il couperait A, ce qui n'est pas (puisque A ne coupe pas ce plan, AA'O y étant contenu).

Donc, supposer que B coupe le plan AA'O nous conduisant à une impossibilité, nous devons admettre que B ne coupe pas OAA', donc B est contenu dans le plan OAA'. Donc les deux droites A et B sont dans un même plan.

Fig. 686.

2° *Les deux droites A et B ne peuvent pas se couper.* Car sans cela de leur point de rencontre partiraient deux droites A et B plles à la droite C, ce qui est impossible, puisque d'un point on ne peut mener qu'une seule droite plle à la droite C.

Donc, en résumé, les deux droites A et B et sont dans un même plan et ne peuvent se rencontrer. Donc elles sont parallèles.

C. Q. F. D.

Théorème IV. — *Deux angles de l'espace à côtés respectivement parallèles sont égaux ou supplémentaires.*

Pour prouver que les deux angles ABC et A'B'C' dont les côtés sont plles et de mêmes directions sont égaux, prenons :

$$A'B' = AB,$$
$$A'C' = AC,$$

ce qui nous permet de constituer deux $\triangle$ BAC et B'A'C' dont nous allons pouvoir démontrer l'égalité en joignant AA', BB' et CC'. ABA'B' est un parallélogramme, donc BB' est égal et plle à AA', ACA'C' aussi. Donc CC' est égal et plle à AA'.

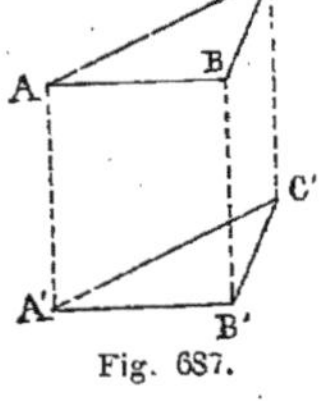

Fig. 687.

Par conséquent les deux droites BB' et CC', toutes deux plles à AA', sont plles entre elles. Comme de plus elles sont égales, il en résulte que BB'CC' est un parallélogramme. Donc BC $=$ B'C'.

Dès lors les deux $\triangle$ ayant leurs trois côtés égaux deux à deux, les angles en A et A' sont égaux.   C. Q. F. D.

Angle de deux droites de l'espace.

Définition. — On appelle *angle de deux droites quelconques qui ne se coupent pas* l'angle formé par leurs plles menées par un même point O.

Pour que cette définition puisse être acceptée, il faut prouver que, quel que soit le point choisi O, cet angle est toujours le même.

Or, cela a lieu en vertu du théorème IV, puisque les angles O, O_1, O_2..., sont égaux comme formés par des côtés plles.

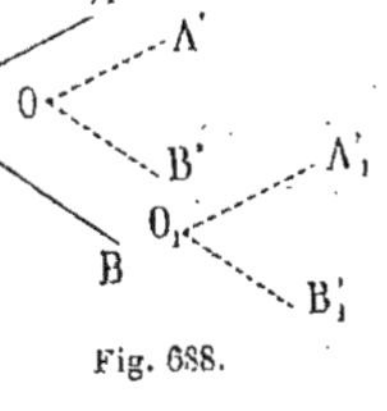

Fig. 688.

N. B. — On voit bien d'après cela que l'on ne peut définir rigoureusement l'angle de deux directions quelconques de l'espace qu'après avoir au préalable établi les quatre théorèmes précédents sur les droites parallèles dans l'espace.

Remarque. — Il est évident que, quand deux droites A et B forment un angle 0, toute plle A' à A forme avec B le même angle θ. Car, si par un point O on mène la plle Oα à A, la plle à A' sera la même droite Aα (deux droites A' et α plles à une troisième A étant plles entre elles).

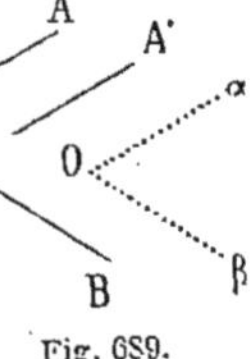

Fig. 689.

Donc αOβ est aussi bien l'angle A avec B que l'angle de A' avec B.   C. Q. F. D.

§ 2. — Droites perpendiculaires à plans.

Définition. — On dit que deux droites de l'espace qui ne se coupent pas sont *à angle droit* ou encore sont *orthogonales* on encore simplement sont *perpendiculaires*, quand l'angle de leurs parallèles menées par un point quelconque est droit.

Définition. — On dit qu'*une droite est perpendiculaire à un plan* quand elle est perpendiculaire ou orthogonale à toutes les droites du plan, quelles qu'elles soient, qu'elles passent ou non par son pied.

Nous allons démontrer qu'il existe de pareilles droites.

Nous allons aussi donner un moyen général de savoir vite si une droite satisfait à cette condition de perpendicularité avec un plan.

Remarquons d'abord qu'il est facile d'*obtenir une droite pp.*

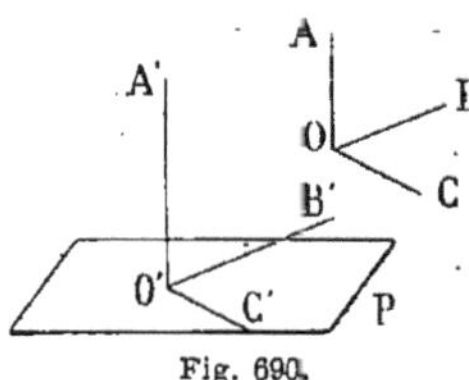

Fig. 690.

à *deux droites d'un plan passant par son pied.* Car on n'a qu'à mener par un point O d'une droite OA deux pp. OB et OC à cette droite OA, puis à transporter le système formé de façon à appliquer OB et OC dans le plan P. On a alors une droite O'A' pp. aux deux droites O'B' et O'C' passant par son pied dans le plan.

Établissons maintenant le premier théorème suivant.

Théorème I. — *Quand une droite est pp. à deux droites d'un plan passant par son pied, elle est perpendiculaire à n'importe quelle autre droite du plan passant par son pied.*

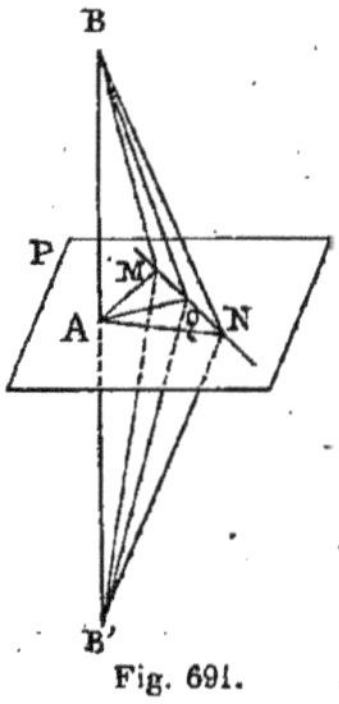

Fig. 691.

Soit AB pp. aux deux droites AM et AN. Je dis que AB est pp. à une troisième droite quelconque AQ.

Pour cela prolongeons BA en dessous du plan P d'une longueur égale AB'; coupons par une droite MNQ et tâchons de prouver que le △ BQB' est isocèle.

A cet effet considérons les deux △ BQN et B'QN. Ils ont QN commun.

BN = B'N (car, dans le plan BB'N, BN et B'N sont deux obliques également écartées du pied A de la pp. AN).

De plus, les angles compris BNQ et B'NQ sont égaux (car les

deux △ BMN et B'MN ont leurs trois côtés égaux puisque BM
est encore égal à B'M).

Donc les deux △ considérés BNQ et B'NQ sont égaux.

Donc BQ = B'Q.

Donc dans ce △ isocèle BQB' la médiane AQ est hauteur.

La droite AQ étant une droite quelconque du plan P passant
par le pied A, le théorème est donc démontré.

Théorème II. — *Quand une droite AB est pp. à deux droites
passant par son pied dans un plan,
elle est pp. à toutes les droites RS
de ce plan qui ne passent pas par
son pied.*

En effet, pour avoir l'angle de AB
avec RS, il suffit de mener par A une
plle à RS. Or cette plle S' est située
dans le plan RSA, et AB est pp.
à AS'.

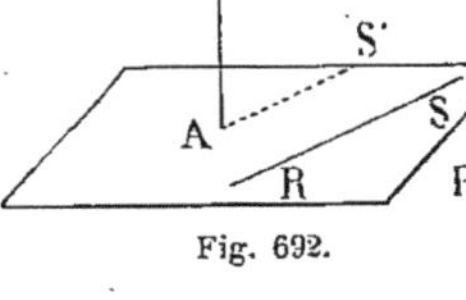

Fig. 692.

Donc AB est pp. à RS (d'après la définition).

Théorème réciproque. — *Quand une droite est pp. à deux
droites d'un plan ne passant pas par
son pied, elle est pp. à toutes les
droites de ce plan.*

En effet si AB est pp. à C et à D,
elle forme un angle droit avec les
plles C' et D'; donc, d'après le théorème I, AB est pp. à toutes les droites
sans exception du plan.

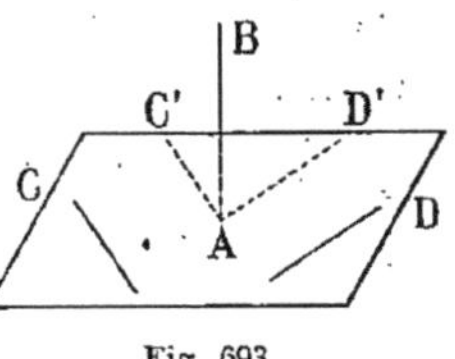

Fig. 693.

C. Q. F. D.

En résumé, *une droite est pp. à toutes les droites d'un plan,*
c'est-à-dire, comme on dit en abrégé, *est pp. à ce plan, dès
qu'elle est pp. à deux droites (n'importe lesquelles) de ce
plan.*

Nous avons donc ici une *méthode commode* pour prouver la
perpendicularité d'une droite et d'un plan, méthode constamment appliquée.

Nous pouvons même, dans le même ordre d'idées, formuler la
méthode générale suivante :

MÉTHODE. — *Pour prouver que deux droites de l'espace sont*

perpendiculaires, on démontre que l'une d'elles est pp. à un plan passant par l'autre.

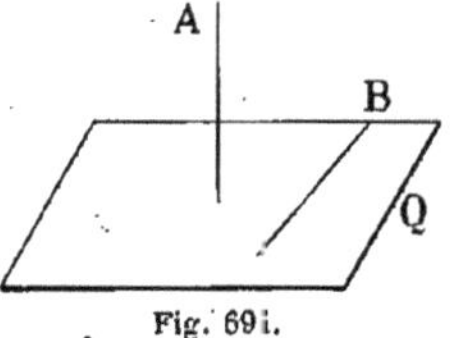

Fig. 694.

(Cette méthode est d'un emploi continuel.)

PROBLÈME. — *D'un point mener un plan pp. à une droite; puis une droite pp. à un plan.*

1er CAS. — AB *droite donnée*, O *point donné sur la droite.*

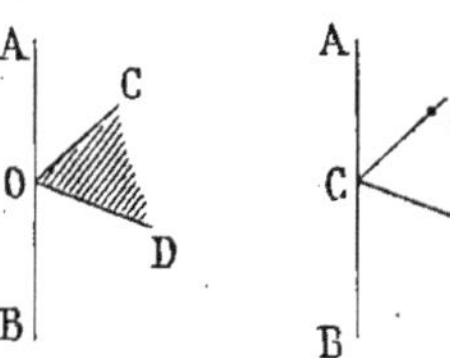

Fig. 695.   Fig. 696.

RÈGLE. — *On mène OC et OD pp. à AB.*

COD est le plan demandé.

Car AB est pp. à deux droites de ce plan COD; donc à toutes — donc au plan.

2e CAS. — AB *droite donnée*, O *point donné en dehors.*

RÈGLE. — *On mène OC pp. à AB, puis CD pp. à AB.*
D'où le plan OCD pp. à la droite AB.
Car.....

3e CAS. — P *plan donné*, O *point donné sur le plan.*

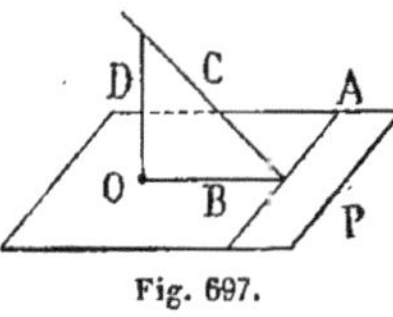

Fig. 697.

RÈGLE. — *On mène une droite quelconque A dans le plan, puis la pp. B, puis la pp. C sur A, enfin, dans le plan BC, la pp. D à B.*

D est pp. au plan P. Car D est pp., non seulement à B, mais encore à A (puisque A est pp. à B et à C; donc au plan BC, donc à la droite D).

4e CAS. — P *plan donné*, O *point donné extérieur.*

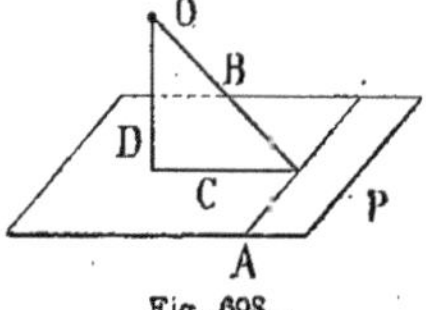

Fig. 698.

RÈGLE. — *On prend dans le plan P une droite quelconque A, puis la pp. OB, puis la pp. C, enfin la pp. D.*

D est pp. à P. Car D est pp., non seulement à C, mais encore à A (puisque A est pp. à B et à C, donc à D).

REMARQUE. — Il n'y a jamais qu'un plan ou qu'une droite pp.

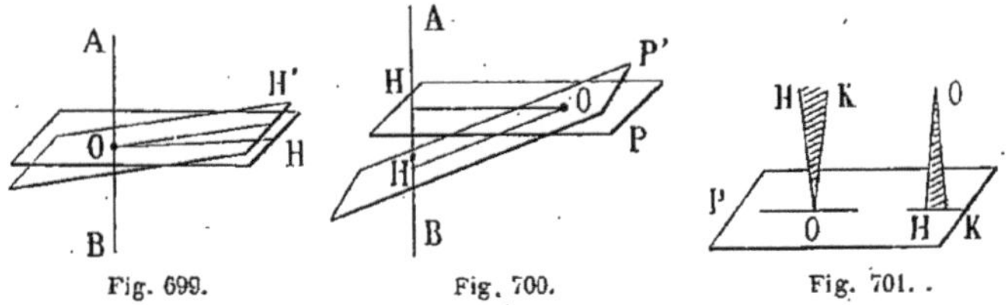

Fig. 699.   Fig. 700.   Fig. 701.

(On le démontre par l'absurde en supposant qu'il y en a deux.)

Propriétés des perpendiculaires et obliques à un plan.

Théorème. — *Si d'un point extérieur on mène la pp. à un plan et des obliques :*

1° *La pp. est plus courte que l'oblique;*

2° *Deux obliques également écartées du pied de la pp. sont égales;*

3° *Deux obliques inégalement écartées sont inégales, et celle qui s'écarte le plus est la plus grande;*

4° *Deux obliques égales s'écartent également;*

5° *Deux obliques inégales s'écartent inégalement.*

(Toutes ces propositions se ramènent très vite à la géométrie plane. — Les deux réciproques 4 et 5 se démontrent par l'absurde.)

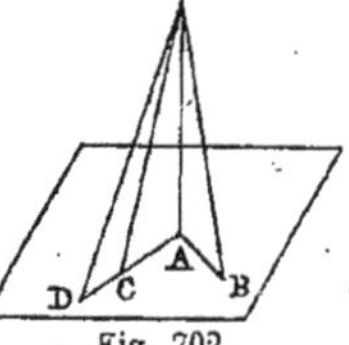

Fig. 702.

Théorème. — *Si une droite fait des angles égaux avec trois droites d'un plan passant par son pied, elle lui est perpendiculaire.*

Il suffit pour cela de prendre sur ces trois droites, à partir du pied A, des longueurs égales, et de remarquer que le pied de la pp. devant être à égale distance des trois pieds n'est autre que le point A.

Théorème des trois perpendiculaires.

Théorème. — *Si, d'un point extérieur à un plan, on mène une pp. et une oblique et qu'on mène la ligne des pieds, si du* *pied de l'oblique on mène dans le plan une pp. à la ligne des pieds, cette pp. est pp. à l'oblique.*

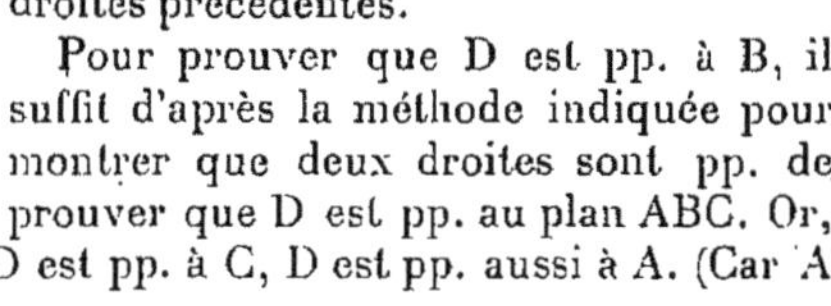

Fig. 703

Désignons par A, B, C, D les quatre droites précédentes.

Pour prouver que D est pp. à B, il suffit d'après la méthode indiquée pour montrer que deux droites sont pp. de prouver que D est pp. au plan ABC. Or, cela est évident. Car D est pp. à C, D est pp. aussi à A. (Car A est pp. au plan P.)

Donc D est pp. à deux droites du plan — donc à toutes — donc à B.

C. Q. F. D.

Lieux géométriques.

1er Lieu. — *Le lieu géométrique des perpendiculaires menées à une droite par un point de cette droite est un plan pp. à la droite.*

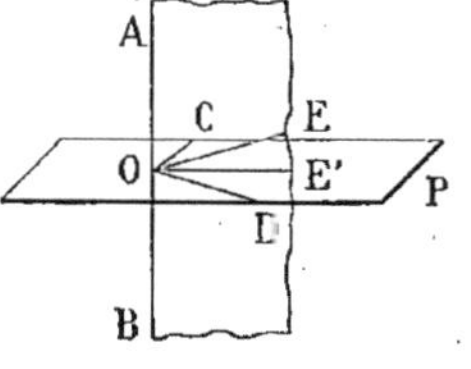

Fig. 704.

Soient OC et OD deux pp. à la droite AB. Elles forment un plan que nous pouvons appeler P.

Si OE est une troisième pp. à AB, elle est dans ce plan P. Car, si elle était au-dessus, le plan ABE couperait P suivant une droite OE′ située au-dessous de OE, droite E′ qui serait pp. à AB, et alors dans le plan ABE on aurait deux pp. à AB issues de O, ce qui est impossible.

Donc OE ne peut être au-dessus — au-dessous non plus.

Donc, toutes les pp. à AB sont dans le plan P.

D'ailleurs, une droite quelconque menée dans ce plan P par le point O est pp. à AB.

Donc le lieu géométrique de ces pp. est le plan P.

C. Q. F. D.

2e Lieu. — *Le lieu géométrique des points de l'espace à égale distance de deux points donnés est le plan perpendiculairement mené en son milieu à la droite qui joint ces deux points.*

1° Méthode synthétique ou de vérification.

D'abord si P est le plan mené par le milieu I de AB parallèlement à la droite AB, un point quelconque M de ce plan est à égale distance de A et de B.

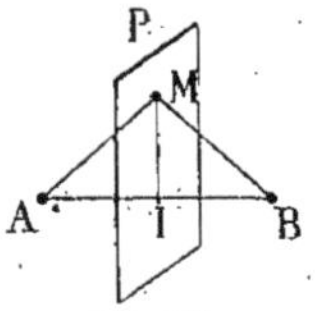

(Car MI est une pp. à AB et, dans le plan MAB, MA et MB sont des obliques également écartées.)

D'un autre côté un point extérieur C n'est pas à égale distance de A et de B. Car, si AC coupe P en D, on a :

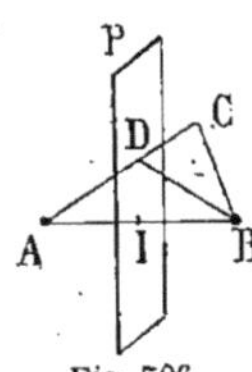

Fig. 705.

$$CB < CD + DB,$$
$$\text{c'est-à-dire :} \quad CB < CD + DA,$$
$$< CA.$$

P est donc bien le lieu cherché.

Fig. 706.

2° Méthode analytique ou de recherche.

D'abord si M est un point de l'espace à égale distance de A et de B, dans le Δ isocèle MAB la médiane MI est hauteur. Donc le point M se trouve quelque part sur une droite menée par le milieu I de AB perpendiculairement à AB. Donc M se trouve dans le plan mené par I perpendiculairement à AB, et nulle part ailleurs. D'ailleurs un point quelconque de ce plan est à égale distance de A et de B (déjà vu plus haut).

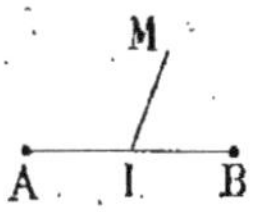

Fig. 707.

Donc tous les points, sans exception, de ce plan font partie du lieu.

Donc le lieu est le plan perpendiculaire.

C. Q. F. D.

3ᵉ LIEU. — *Le lieu des points également distants de trois points donnés est une droite* (la droite XY étant menée perpendiculairement au plan des trois points par le centre ω du cercle circonscrit).

D'abord un point quelconque M de cette pp. XY est un point également distant de A, B et C. (Car nous avons trois obliques également écartées du pied ω.)

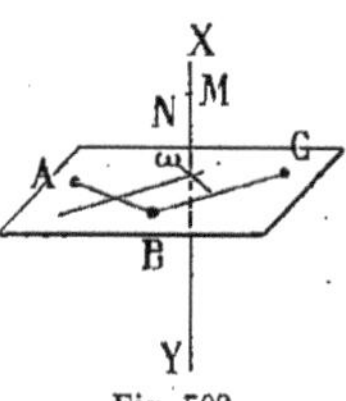

Fig. 708.

Ensuite un point N non situé sur XY n'est pas à égale distance. Car la pp. menée de N ne saurait tomber en ω. Mais il n'y a qu'un point du plan ABC à égale distance de A, de B et de C. Donc NA, NB, NC, étant inégalement écartées du pied de la perpendiculaire menée de N, sont des droites inégales.

Donc le lieu est la perpendiculaire XY.   C. Q. F. D.

4ᵉ LIEU. — *Le lieu des points également distants de deux demi-droites qui se coupent est le plan défini par la bissectrice de leur angle et la pp. menée à leur plan par le sommet de cet angle.*

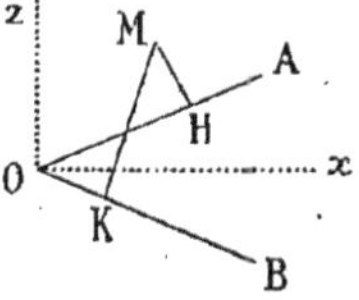

Fig. 709.

Soit M un point du lieu, c'est-à-dire un point M tel que les deux pp. MH et MK sur les deux droites OA et OB sont égales. Les deux Δ OMH et OMK sont égaux. Donc M est à égale distance de H et de K. Donc M est dans le plan mené perpendiculairement à la droite HK en son milieu. Or, ce plan passe par la bissectrice Ox de l'angle AOB, ainsi que par la pp. Oz au plan AOB. — Donc tous les points du lieu sont dans ce plan zOx et nulle part ailleurs.

D'ailleurs on verrait facilement que tout point de ce plan est un point du lieu.

Donc le lieu est ce plan zOx.   C. Q. F. D.

5ᵉ LIEU. — *Le lieu des pieds des obliques égales menées d'un point donné O à un plan est une circonférence ayant pour centre le pied de la pp. menée de ce point sur le plan et un rayon égal à $\sqrt{l^2 - d^2}$, l étant la longueur de l'oblique et d la distance du point au plan.*

(Démonstration facile.)

On peut déduire de là un moyen pratique de mener d'un

point extérieur une normale à un plan. (Il suffit de tendre une corde dans trois directions différentes, et de chercher le centre du cercle circonscrit au $\triangle$ formé par les trois pieds.)

§ 3. — Parallélisme des droites et des plans.

I. — Droites parallèles entre elles dans l'espace.

1re Propriété. — *Si deux droites sont parallèles, tout plan perpendiculaire à l'une est perpendicu-laire à l'autre.*

Soient A et B deux droites plles et P un plan pp. à A.

Pour prouver que B est pp. à P, il suffit de remarquer que B est pp. à une droite *quelconque* MN du plan P (puisque A étant perpendiculaire à MN sa parallèle B l'est aussi).

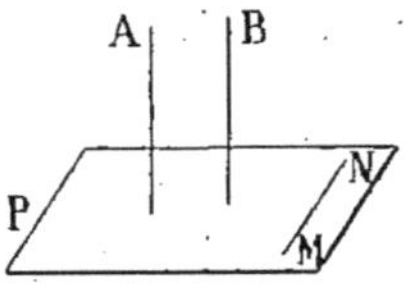

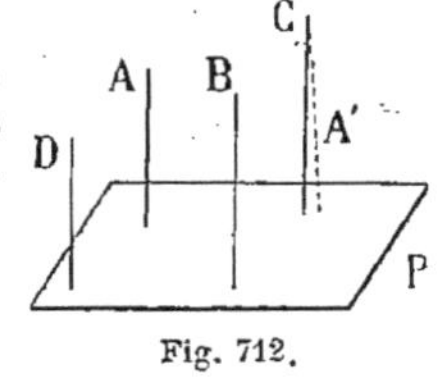
Fig. 711.

2e Propriété. — *Des droites pp. à un même plan constituent un groupe de droites deux à deux plles dans l'espace.*

En effet, si A n'était pas plle à C, d'un point pris sur C on pourrait toujours mener une plle A′ à A, droite A′ qui se-rait pp. à P.

Mais alors de C on pourrait mener deux pp. au plan P, ce qui est impos-sible. Donc nous devons rejeter cette sup-position de C non plle à A. Donc C est plle à A.   C. Q. F. D.

Fig. 712.

II. — Droites parallèles à un plan.

Définition. — On dit qu'une droite est plle à un plan quand elle ne peut pas le rencontrer.

Il existe de pareilles droites. En effet :

Théorème. — *Si deux droites A et B sont plles, tout plan passant par l'une est plle à l'autre.*

En effet, si B rencontrait le plan P, ce plan P, coupant B, devrait couper A, ce qui n'est pas (puisque P contient A). Donc supposer que P n'est pas plle à B nous conduisant à une impossibilité, nous devons dire que P est plle à B.

C. Q. F. D.

Propriétés des droites parallèles à un plan.

1re Propriété. — *Quand une droite est plle à un plan, tout plan passant par cette droite coupe le plan suivant une plle à la droite.*

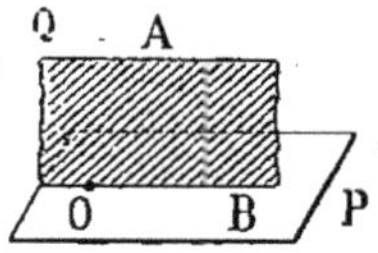

Soit A une droite plle à P, et Q un plan passant par A et un point O du plan P.

L'intersection B des deux plans est plle à A. (Car sans cela ces deux droites A et B se rencontreraient et la droite A couperait un plan auquel elle est parallèle.)

Fig. 713.

Donc :

2e Propriété. — *Quand une droite est parallèle à un plan, elle en est partout à égale distance.*

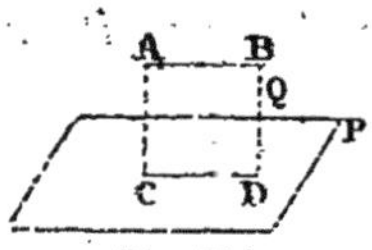

Menons les deux perpendiculaires AC et BD. Elles sont parallèles, donc dans un même plan Q.

Fig. 714.

Mais ce plan coupe P suivant une droite CD parallèle à AB. Donc ABCD est un rectangle. Donc AC = BD.

3e Propriété. — *Quand une droite est parallèle à un plan, toute droite menée par un point du plan parallèlement à la droite est située dans ce plan.*

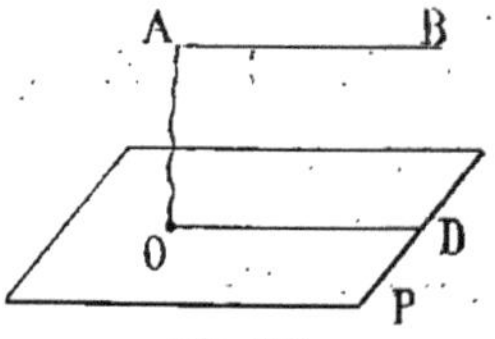

En effet le plan ABO coupe P suivant une droite plle à AB.

Or, dans le plan ABO, il n'y a qu'une parallèle à AB passant par O.

Fig. 715.

Donc la parallèle à AB, menée par le point O, est située dans le plan P.

4e Propriété. — *Quand deux plans sont parallèles à une même droite, leur intersection est parallèle à cette droite.*

Car, si par un point de l'intersection on mène une parallèle à XY, cette parallèle est à la fois dans P et dans Q.

———

CorollAiRE. — Si par deux droites parallèles A et B on mène deux plans P et Q, ces deux plans se coupent suivant une parallèle aux deux droites A et B.

(Même démonstration.)

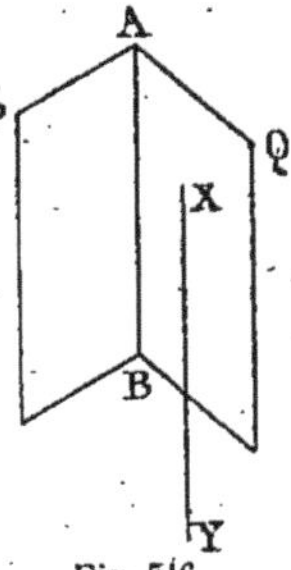

Fig. 716.

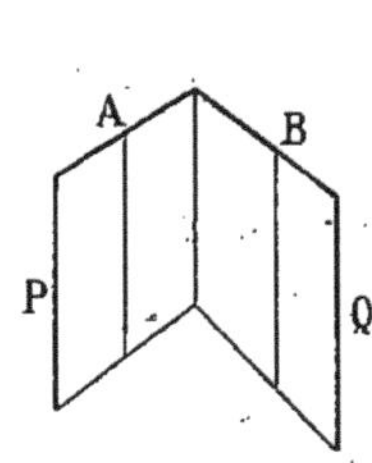

Fig. 717.

———

PROBLÈME I. — *Par une droite A mener un plan parallèle à une deuxième droite B.*

RÈGLE. — *Par un point de A on mène une parallèle B' à B.*

(D'où le plan cherché AB'.)

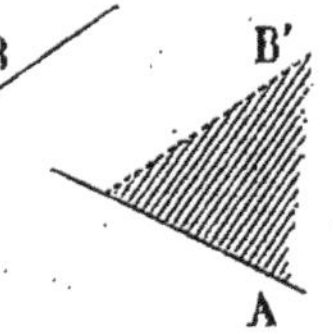

Fig. 718.

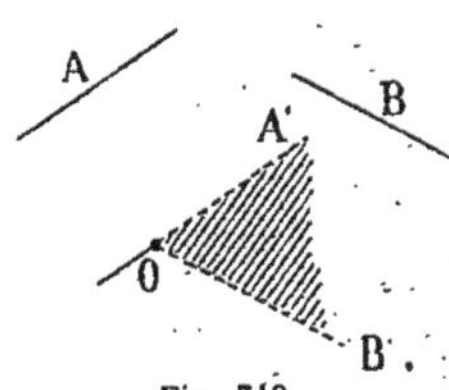

Fig. 719.

PROBLÈME II. — *Par un point O mener un plan plle à deux droites données.*

RÈGLE. — *Par O on mène les deux parallèles A' et B'.* D'où le plan cherché A'B'.

PROBLÈME III. — *Mener une droite parallèle à une direction donnée C s'appuyant sur deux droites données A et B.*

RÈGLE. — *1° Par un point de la droite A on mène une parallèle C'; 2° On cherche le point M où B coupe le plan AC'; 3° Par ce point on mène la parallèle MN.*

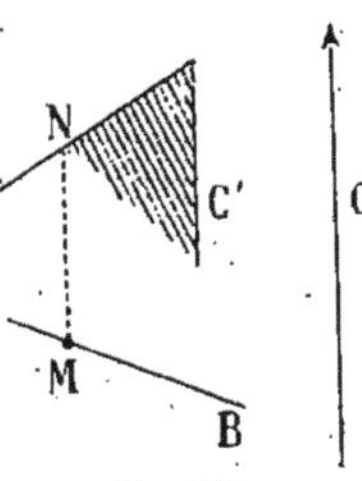

Fig. 720.

MN est la droite cherchée. Car elle est plle à C', donc à C.

Remarque. — Il n'y a qu'une solution. Car la droite cherchée. doit être : 1° dans le plan plle à C passant par A ;

2°   —   C   —   B ;

donc doit être à l'intersection de deux plans uniques très nettement définis.

Par conséquent, il n'y a qu'une droite répondant à la question.

Problème IV. — *Mener une pp. commune à deux droites,* (c'est-à-dire une droite qui les rencontre toutes deux orthogonalement.)

Pour faire ce problème, nous allons en déterminer d'abord la *direction*, puis la *position*.

1° Direction. — La droite cherchée RS, étant perpendiculaire à la fois à A et à B, est perpendiculaire à la plle A′ menée par un point de B ; donc est perpendiculaire au plan mené par B parallèlement à A, c'est-à-dire parallèle à la perpendiculaire XY.

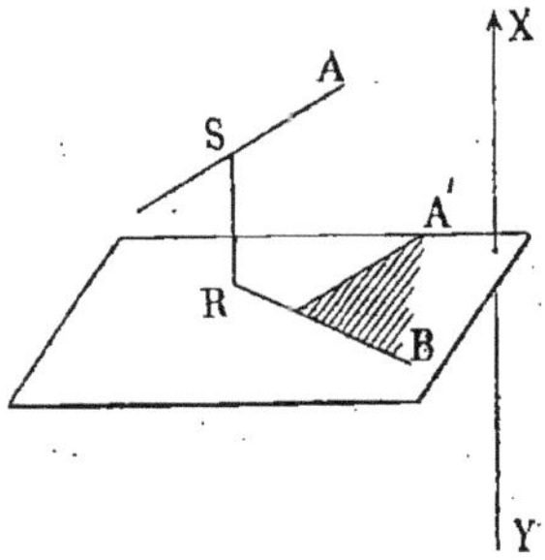

2° Position. — Il n'y a plus qu'à mener maintenant une droite parallèle à XY et s'appuyant sur les deux droites données A et B (problème connu). (Et nous avons vu qu'il n'y a qu'une solution.)

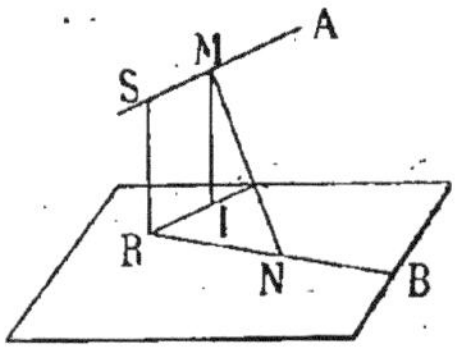

Fig. 721.

Remarque. — *La perpendiculaire commune RS s'appelle quelquefois la plus courte distance des deux droites A et B.*

Joignons en effet deux points quelconques M et N pris au hasard sur A et sur B.

Fig. 722.

On a : MN > RS. (Car la perpendiculaire MI est égale à RS et l'oblique MN est plus grande que la perpendiculaire MI.)

MN est plus grande que la perpendiculaire MI.)

Lieu géométrique.

Le lieu géométrique des droites menées par un point O de l'espace parallèlement à un plan donné est un plan.

Soit OA une droite plle au plan P. Si nous menons la pp. OH au plan, par le pied H, si nous menons la plle HA', elle sera contenue dans le plan P (théorème démontré).

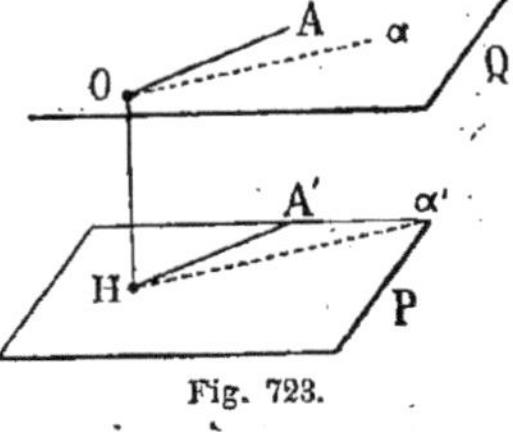

Mais OH étant pp. à HA' sera pp. sur sa plle OA.

Donc toutes les droites telles que OA plles au plan P sont pp. à OH.

Dès lors, d'après un lieu connu, ces droites sont toutes dans un même plan Q pp. à OH.

Fig. 723.

D'ailleurs, toute droite Oα de ce plan Q étant pp. à OH, comme il y a dans le plan P une droite plle Hα' plle à Oα, Oα sera plle à Hα', donc plle au plan P.

Le lieu est donc le plan Q tout entier.

C. Q. F. D.

III. — **Plans parallèles entre eux**.

Définition. — Plans qui n'ont pas de point commun.

Il existe de pareils plans. Pour cela nous allons indiquer deux façons d'en obtenir.

1ʳᵉ Façon. — *Deux plans pp. à une même droite sont plles.*

En effet, si les deux plans P et P' pp. tous deux à AB se coupaient, d'un point partiraient deux plans pp. à une même droite. Ce qui est impossible. Donc nous devons admettre que ces plans sont plles.

2ᵉ Façon. — *Quand deux angles ont leurs côtés respectivement plles, leurs plans sont plles.*

Car, si les plans se coupaient suivant une droite MN, cette droite MN serait parallèle à la droite OA, à cause du corollaire,

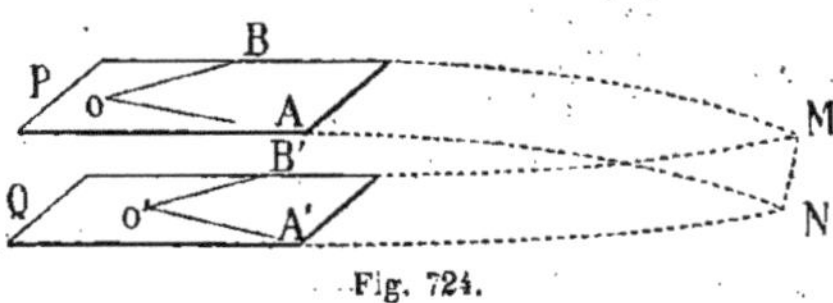

Fig. 724.

page 466. Mais elle serait aussi parallèle à la droite OB. Ce qui est impossible. Donc les deux plans sont parallèles.

Il y a peut-être encore d'autres façons d'obtenir des plans parallèles.

Propriétés de deux plans parallèles.

1° *Deux plans parallèles P et Q coupés par un troisième donnent des intersections parallèles.*

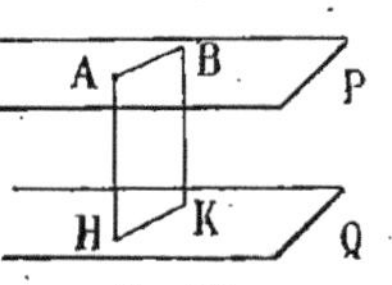

Fig. 725.

Soit un troisième plan R défini par la droite AB située dans le plan P et le point C pris dans le plan Q.

Ce plan R coupe P (théorème connu, page 454), suivant une droite CD qui ne peut pas rencontrer AB. Car sans cela les deux plans parallèles P et Q auraient un point commun.

Donc AB est parallèle à CD.

2° *Si deux plans sont parallèles, toute droite perpendiculaire à l'un est perpendiculaire à l'autre.*

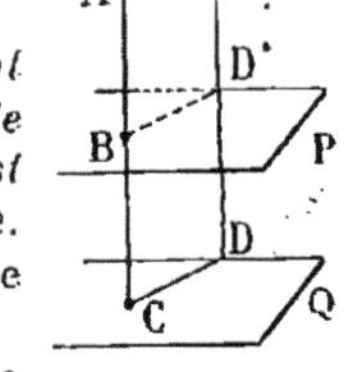

Fig. 726.

Soit AB pp. à P, AB rencontre forcément le plan plle Q. (Voir fin de la page.)

Par C menons dans Q une droite quelconque CD.

Le plan ACD coupe P suivant une droite BD′ plle à CD.

Or AB, pp. au plan P par hypothèse, est pp. à BD′. Donc AB est pp. à sa plle CD.

Donc AB est pp. à n'importe quelle droite du plan Q, c'est-à-dire pp. au plan Q.

3° *Deux plans plles sont partout à égale distance.*

Soient AH et BK perpendiculaires au plan Q. Ces droites sont parallèles (théorème connu), donc constituent un plan qui coupe P et Q suivant deux droites parallèles AB et HK.

Dès lors, la figure formée est un rectangle, et on a : AH = BK.

REMARQUE. — La démonstration de la deuxième propriété repose sur ce fait : que, *quand deux plans sont parallèles, toute*

droite qui coupe l'un coupe l'autre. Et cela se démontre en disant : si A qui coupe P ne cou-
pait pas P′, A serait parallèle
à P′. Or, dans tout plan P′ parallèle à une droite A, il y a
une droite α parallèle à A, de
même que dans tout plan P,
parallèle à P′, il y a une droite
α′ parallèle à toute droite α
prise dans le plan P.

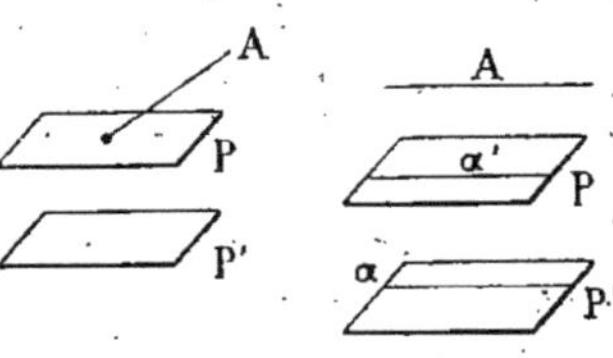

Fig. 728.

Mais alors le plan P passant par α′, plle à A, serait, lui aussi,
plle à A, ce qui est contraire à l'hypothèse.

Donc nous ne pouvons pas admettre
que A, s'il coupe P, soit plle à P′. Donc A
coupe aussi P′.

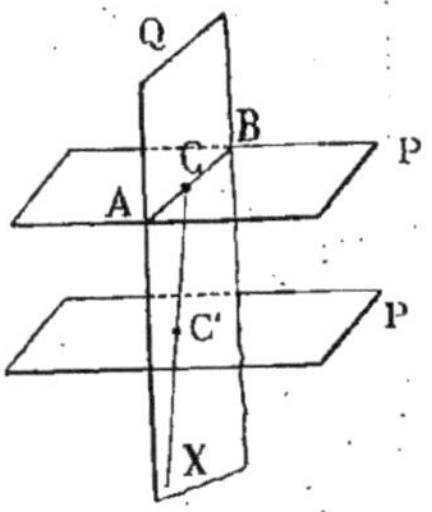

Remarque. — On peut même, si on veut,
démontrer encore que, *si deux plans sont
plles, tout plan qui coupe l'un coupe l'autre.*

En effet, par un point C pris sur la
droite AB, intersection du plan P avec le
plan Q, nous pouvons dans le plan Q mener une droite CX, droite qui, rencontrant
P, rencontre le plan parallèle P′, soit en C′.

Fig. 729.

Dès lors le plan ABC′, ayant un point C′ commun avec P′,
coupe forcément P′.

Propriété de trois plans parallèles.

*Trois plans parallèles déterminent sur deux droites quel-
conques de l'espace des segments proportionnels.*

En effet, par A menons AB″C″ parallèle à
A′B′C′. Le plan ACC″ nous donne :

$$\frac{AB}{BC} = \frac{AB''}{B''C''}.$$

Mais

$$AB'' = A'B',$$
$$B''C'' = B'C'.$$

Donc

$$\frac{AB}{BC} = \frac{A'B'}{B'C'}.$$

C. Q. F. D.

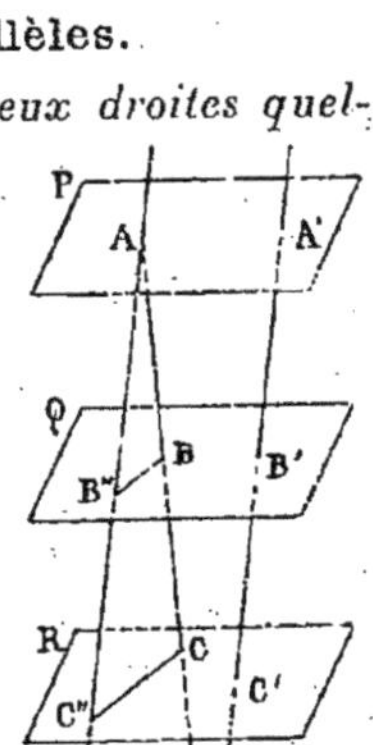

Fig. 730.

§ 4. — Angles dièdres quelconques et plans perpendiculaires.

I. — Angles dièdres quelconques.

Définition. — On appelle *angle dièdre* la figure formée par deux demi-plans qui se coupent.

Les deux plans s'appellent les *faces* du dièdre et leur intersection s'appelle l'*arête* du dièdre.

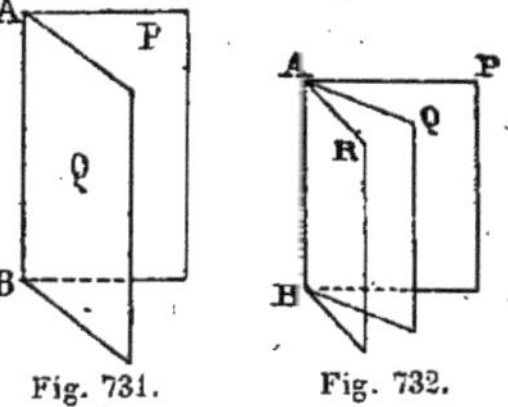

Fig. 731.   Fig. 732.

Et le dièdre s'appelle PQ ou PABQ.

Deux dièdres sont dits *adjacents* quand, ayant même arête et une face commune, ils sont situés de part et d'autre de cette face commune.

Exemple : PABQ et RABQ.

Deux dièdres sont égaux s'ils peuvent coïncider.

Quand, la face P étant immobile, le demi-plan QAB tourne autour de AB comme charnière dans le sens de la flèche, le dièdre PQ va en croissant.

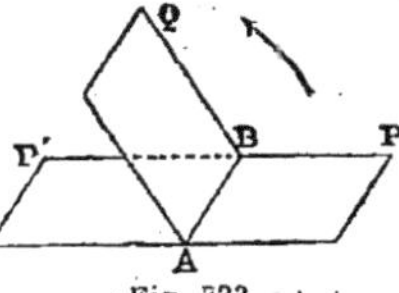

Fig. 733.

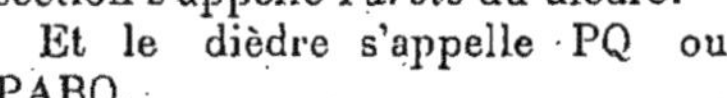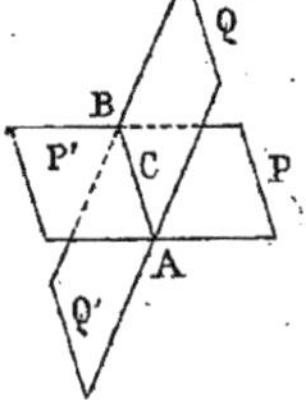

Fig. 734.

Tout dièdre est donc une grandeur (comme un angle en géométrie plane) et même une grandeur géométrique (car on peut nettement de la même façon y définir l'égalité et la somme).

Deux dièdres sont *opposés par l'arête* quand les faces du deuxième sont les prolongements des faces du premier ; exemple PABQ et P'ABQ'.

Le *plan bissecteur* d'un dièdre est le demi-plan qui le coupe en deux parties égales.

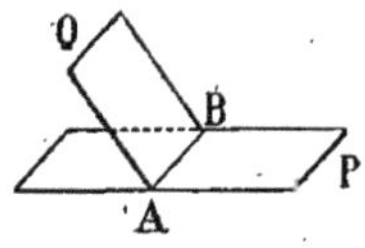

Quand un demi-plan Q coupe le plan entier P suivant la droite AB, il forme avec ce plan deux dièdres *adjacents* en général inégaux. On dit alors que le plan Q est oblique au plan P. Et si les deux dièdres adjacents formés sont égaux, c'est-à-dire superposables, le dièdre est dit *droit* et le demi-plan Q est dit perpendiculaire au plan P.

Fig. 735.

Ainsi, par définition, un dièdre droit est un dièdre tel que, si on prolonge l'une de ses faces au delà de l'arête, les deux dièdres adjacents formés sont égaux.

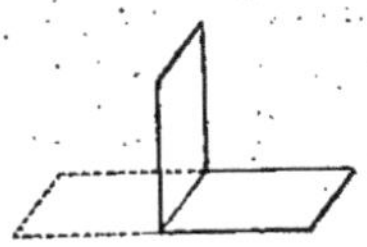

Un dièdre est aigu ou obtus selon qu'il est inférieur ou supérieur à un dièdre droit.

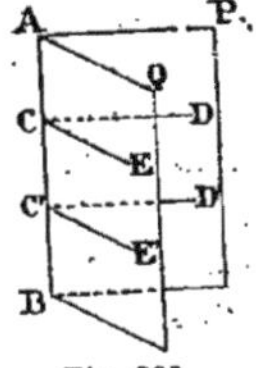

Fig. 736.

Deux dièdres sont complémentaires ou supplémentaires si leur somme vaut un dièdre droit ou deux dièdres droits.

Les théorèmes sur les dièdres sont analogues à ceux sur les angles en géométrie plane.

Du reste, tous les théorèmes sur les dièdres se ramènent immédiatement à ceux sur les angles, par la considération de l'*angle rectiligne* ou *angle plan du dièdre*.

Définition. — L'angle plan d'un dièdre PQ ou encore le rectiligne d'un dièdre est l'angle DCE formé en menant par un point quelconque C de l'arête dans chacune des faces une pp. à l'arête.

Quel que soit le point choisi sur l'arête, l'angle ainsi obtenu a toujours la même valeur. Car les côtés des angles sont parallèles et de même sens, donc égaux.

Fig. 737.

RemARQUE. — On peut dire que le rectiligne d'un dièdre est son intersection avec un plan pp. à l'arête.

Théorèmes fondamentaux. — 1° *Quand des dièdres sont égaux, leurs rectilignes sont égaux.*

2° *Quand deux dièdres sont inégaux, leurs rectilignes le sont et dans le même sens.*

3° *Quand des rectilignes sont égaux ou inégaux, les dièdres sont ou égaux ou inégaux.*

4° *Quand des dièdres sont adjacents, leurs rectilignes sont adjacents.*

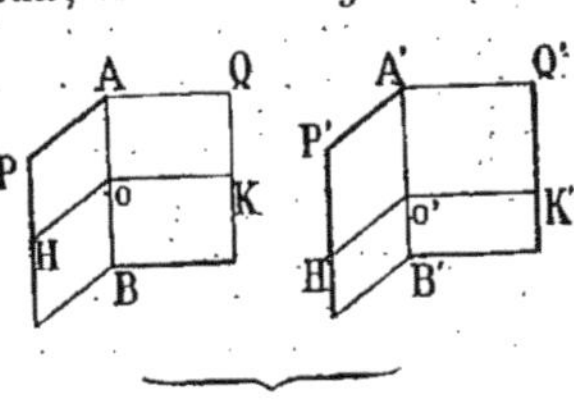

Fig. 738.

1° Supposons que l'on ait PQ = P'Q', nous pourrons faire coïncider les arêtes ainsi que les faces. Mais alors, si O' coïncide

avec O, O'H' s'applique sur OH et O'K' sur OK, donc les rectilignes sont égaux.

2° Soit maintenant le dièdre PQ > P'R. Transportons-les l'un

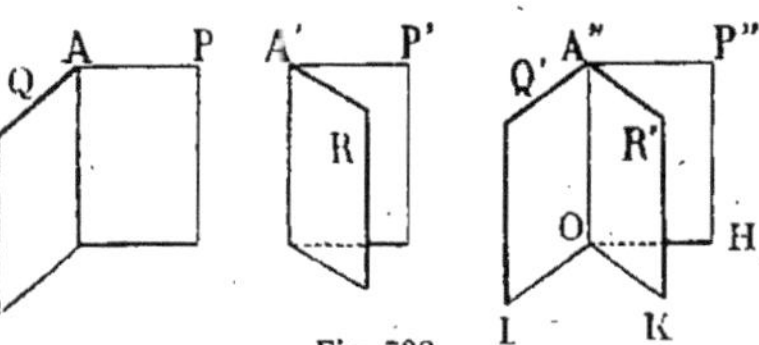

Fig. 739.

sur l'autre de façon que
les arêtes A et A' coïn-
cident ainsi que les
plans P et P', si la face
R' est entre P'' et Q',
alors, en coupant par
un plan pp. à l'arête A'',
on aura dans ce plan
deux rectilignes HOK et HOI tels que OK sera entre OH et OI,
donc tels que $\widehat{HOK} < \widehat{HOI}$. C. Q. F. D.

3° Les deux réciproques se démontrent par l'absurde, comme

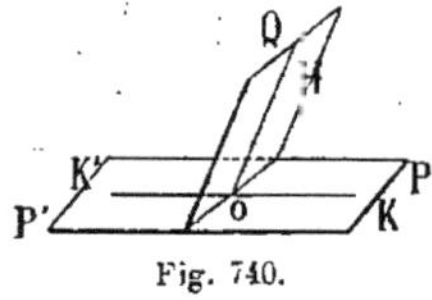

Fig. 740.

en géométrie plane, dans le deuxième
livre.

4° Soient les dièdres adjacents PQ et
QP'. Leurs rectilignes sont évidemment
adjacents, puisque OK' est le prolongement de OK,
et réciproquement.

5° Soit un dièdre droit PQ. Son rectiligne HOK est droit,
puisque en prolongeant P et P' on a deux dièdres adjacents
égaux, et que par suite les deux rectilignes sont à la fois adjacents et égaux, c'est-à-dire droits,
et réciproquement.

Ces théorèmes nous montrent la grande analogie qui existe
entre les dièdres et les angles plans rectilignes. La mesure des
dièdres va du reste aussi pouvoir se faire exactement de la
même façon que celle des angles plans.

Rappelons en deux mots que la mesure d'une grandeur est le
nombre qui mesure le rapport de cette grandeur à la grandeur
unité.

Or, on démontre aisément que *le rapport de deux angles
dièdres AB et A'B' est égal au rapport de leurs angles plans
DCE, D'C'E'*, que ce rapport soit commensurable ou incommensurable (voir la géométrie plane, deuxième livre). On dira
pour commencer :

Supposons qu'il y ait un dièdre contenu trois fois dans le
dièdre AB et cinq fois dans le dièdre A'B', on aura :

$$\frac{\text{dièdre } A'B'}{\text{dièdre } AB} = \frac{5}{3}.$$

Si on divise le dièdre AB en trois parties égales et le dièdre A'B' en cinq, on obtiendra des dièdres qui, d'après le théorème précédent, ont des rectilignes égaux.

L'angle DCE, rectiligne de AB, contient trois de ces rectilignes, et l'angle D'C'E', rectiligne de A'B', en contient cinq. Le rapport des rectilignes est donc :

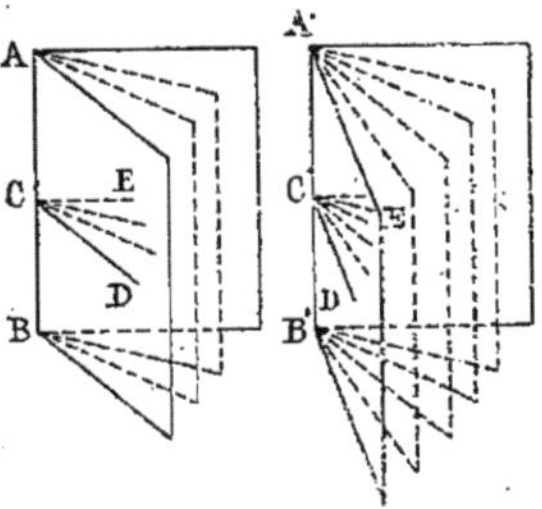

Fig. 741.

$$\frac{D'C'E'}{DCE} = \frac{5}{3}.$$

Les rapports de dièdres et de rectilignes ayant même valeur numérique, on a :

$$\frac{D'C'E'}{DCE} = \frac{\text{dièdre } A'B'}{\text{dièdre } AB}.$$

Il résulte de là que l'on a la proportion :

$$\frac{\text{dièdre } AB}{\text{dièdre unité}} = \frac{\text{rectiligne } DCE}{\text{rectiligne unité}},$$

pourvu que l'on convienne de prendre pour unité d'angle dièdre précisément le dièdre qui a pour rectiligne l'unité d'angle plan (c'est-à-dire le degré ou le radiant). Or l'égalité précédente, traduite en langage ordinaire, se transforme en celle-ci :

Mesure du dièdre AB = mesure du rectiligne DCE.

D'où le théorème qui s'énonce en abrégé :

Théorème. — *Tout angle dièdre a pour mesure son rectiligne.*

Les angles dièdres s'évalueront donc en degrés, minutes, secondes ou encore en grades ou en radiants, pourvu que, répétons-le, on convienne de prendre pour unité de dièdre le dièdre qui correspond au rectiligne unité.

II. — Angles dièdres droits (ou plans perpendiculaires).

Il existe des angles dièdres droits.

Pour le prouver, nous allons donner deux façons d'en obtenir.

1ʳᵉ Façon. — *On prend dans un plan PP' une droite AB. Par AB on mène un demi-plan Q qui tourne autour de AB. On verra alors, comme on l'a dit en géométrie plane, qu'à un moment donné les deux dièdres formés sont égaux.*

2ᵉ Façon. — *Quand une droite AB est perpendiculaire à un plan P, tout plan Q passant par cette droite est perpendiculaire au premier.*

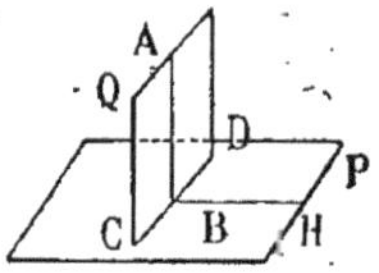

Pour prouver que deux plans sont perpendiculaires, nous avons une méthode :

Former le rectiligne et montrer qu'il est droit.

Menons d'après cela, dans le plan P, la perpendiculaire BH à l'intersection CD. ABH sera le rectiligne du dièdre PQ. Or AB est pp. à BH (puisque AB est par hypothèse pp. au plan P). Donc Q est pp. à P.

C. Q. F. D.

Fig. 742.

(C'est le procédé qu'on emploie pour construire un mur vertical, à l'aide du fil à plomb.)

Il y a peut-être encore d'autres procédés.

Propriétés des plans perpendiculaires.

1ʳᵉ Propriété. — *Étant donné un dièdre droit, si dans l'une des faces on mène une droite perpendiculaire à l'arête, elle est perpendiculaire à la seconde face.*

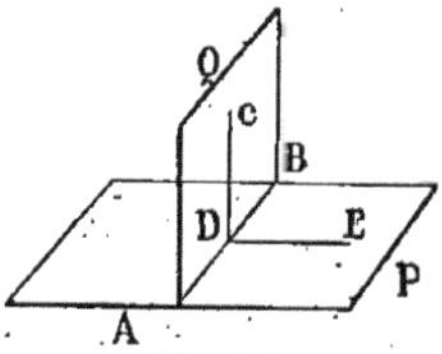

Soit CD perpendiculaire à AB. Pour prouver que CD est perpendiculaire au plan P, tâchons de prouver que CD est perpendiculaire à deux droites particulières de ce plan P. CD est déjà perpendiculaire à AB. Mais si nous menons, dans le plan P, DE perpendiculaire à AB, CD est encore perpendiculaire à DE (puisque CDE est le rectiligne et que le dièdre est droit). Donc CD est perpendiculaire au plan P.

Fig. 743.

C. Q. F. D.

2ᵉ Propriété. — *Étant donné un dièdre droit, si d'un point O pris dans l'une des faces on mène une pp. OC à l'autre face, elle est contenue dans la première face.*

En effet, nous pouvons toujours du point O dans le plan Q (prolongé s'il y a lieu) mener une perpendiculaire à l'arête AB. Cette perpendiculaire est perpendiculaire à la deuxième face. Donc, comme d'un point O on ne peut mener qu'une perpendiculaire à un plan, il faut que cette perpendiculaire à AB soit confondue avec la pp. OC au plan P. Donc OC, étant confondu avec AB, est situé dans le plan Q.   C. Q. F. D.

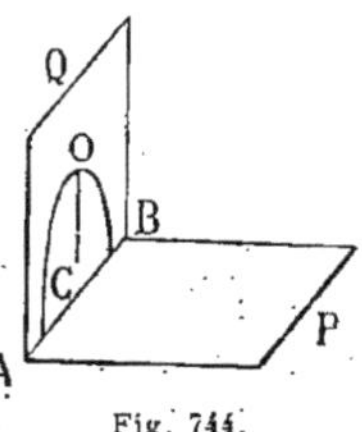

Fig. 744.

3ᵉ Propriété. — *Quand deux plans sont perpendiculaires à un troisième, leur intersection l'est.*

En effet, si du point A de l'intersection on mène par la pensée une perpendiculaire au plan P,

1° Elle est dans le plan Q ;

2° Elle est dans le plan R.

Donc elle est confondue avec l'intersection AB, laquelle dès lors est perpendiculaire au plan P.

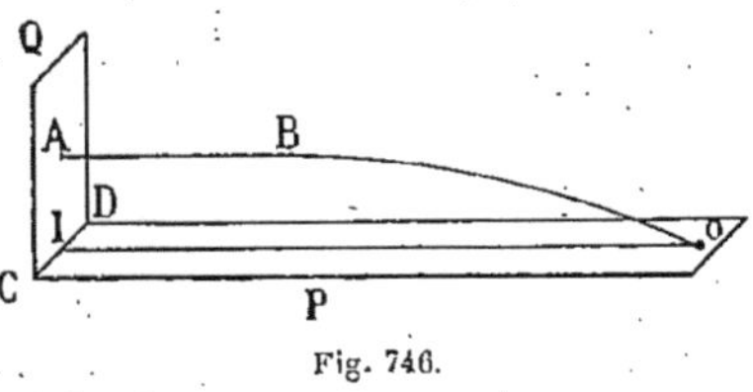

Fig. 745.

C. Q. F. D.

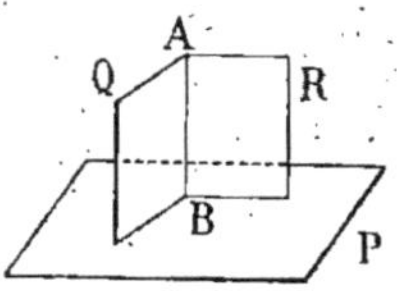

4ᵉ Propriété. — *Quand deux plans sont perpendiculaires, toute droite perpendiculaire à l'un des plans est parallèle à l'autre.*

En effet, si la droite AB rencontrait le plan P en O, de ce point O on pourrait mener la perpendiculaire OI sur CD, droite qui sera perpendiculaire au plan Q. Mais alors du point O partiraient deux perpendiculaires au plan Q, ce qui est impossible.

Fig. 746.

Donc nous ne pouvons pas supposer que AB coupe P.

Donc AB est parallèle au plan P.

C. Q. F. D.

§ 5. — Projections.

On appelle *projection d'un point* A *sur un plan* P le pied *a* de la pp. menée de ce point sur le plan, et cette pp. s'appelle la *projetante*.

On appelle *projection d'une ligne sur un plan* le lieu géométrique des projections de tous ses points.

Théorème. — *La projection d'une droite sur un plan est une droite.*

En effet, considérons le plan formé par la droite de l'espace AB et la projetante A*a* d'un de ses points, plan qui coupe P suivant une droite *ax*.

Le dièdre formé étant droit, si d'un point quelconque O pris sur AB on mène la pp. à *ax*, cette pp. étant pp. au plan P, son pied est la projetante du point O.

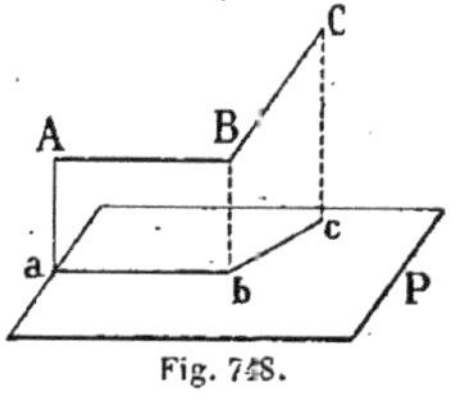

Fig. 747.

Donc tous les points de AB se projettent sur *ax*.

D'ailleurs, un point quelconque *i* pris sur *ax* est la projection d'un point de AB (car, si par ce point *i* on mène la pp. au plan P, elle est située dans le plan pp. BA*a*, donc rencontre AB).

Donc *ax* est la projection de AB.

Ce qui montre que la projection d'une droite est une droite.

Théorème. — *Pour qu'un angle droit se projette suivant un angle droit, il faut et cela suffit que l'un de ses côtés soit plle au plan.*

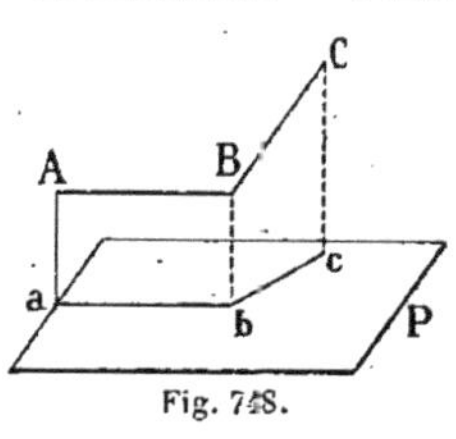

Fig. 748.

1° Soit ABC un angle droit où le côté AB est plle au plan P.

Soit *abc* sa projection.

ab est plle à AB (théorème connu).

Donc *ab* est pp. à BC.

Mais *ab* est pp. à la projetante B*b*.

Donc *ab* est pp. à deux droites du plan BC*bc*.

Donc à toutes, et en particulier à *bc*.

Donc *abc* est droit.

2° Soit ABC un angle droit de l'espace projeté en *abc*, *abc* étant aussi un angle droit. Je dis que, si AB n'est pas plle au plan P, BC l'est.

Pour cela, nous allons démontrer que BC est pp. au plan projetant ABa*b*[1].

D'abord BC est pp. à AB.

Ensuite BC est pp. à *ab* (car *ab* est pp. au plan BC*bc*, puisqu'il l'est aux deux droites B*b* et *bc*).

Donc BC est plle au plan P.

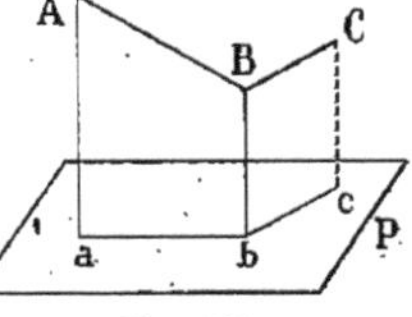

Fig. 749.

On appelle *angles d'une droite et d'un plan* les angles de cette droite avec sa projection sur le plan.

L'angle aigu formé est le plus petit des angles que la droite AB forme avec les droites issues du pied B dans le plan P.

En effet si nous considérons une droite quelconque BC, pour démontrer que l'angle ABa est moindre que l'angle ABC, il suffit de prendre BD = B*a*, de considérer les △ formés ABa et ABD et de re-marquer que la pp. Aa est moindre que l'oblique AD. Dès lors, l'angle opposé ABa est moindre que l'angle ABD (d'après un théorème connu du livre Ier). L'angle aigu ABa est donc bien un angle minimum.

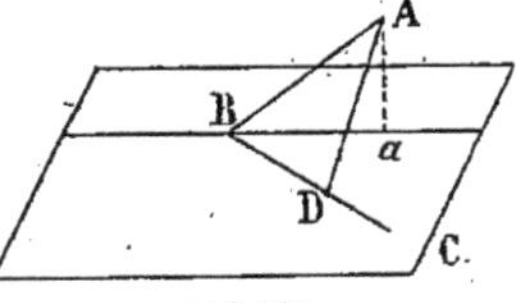

Fig. 750.

Et, comme corollaire, l'angle obtus ABa′ est un angle maximum.

On appelle *pente d'une droite* la tangente trigonométrique de l'angle qu'elle fait avec un plan horizontal. Si on appelle *p* le nombre qui mesure cette pente, on aura donc :

$$p = \operatorname{tg}; \quad \text{donc} \; p = \frac{Aa}{Ba}.$$

Si la pente est 1, la droite fait 45° avec le plan horizontal.

---

1. Il est facile de voir que, si une droite A et un plan P sont pp. à un même plan Q, A est plle au plan P. Car, si A coupait le plan P en O, la pp. menée de O sur l'intersection des deux plans P et Q constituerait une seconde pp. menée de O au plan Q.

Le maximum de pente d'une route carrossable étant $\dfrac{1}{20}$, cela prouve qu'il faut s'avancer horizontalement de 20 mètres pour s'élever sur la droite AB de 1 mètre.

On appelle *ligne de plus grande pente d'un plan* P la droite AB pp. à l'intersection MN de ce plan P avec le plan horizontal H.

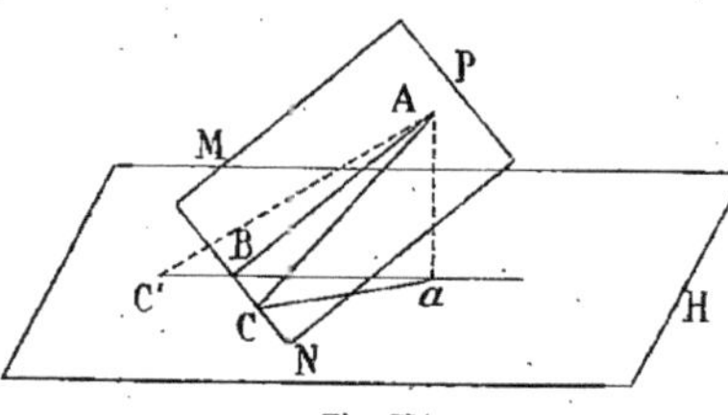

Fig. 751.

Pour justifier ce mot, il suffit de prouver que l'angle de cette droite AB avec H est plus grand que l'angle de toute autre droite AC du plan P avec H.

Or cela est facile à établir, car si nous faisons tourner le $\triangle$ ACa autour de Aa, de façon à l'appliquer sur AaB, AC étant une oblique à MN sera plus long que la pp. aB, donc C viendra en C' au delà de aB, et alors l'angle ABa extérieur au $\triangle$ sera plus grand que l'angle intérieur AC'a.   C. Q. F. D.

Théorème. — *Quand une droite est pp. à un plan, sa projection horizontale est pp. à la trace horizontale du plan.*

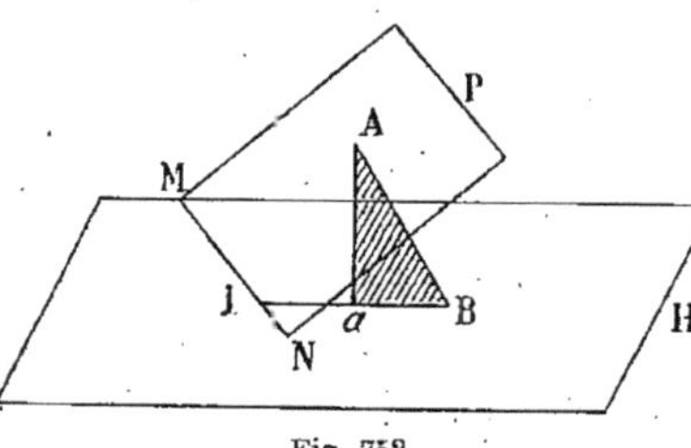

Fig. 752.

Soit AB pp. au plan P.

Je dis que sa projection aB est pp. à la trace MN.

Pour cela nous n'avons toujours qu'à appliquer la règle connue pour prouver que deux droites de l'espace sont pp. (prouver que l'une des droites est pp. à un plan passant par l'autre).

MN est pp. à Aa (puisque Aa est pp. au plan H).

MN   —   AB   —   AB   —   — P).

Donc MN est pp. à deux droites du plan ABa, donc à toutes, donc à aB.   C. Q. F. D.

§ 6. — Angles trièdres et angles polyèdres.

On appelle *angle trièdre* ou *trièdre* la figure indéfinie formée par trois demi-droites issues d'un même point et non situées dans un même plan.

Les angles plans deux à deux formés par ces arêtes s'appellent les *faces du trièdre* SABC. Nous les appellerons toujours α, β, γ (on les évalue en degrés ou en grades ou en radians) :

$$\alpha \text{ étant la face opposée à l'arête SA,}$$
$$\beta \quad — \quad — \quad — \quad — \text{ SB,}$$
$$\gamma \quad — \quad — \quad — \quad — \text{ SC.}$$

Les angles dièdres formés par les plans des faces s'appellent les *dièdres du trièdre*. Nous les désignerons toujours par A, B, C, A étant le dièdre qui a pour arête SA...

Le point S, d'où partent les trois arêtes, s'appelle le *sommet* du trièdre.

Propriétés des faces d'un trièdre.

1re PROPRIÉTÉ. — *Chaque face est plus petite que la somme des deux autres.*

Supposons les trois faces inégales. Il est clair qu'il suffit de démontrer le théorème pour la plus grande face qui est, je suppose, SAB, l'arête SC étant en avant.

Je dis donc que l'on a :

$$\widehat{ASB} < \widehat{ASC} + \widehat{CSB}.$$

Pour cela prenons sur l'angle ASB un angle ASD égal à l'angle ASC. Tout reviendra à prouver que l'on a :

$$\widehat{DSB} < \widehat{CSB}.$$

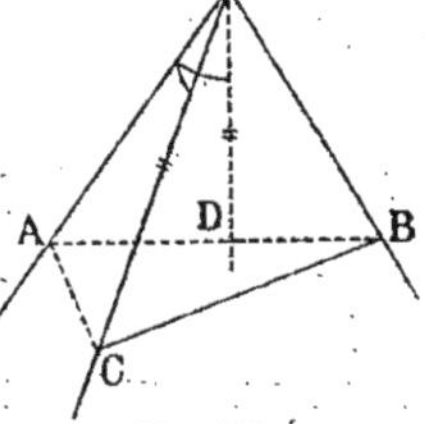

Fig. 753.

Mais nous avons pour cela une méthode qui consiste à prendre SD = SC, à joindre à un point quelconque B et à démontrer que, dans les deux Δ, DSB et CSB qui ont déjà deux côtés égaux, les troisièmes côtés DB et CB sont inégaux.

Or cela est évident, car, si on prolonge BD en A, on a :

$$AB < AC + CB,$$

c'est-à-dire : $AD + DB < AC + CB ;$

mais : $AD = AC$ (les Δ étant égaux),

donc : $DB < CB.$

Par conséquent, l'angle DSB est inférieur à l'angle CSB.
Donc on a aussi :

$$DSB + ASD < CSB + ASC,$$

c'est-à-dire : $ASB < CSB + ASC.$

C. Q. F. D.

2ᵉ PROPRIÉTÉ. — *La somme des faces d'un trièdre est plus petite que quatre droits.*

Prolongeons l'arête SA au delà du sommet en A'.

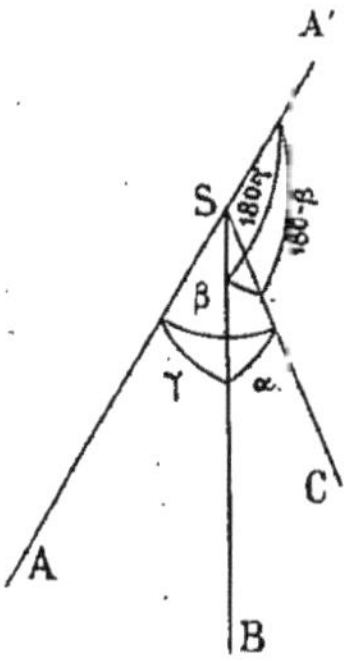

Nous formons de la sorte un trièdre adjacent SA'BC dont les faces sont α, $180° - \beta$ et $180° - \gamma$, et ce trièdre nous donne :

$$\alpha < 180° - \beta + 180° - \gamma,$$

c'est-à-dire : $\alpha + \beta + \gamma < 360°.$

C. Q. F. D.

REMARQUE I. — Les angles α, β, γ pouvant être aussi voisins de o que l'on veut, on a donc le droit d'écrire :

$$o < \alpha + \beta + \gamma < 360°,$$

ou, si les faces sont évaluées en radians,

$$o < \alpha + \beta + \gamma < 2\pi.$$

Fig. 754.

REMARQUE II. — Les faces α, β, γ peuvent être toutes les trois des angles obtus.

Définition. — On appelle *angle polyèdre convexe* la figure indéfinie obtenue en joignant tous les sommets d'un polygone plan convexe à un point extérieur S, appelé sommet, et prolongeant ces demi-droites indéfiniment au delà du polygone.

Exemple : SABCD.

Il est clair que dans une pareille figure chaque face prolongée indéfiniment laisse l'angle polyèdre d'un même côté, car, si par exemple SD était à gauche de SAB, le polygone initial ne serait pas convexe, le côté CD traversant AB.

On peut donner une deuxième définition qui revient au même, et dire que c'est la figure formée par des demi-droites toutes situées d'un même côté de l'une quelconque des faces.

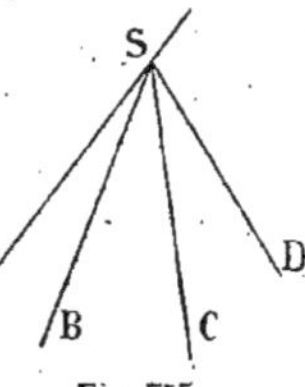
Fig. 755.

Théorème. — *La somme des faces d'un angle polyèdre convexe est plus petite que quatre angles droits.*

En effet, dans un angle polyèdre convexe prenons une droite AB qui coupe la face ASB en n'étant plle à aucune arête, et par AB menons un plan qui, lui aussi, n'est plle à aucune des autres arêtes SC, SD, SE... ce qui est toujours possible. Nous obtiendrons un plan sécant qui coupera l'angle polyèdre suivant un polygone convexe, ABCD par exemple. Dans le plan de ce polygone prenons un point quelconque O intérieur, que nous joindrons à tous les sommets A, B, C, D.

Comme nous formerons ainsi autant de Δ autour du point O qu'il y en a autour du point S, la somme des angles des Δ S sera égale à la somme des angles des Δ O. Si donc on appelle :

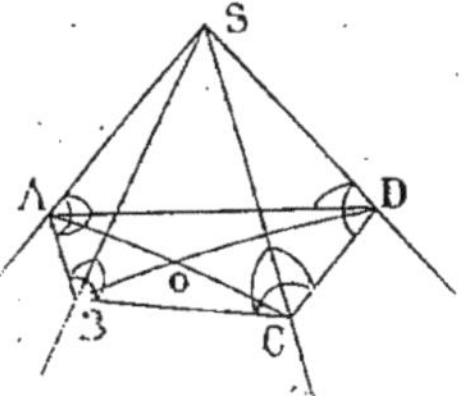
Fig. 756.

S la somme des angles autour du point S,
O —   —   — O,
B_s —   — à la base des Δ S,
B_o —   —   — Δ O,

on aura : $$S + B_s = O + B_o \qquad (1).$$

Mais on a : $$B_s > B_o.$$

En effet, A est le sommet d'un trièdre où les faces sont formées :

1° De deux des angles à la base des Δ S;

2° D'un angle qui est la somme de deux angles à la base des Δ O, et on a pour ce sommet A :

$$SAB + SAD > BAO + OAD,$$

c'est-à-dire : $$SAB + SAD > BAD.$$

Et de même pour les autres sommets B, C, D.

Donc on a bien : $$B_s > B_o.$$

Dès lors l'égalité (1) pouvant s'écrire :

$$B_s - B_o = 0 - S,$$

on voit que l'on a forcément :

$$0 > S.$$

Donc : $$S < 4 \text{ droits.} \qquad \text{C. Q. F. D.}$$

Trièdre prolongement.

On appelle *trièdre prolongement* le trièdre SA'B'C' obtenu en prolongeant les arêtes du trièdre SABC au delà du sommet S.

Dans ce trièdre prolongement les éléments (faces et dièdres) sont manifestement égaux à ceux du premier.

Mais ces deux trièdres ne sont pas superposables, si les faces sont inégales.

Supposons l'arête SB en avant.

Pour essayer la superposition, il faut commencer par amener la face A'SC' à coïncider avec son égale ASC. Cela ne peut pas se faire par une rotation de la figure de 200^g autour d'un axe pp. au plan ASC. Car, l'arête SB' resterait en arrière et ne pourrait venir sur l'arête SB qui est en avant.

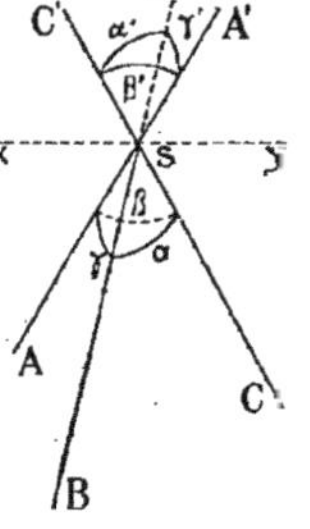

Fig. 757.

Il n'y a donc qu'un moyen : mener la bissectrice xy de l'angle C'SA et faire tourner le trièdre prolongement de 200^g autour de xy; SC' vient alors sur SA — SA' vient sur SC — et l'arête SB' vient en avant, du même côté que SB.

Mais il est impossible que SB' vienne sur SB. Car, sans cela α' serait égal à γ; donc α serait égal à γ, ce qui n'est pas, par hypothèse.

Donc *le trièdre prolongement du trièdre à faces inégales ne peut jamais coïncider avec lui.*

N. B. — Si on étudie la disposition relative des faces dans les deux trièdres, on voit que les éléments égaux sont disposés dans un ordre inverse.

En effet, si nous imaginons un premier observateur placé le long de l'arête SA, la tête en S et les pieds vers A, cet observateur regardant l'intérieur du trièdre, il a à sa droite la face γ et à sa gauche la face β.

Si un second observateur [1] est placé de la même façon dans le second trièdre, il aura à sa droite β′ et à sa gauche γ′.

Donc les éléments égaux sont placés en sens inverse (et on retrouve ainsi la même disposition qu'en géométrie plane dans les Δ inversement égaux, ou dans les Δ inversement semblables).

(On appelle souvent le trièdre prolongement *trièdre symétrique* du trièdre primitif.)

Relations entre les faces et les dièdres dans un trièdre isocèle et dans un trièdre quelconque.

Définition. — On appelle *trièdre isocèle* un trièdre qui a deux dièdres égaux.

Théorème. — *Quand un trièdre a deux dièdres égaux, les faces opposées sont égales.*

En effet, si A = C en considérant le trièdre symétrique et repliant autour de la bissectrice xy, SC′ vient en SA et SA′ en SC, et SB′ en avant. Le dièdre SC′ étant égal au dièdre SC, donc au dièdre SA, le plan de la face C′SB′ s'applique sur le plan de la face ASB, et SB′ vient donc quelque part dans le plan γ. — La face γ′ coïncidant elle aussi avec le plan de la face α, SB′ vient aussi quelque part dans le plan α.

SB′, devant venir à la fois dans les deux plans γ et α, devra donc venir en SB, ce qui prouve que α′ recouvre exactement γ.

Donc :   α′ = γ,
donc aussi :   α = γ.   C. Q. F. D.

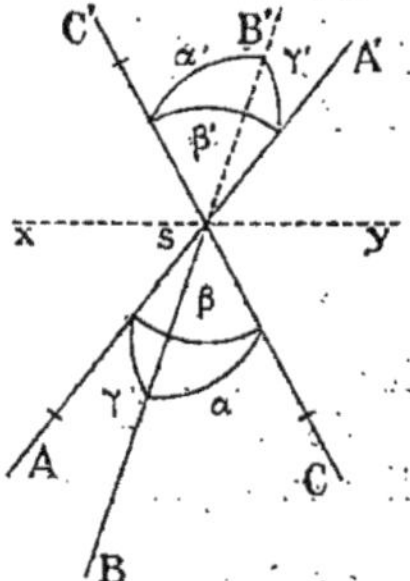

Fig. 758.

Théorème. — *Quand un trièdre a deux dièdres inégaux, au plus grand dièdre est opposée la plus grande face.*

---

[1]. On s'en rendra compte facilement en supposant que l'observateur se transporte par un mouvement de translation en SA′, puis, comme on dit, pique une tête. Sa gauche restera sa gauche.

Soit, dans le trièdre SABC, le dièdre A supérieur au dièdre C.
Je dis que l'on a : $\qquad \alpha > \gamma$.

Pour le prouver, par l'arête SA menons un plan qui fasse avec ASC un dièdre égal à C, plan qui étant entre ASB et ASC coupera nécessairement la face α. Il la coupera par exemple suivant la droite SD.

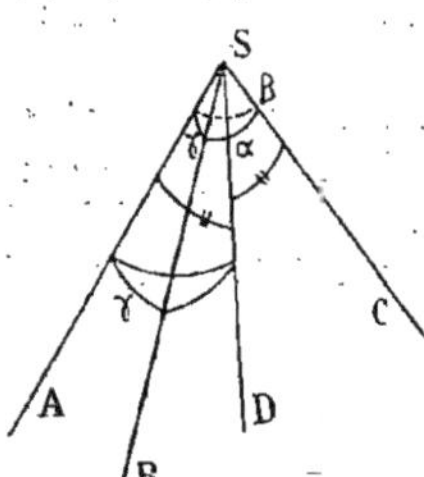

Fig. 759.

Dans le trièdre formé SABD, on a :

$$\gamma < ASD + DSB,$$

mais :

$$\widehat{ASD} = \widehat{DSC} \text{ (théorème précédent).}$$

Donc : $\gamma < DSC + DSB,$

c'est-à-dire : $\gamma < BSC,$

c'est-à-dire : $\qquad \gamma < \alpha.$ C. Q. F. D.

Les réciproques des deux théorèmes précédents sont vraies, et se démontrent par l'absurde. On les énonce comme il suit :

RÉCIPROQUE I. — *Quand dans un trièdre deux faces sont égales, les dièdres opposés sont égaux.*

RÉCIPROQUE II. — *Quand dans un trièdre deux faces sont inégales, les dièdres opposés sont inégaux, et à la plus grande face est opposé le plus grand dièdre.*

On voit par ce qui précède qu'il y a une grande analogie entre les trièdres et les triangles. Cette analogie se poursuit très loin.

Nous allons d'abord établir les cas d'égalité de deux trièdres. Il y en a quatre :

1er CAS. — *Deux trièdres sont égaux quand ils ont une face égale et les deux dièdres adjacents égaux, ces dièdres étant disposés dans le même ordre. Sinon, les trièdres sont symétriques l'un par rapport à l'autre.*

2e CAS. — *Deux trièdres sont égaux, ou symétriques, quand ils ont un dièdre égal et les deux faces adjacentes égales.*

Ces deux premiers cas se démontrent facilement par superposition directe.

3º Cas. — *Deux trièdres sont égaux, quand ils ont leurs trois faces deux à deux égales et disposées dans le même ordre. Sinon, ils sont symétriques.*

Soit :
$$\alpha = \alpha',$$
$$\beta = \beta',$$
$$\gamma = \gamma',$$

les faces ayant le même ordre dans les deux trièdres.

Prenons $SA = SB = SC = S'A' = S'B' = S'C'$, et menons les pp. SO et S'O' sur les plans formés ABC et A'B'C'.

D'abord $\triangle ABC = \triangle A'B'C'$ (puisque les côtés entrent dans des $\triangle$ deux à deux égaux).

Ensuite O et O' sont les centres des cercles circonscrits à ces $\triangle$ (car obliques égales) et les rayons de ces cercles sont égaux (puisque, quand deux $\triangle$ sont égaux, les cercles circonscrits le sont).

Enfin $SO = S'O'$ (puisque les deux $\triangle$ rectangles SOB et S'O'B' égaux, comme ayant l'hypoténuse égale et un côté de l'angle droit égal).

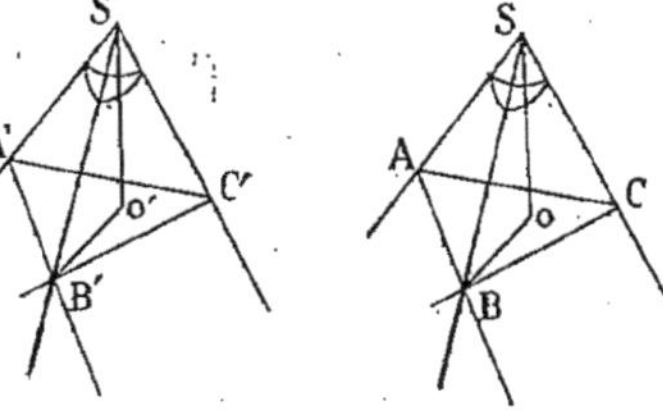

Fig. 760.

Il résulte de là que, si on superpose les $\triangle$ ABC et A'B'C', S tombera en S'. Donc les deux trièdres sont égaux (que les angles α, β, γ soient aigus ou obtus ou même droits).

Remarque. — Si les faces égales étaient disposées en sens inverse, il suffirait de prendre le trièdre S'_1, prolongement de S'. Les éléments y seraient disposés dans le même sens que dans S, de telle sorte que S et S' coïncideraient. Dès lors S et S' seraient symétriques.

4º Cas. — *Deux trièdres sont égaux ou symétriques quand ils ont leurs trois dièdres deux à deux égaux.*

Ce quatrième cas se démontrera un peu plus loin.

Nous allons maintenant établir quelques nouvelles propositions. Nous allons d'abord donner une belle généralisation du théorème de Pythagore.

Théorème. — *Quand on coupe un trièdre trirectangle par un plan, le carré de la section est égal à la somme des carrés des △ formés sur les trois faces.*

Pour y arriver, projetons le sommet O de trièdre sur la section en I. Je dis que le point I est le point de rencontre des trois hauteurs du △ ABC.

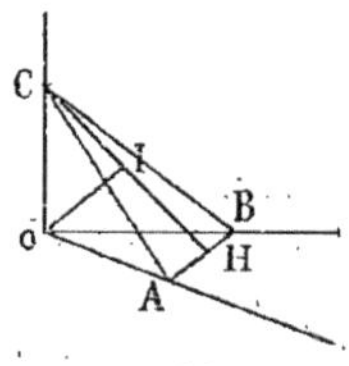

Pour prouver que CI est pp. à AB, remarquons que AB est pp. au plan OCI (car AB l'est à OI, ainsi qu'à OC).

Il résulte de là, par raison de symétrie, que AI et BI sont aussi des hauteurs.

Comme conséquence, on peut démontrer que la surface du △ OAB est moyenne proportionnelle entre ABC et sa projection AIB; c'est-à-dire que l'on a :

$$\overline{OAB}^2 = ABC \times ABI,$$

c'est-à-dire : $(AB \times OH)^2 = (AB \times CH)(AB \times IH),$

c'est-à-dire : $\overline{OH}^2 = CH \times IH;$

ce qui est évident d'après une propriété connue du △ rectangle OCH.

On a donc :

$$\overline{OAB}^2 = ABC \times IAB,$$

$$\overline{OBC}^2 = ABC \times IBC,$$

$$\overline{OCA}^2 = ABC \times ICA,$$

d'où :

$$\overline{OAB}^2 + \overline{OBC}^2 + \overline{OCA}^2 = \overline{ABC}(IAB + IBC + ICA) = \overline{ABC}^2.$$

C. Q. F. D.

Nous allons ensuite établir les quatre théorèmes suivants :

1° Les trois plans bissecteurs des dièdres d'un trièdre se coupent suivant une même droite.

2° Les trois plans menés par chaque arête d'un trièdre et les bissectrices des faces opposées se coupent suivant une même droite.

3° Les plans menés par les bissectrices des faces perpendiculairement à ces faces se coupent suivant une même droite.

4° Les plans menés par chaque arête perpendiculairement aux faces opposées se coupent suivant la même droite.

La première proposition se démontre facilement en remarquant que, si SO est l'intersection des deux plans bissecteurs passant par SA et SC, tous les points de SO étant à égale distance des deux faces du plan bissecteur passant par SB appartiennent à ce plan bissecteur de SB.

La seconde proposition se démontre en prenant des longueurs égales sur les trois arêtes joignant ABC, et remarquant (*fig.* 762) que, α étant le milieu de BC et γ le milieu de AB, Aα et Cγ sont des médianes. Si donc O est leur point de rencontre, BOB′ sera une médiane, et SB′ sera une bissectrice.

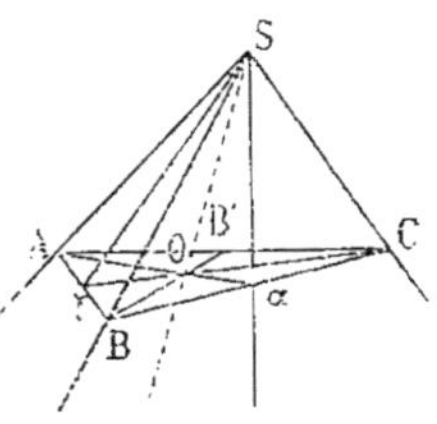

Fig. 762.

La troisième proposition se démontre par le même procédé en remarquant que le dièdre SOαB étant droit, BC d'autre part étant pp. à Sα, BC est pp. au plan SOα, donc à αO. Or les pp. menées aux côtés d'un Δ en leurs milieux sont concourantes.

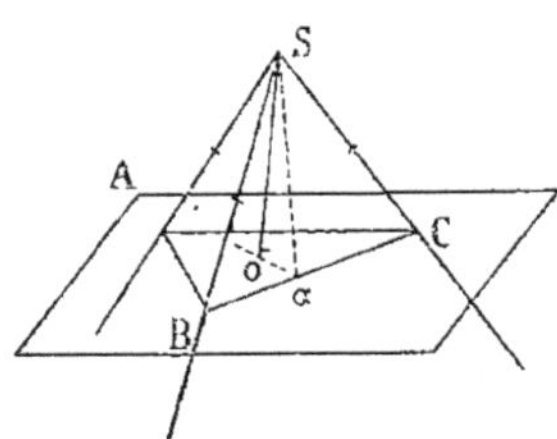

Fig. 763.

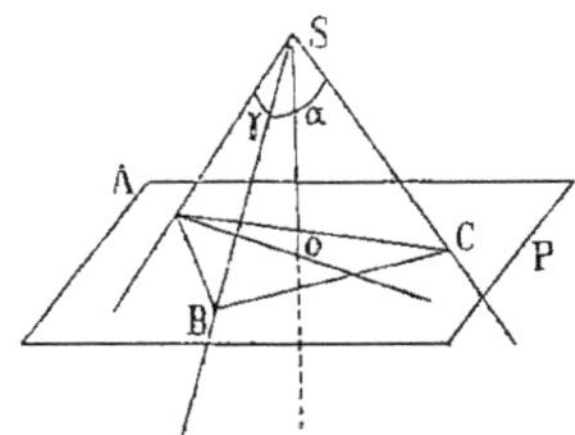

Fig. 764.

La quatrième proposition se démontre en prenant l'intersection SO des deux plans passant par SA et par SC, et menant un plan P pp. à cette droite SO; plan P qui sera par conséquent pp. au plan SOA. Mais alors SBC étant pp. au plan SAO et P l'étant aussi, leur intersection BC sera, elle aussi, pp. au plan SOA. De telle sorte que BC sera pp. à la droite AO, qui dès lors sera hauteur, etc., etc.

Problème final. — *Mener un plan qui coupe un angle polyèdre de quatre faces suivant un parallélogramme.*

Comme on se donne l'angle polyèdre SABCD, on connaît l'intersection xy des deux faces opposées SAB et SCD, ainsi que l'intersection *zu* des deux autres faces opposées SBC et SDA.

Il n'y a donc plus qu'à mener un plan quelconque parallèle à ces droites *xy* et *zu*.

Théorie des trièdres supplémentaires.

Étant donné un trièdre SABC, on appelle *trièdre supplémentaire de* SABC le trièdre obtenu en menant par le sommet des demi-droites SA', SB', SC' pp. aux diverses faces, situées respectivement par rapport à ces faces du même côté que l'autre arête.

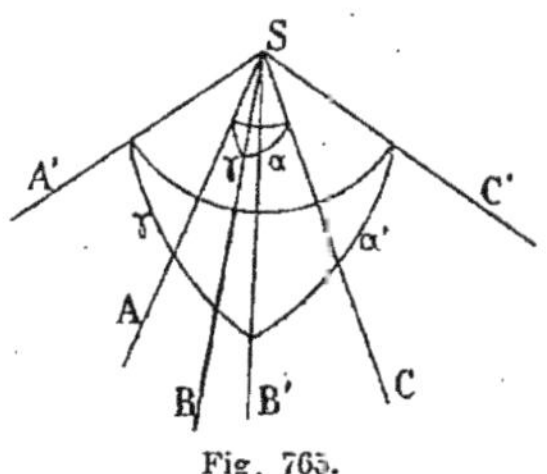

Fig. 765.

Ce trièdre SA'B'C' a ses faces supplémentaires des dièdres du premier trièdre, et ses dièdres suppléments des faces du premier.

D'abord A'SB' est le supplément du dièdre SC. Pour cela :

Lemme. — *Étant donné un dièdre PQ, si par un point O de l'arête on mène des demi-droites pp. à chaque plan du même côté que l'autre plan, l'angle formé par ces demi-droites est le supplément du dièdre.*

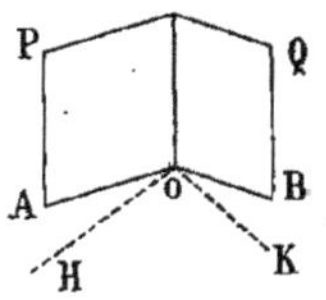

Fig. 766.

En effet, si AOB est le rectiligne, OH et OK sont dans le plan de ce rectiligne. Ensuite OH, étant pp. à Q du même côté que P, est du même côté de Q que toutes les droites du plan P, donc du même côté que OA par rapport à OB.

Idem pour OK.

Mais alors OH et OK sont, si l'angle AOB est obtus, dans l'intérieur de cet angle AOB, et on a HOK supplément de AOB (puisque deux angles à côtés pp. sont égaux ou supplémentaires).

Si le dièdre PQ était aigu, on aurait la figure 767.

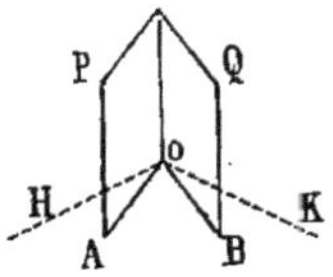

Fig. 767.

Ce lemme établi, SA' étant pp. à la face α et SC' à la face γ, du même côté d'ailleurs respectivement que SA et SC, l'angle A'SC' est le supplément du dièdre formé par les faces α et γ, c'est-à-dire supplément du dièdre B.

Résultat analogue pour les deux autres faces.

Si donc on les appelle α', β', γ', on aura :

$$\beta' = 200 - B,$$
$$\gamma' = 200 - C,$$
$$\alpha' = 200 - A.$$

Pour démontrer que l'on a $A' = 200 - \alpha$, il suffit d'établir la *réciprocité*, c'est-à-dire de démontrer que le trièdre SABC se déduirait du trièdre SA'B'C' par le même procédé.

Nous nous appuierons encore pour cela sur un lemme.

Lemme. — *Quand deux demi-droites forment entre elles un angle aigu et que l'une est normale à un plan, l'autre est du même côté de ce plan que la normale.*

Soit en effet, OH une normale au plan P et OD une demi-droite faisant avec OH un angle aigu. Le plan HOD coupant P suivant OI, HOI est droit, donc OD est à l'intérieur de HOI, donc du même côté de OI que OH, donc aussi du même côté que OH par rapport au plan P.

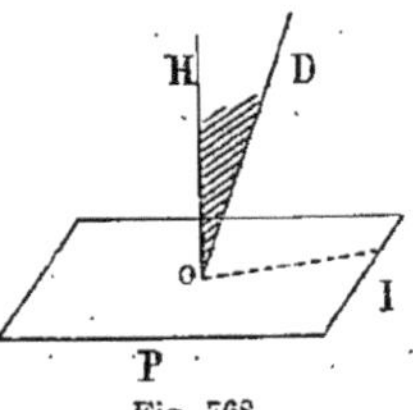

Fig. 765.

Ce lemme établi, remarquons (*fig.* 765) que SA' étant pp. à SBC, SC est pp. à SA'. SB' étant pp. à ASC est pp. à SC, donc SC est pp. à SB' et à SA', donc à la face A'SB'. D'ailleurs l'angle de SC et de SC' est aigu (puisque, quand une demi-normale et une demi-oblique à un plan sont d'un même côté de ce plan, elles forment manifestement un angle aigu). Donc comme ici les rôles sont intervertis, que par rapport au plan A'SB', l'oblique SC est devenue une normale, il faut bien que SC et SC' soient d'un même côté de ce plan A'SB' (à cause du lemme).

Donc le trièdre SABC est à son tour, réciproquement, le trièdre supplémentaire de SA'B'C'. Donc, en lui appliquant la propriété démontrée tout à l'heure, on a :

$$\alpha = 200 - A',$$
$$\beta = 200 - B',$$
$$\gamma = 200 - C';$$

d'où on déduit :

$$A' = 200 - \alpha,$$
$$B' = 200 - \beta,$$
$$C' = 200 - \gamma.$$

Donc :

Théorème. — *Dans tout trièdre supplémentaire les faces sont les suppléments des dièdres et les dièdres sont les suppléments des faces.*

Cette théorie des trièdres supplémentaires sert constamment dans tous les problèmes où on aurait intérêt à parler de faces plutôt que de dièdres, ou inversement.

Exemple. — *Deux trièdres sont égaux quand leurs dièdres sont deux à deux égaux et disposés dans le même ordre.*

Soient T et T′ les trièdres donnés où :

$$A = A',$$
$$B = B',$$
$$C = C'.$$

Si on considère leurs trièdres supplémentaires T_1 et T'_1, leurs faces valent :

$$\pi - A, \quad \pi - A',$$
$$\pi - B, \quad \pi - B',$$
$$\pi - C, \quad \pi - C',$$

donc sont égales deux à deux.

On a donc :

$$\alpha_1 = \alpha'_1,$$
$$\beta_1 = \beta'_1,$$
$$\gamma_1 = \gamma'_1 ;$$

dès lors T_1 est égal et superposable à T'_1. Donc :

$$A_1 = A'_1,$$
$$B_1 = B'_1,$$
$$C_1 = C'_1.$$

On en déduit que :

$$\pi - A_1 = \pi - A'_1 ; \text{ donc : } \alpha = \alpha',$$

et de même : $\beta = \beta'$ et $\gamma = \gamma'$.

Donc T et T′ sont égaux.   C. Q. F. D.

Conditions nécessaires et suffisantes pour qu'avec trois faces on puisse construire un trièdre.

Nous avons précédemment établi que dans tout trièdre la plus grande face est plus petite que la somme des deux autres et que la somme des trois faces est comprise entre o et 4 droits.

Les conditions :

$$\alpha < \beta + \gamma, \qquad (1)$$

$$o < \alpha + \beta + \gamma < 4 \text{ droits,}$$

sont donc nécessaires, α étant la plus grande face.

Pour démontrer qu'elles sont suffisantes, il suffit de prouver que, si α, β, γ sont trois angles satisfaisant aux relations (I), on peut toujours cónstruire un trièdre ayant pour faces ces angles.

A cet effet plaçons les trois angles α, β, γ côte à côte, le plus grand α étant au milieu, et décrivons un cercle de S comme centre.

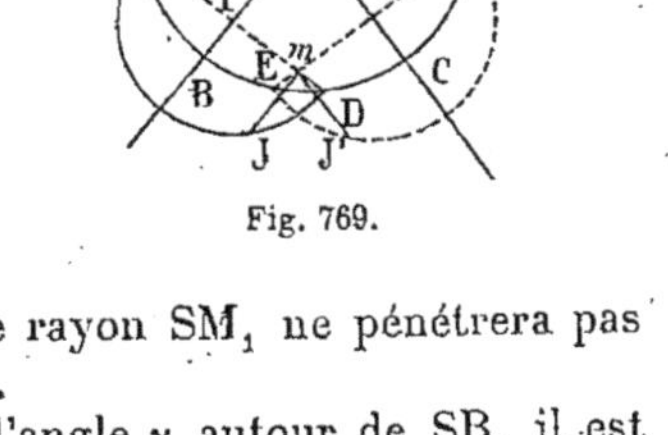

Fig. 769.

Puisque $\alpha + \beta + \gamma$ est moindre que 400^g, les trois arcs M_1B, BC et CM_2 ayant une somme moindre que la circonférence, le rayon SM_1 ne pénétrera pas dans l'intérieur de l'angle CSM_2.

Si maintenant nous replions l'angle γ autour de SB, il est clair que la pp. M_1I décrira un cercle vertical de diamètre M_1D. En repliant β, M_2 décrira aussi un cercle vertical de diamètre M_2E et les deux diamètres M_1D et M_2E se couperont (puisque l'on a $\overarc{M_2C} + \overarc{M_1B} < \overarc{BC}$). Appelons m ce point de rencontre.

Les plans des deux cercles verticaux se coupent évidemment suivant une verticale Z partant de m.

Mais les circonférences, elles aussi, se coupent.

Car, si on appelle J et J′ les points où Z perce ces deux circonférences, on a, en rabattant ces deux cercles :

$$\overline{mJ}^2 = mM_1 \times mD,$$

$$\overline{mJ'}^2 = mM_2 \times mE.$$

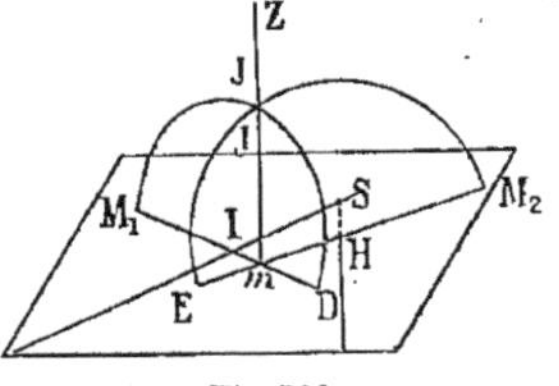

Fig. 770.

Mais les seconds membres sont égaux (sécantes dans cercle).

Donc : $mJ = mJ'$.

Donc si on arrête la droite SM_1 juste au point J (sur la verticale), la droite SM_2 venant, elle aussi, au même point J, on voit clairement qu'on peut constituer un trièdre ayant pour faces α, β et γ.

Les conditions énoncées (I) sont donc suffisantes.

Conditions nécessaires et suffisantes pour qu'avec trois dièdres on puisse construire un trièdre.

Appelons, comme toujours, A, B, C les trois dièdres d'un trièdre SABC que je suppose exister.

Il a un trièdre supplémentaire dont les faces sont :

$$\pi - A, \ \pi - B \text{ et } \pi - C,$$

et ces faces satisfont aux relations :

$$o < \pi - A + \pi - B + \pi - C < 2\pi,$$
$$\pi - A < \pi - B + \pi - C.$$

$\pi - A$ étant la plus grande face, donc A le plus petit dièdre, on en tire :

$$\pi < A + B + C < 3\pi, \qquad (II)$$
$$A + \pi > B + C.$$

Donc :

Théorème. — Dans un trièdre la somme des dièdres est comprise entre deux droits et six droits, et le plus petit augmenté de deux droits devient plus grand que la somme des deux autres.

Ces conditions qui sont nécessaires sont aussi satisfaisantes.

Prenons en effet trois dièdres satisfaisant aux relations (II). On en tire, en changeant tous les signes :

$$-\pi > -A - B - C > 3\pi,$$
$$-A - \pi < -B - C.$$

Ajoutons 3π aux trois membres de la première double inegalité, on aura :

$$2\pi > \pi - A + \pi - B + \pi - C > o.$$

Ajoutons 2π aux deux membres de la seconde inégalité, on aura :

$$\pi - A < \pi - B + \pi - C.$$

Ces deux relations nous montrent maintenant que l'on peut construire un trièdre ayant pour faces $\pi - A$, $\pi - B$, $\pi - C$.

Appelons-le T, si on prend le trièdre supplémentaire T_1, il existera aussi, bien entendu. Mais ses dièdres, étant les suppléments des faces, vaudront A, B, C.

Donc, si les relations II existent, il existe bien un trièdre ayant pour dièdres A, B, C.

Les conditions énoncées sont donc à la fois nécessaires et suffisantes.

Note sur l'étude immédiate et directe du parallélisme des droites et des plans.

(ÉTUDE PRÉCÉDANT CELLE DE LA PERPENDICULARITÉ DES DROITES ET PLANS.)

I. — Parallélisme de deux droites.

Définition. — *Droites qui, situées dans un même plan, ne se rencontrent pas.*

Il en existe : *Car par un point de l'espace on peut mener une droite plle à une droite donnée, et une seule.* (Voir page 455.)

1re PROPRIÉTÉ DE DEUX DROITES PARALLÈLES. — *Tout plan qui coupe une droite coupe sa plle.* (Voir page 456.)

2e PROPRIÉTÉ DE DEUX DROITES PARALLÈLES. — *Deux droites plles à une troisième sont plles entre elles.* (Voir page 456.)

II. — Parallélisme de droite et plan.

Définition. — *Droite qui ne coupe pas le plan.*

Il en existe : *Car, si deux droites sont plles, tout plan passant par l'une est plle à l'autre droite.* (Voir page 465.)

Propriétés d'une droite parallèle à un plan.

1re PROPRIÉTÉ. — *Si une droite est plle à un plan, tout plan passant par cette droite et un point du plan coupe le plan suivant une plle à la droite.* (Voir page 466.)

2ᵉ Propriété — *Si une droite D est plle à un plan P, si par un point du plan P on mène une plle à la droite D, cette droite est tout entière dans le plan P.* (Voir page 466.)

3ᵉ Propriété. — *Si deux plans sont plles à une même droite, leur intersection est aussi plle.* (Voir page 467.)

III. — Plans parallèles.

Définition. — *Plan n'ayant aucun point commun.*

Il en existe . *Car si les deux angles AOB et A'O'B' sont à côtés plles, les plans P et P' de ces deux angles n'ont aucun point commun.*

En effet, si les deux plans se coupaient suivant une droite xy, xy rencontrerait forcément ou A, ou B, ou les deux. Mettons A : xy rencontrant A, rencontrerait sa plle A' et alors le plan P qui passe par A rencontrerait A'. Mais cela est impossible, puisque le plan P passant par A doit être plle à A'.

Donc notre supposition (que les deux plans se coupent) nous conduisant à une impossibilité, nous devons la rejeter. Donc les deux plans sont plles.

Propriétés de deux plans parallèles.

1ʳᵉ Propriété. — *Étant donnés deux plans P et P' plles, si un plan Q les coupe tous deux, il les coupe suivant des droites parallèles.*

Prenons une droite AB dans le plan P et considérons un plan Q qui passe par AB, et un point O' du plan P'. Ce plan Q ayant un point commun avec P' coupe forcément P'. Et si O'X' est la droite d'intersection, O'X' est plle à AB (car sans cela O'X' couperait AB et alors les deux plans P et P' ayant un point commun ne seraient plus plles). Donc deux plans plles coupés par un troisième donnent des intersections parallèles.

2ᵉ Propriété. — *Si deux plans sont plles, chacun d'eux est plle à toutes les droites de l'autre plan.*

Car si Δ' est une droite du plan P', le plan passant par Δ' et un point O du plan plle P coupe P suivant une droite Δ, qui, d'après la première propriété, est plle à Δ'.

Donc le plan P passant par une droite Δ plle à Δ' est plle à Δ'.

3° Propriété. — *Si deux plans P et P' sont plles, tout plan Q qui coupe l'un coupe l'autre.*

En effet, soit AB la droite suivant laquelle le plan Q coupe P.

Par un point O pris sur AB je mène dans le plan Q une droite OC, OC ne saurait être plle au plan P' (car sans cela le plan Q passant par cette plle OC au plan P coupperait P suivant une droite γ parallèle à OC. Mais, du moment que Q coupe P, il faut qu'il le coupe suivant une plle à AB). Donc de O partiraient deux droites OC et AB plles à γ, ce qui est impossible.

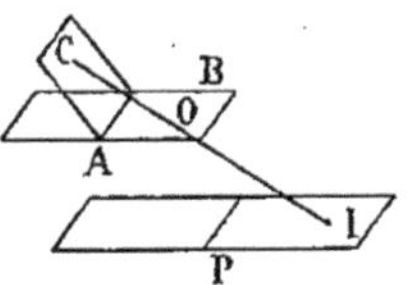

Fig. 771.

Donc OC ne saurait être plle à P.

Donc OC coupe P. I est ce point d'intersection, le plan passant par AB et ce point I coupe le plan P.

Donc Q coupe P.

4° Propriété. — *Deux plans plles à un troisième sont plles entre eux.*

Soient P et Q deux plans plles tous deux au plan R.

Un premier plan qui coupe P coupe R, donc coupé Q, et de plus il les coupera suivant trois droites plles.

Un deuxième plan sécant coupera de même les trois plans suivant trois autres séries de droites plles. De telle sorte que P et Q renfermeront certainement deux droites plles entre elles. Donc seront plles.

5° Propriété. — *Par un point de l'espace O passe un plan plle à un plan donné P, et un seul.*

Il en passe un. Car par O on peut toujours mener deux droites OA et OB plles à deux droites du plan P, et le plan OAB est plle au plan P. (Voir le théorème du début des plans plles.)

De plus, il n'y en a qu'un. Car si par O passaient deux plans Q et Q' plles à P, tout plan passant par O et une droite Δ du plan P coupperait ces deux plans plles à P suivant deux droites plles à Δ. Donc du point O partiraient deux droites de l'espace plles à Δ, ce qui est impossible. Donc il n'y a qu'un plan plle.

FIN DU CINQUIÈME LIVRE

LIVRE VI

Des polyèdres.

Sommaire :

§ 1er. — **Prismes.**
§ 2. — **Pyramides.**
§ 3. — **Troncs de pyramides.**
§ 4. — **Troncs de prismes.**

§ 1er. — Le prisme.

Définitions. — Un *polyèdre* est un corps limité de toutes parts par des plans. Les portions de plans qui limitent le polyèdre en sont les *faces;* ce sont des polygones dont les côtés et les sommets sont les *arêtes* et les *sommets* du polyèdre.

Les angles dièdres formés par deux faces contiguës sont les *angles dièdres* du polyèdre; ces dièdres ont pour arêtes les arêtes du polyèdre.

Les angles polyèdres formés par plusieurs faces qui se coupent en un sommet sont les *angles polyèdres* du polyèdre; ils ont pour sommets les sommets du polyèdre.

Les *diagonales* du polyèdre sont les droites limitées qui joignent deux sommets quelconques non situés sur une même face.

Les polyèdres de quatre, six, huit, douze et vingt faces reçoivent souvent les noms de *tétraèdre, hexaèdre, octaèdre, dodécaèdre* et *icosaèdre.*

Un polyèdre est *convexe* s'il est situé tout entier d'un même côté par rapport au plan indéfiniment prolongé de chacune de ses faces. Les faces d'un tel polyèdre sont des polygones convexes, et ses angles polyèdres sont convexes.

Il est évident que la section d'un polyèdre convexe par un plan est un polygone convexe, et que par suite une droite quelconque ne peut rencontrer la surface d'un polyèdre convexe en plus de deux points.

La figure 772 représente un octaèdre ; ce polyèdre a huit faces, douze arêtes et douze angles dièdres, six sommets et six angles polyèdres ; les huit faces sont des triangles, les six angles polyèdres ont quatre faces. Il y a trois diagonales qui sont SS′, AC et BD.

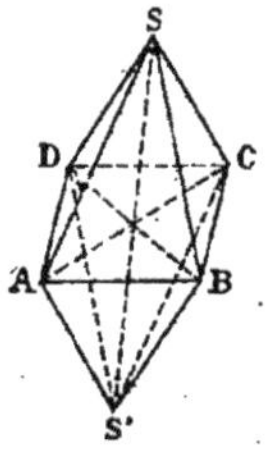

Un *prisme* est le solide obtenu en menant par les sommets d'un polygone plan ABCDE des droites plles, et coupant le tout par un plan plle à ce polygone, d'où la figure ABCDEA′B′C′D′E′ ; des droites plles s'appellent les arêtes du prisme.

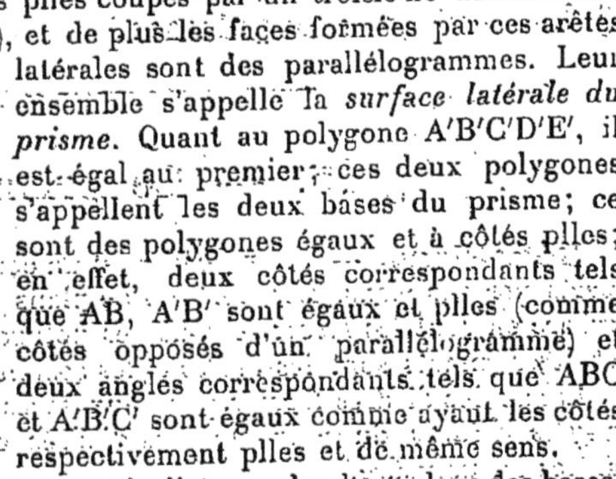
Fig. 772.

Elles sont toutes égales entre elles (car deux plans plles coupés par un troisième donnent des intersections plles), et de plus les faces formées par ces arêtes latérales sont des parallélogrammes. Leur ensemble s'appelle la *surface latérale du prisme*. Quant au polygone A′B′C′D′E′, il est égal au premier ; ces deux polygones s'appellent les deux bases du prisme ; ce sont des polygones égaux et à côtés plles ; en effet, deux côtés correspondants tels que AB, A′B′ sont égaux et plles (comme côtés opposés d'un parallélogramme) et deux angles correspondants tels que ABC et A′B′C′ sont égaux comme ayant les côtés respectivement plles et de même sens.

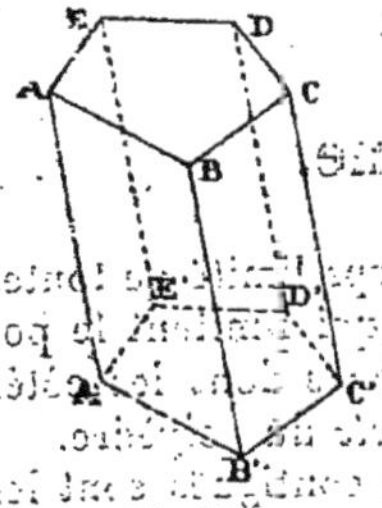

Fig. 773.

La *hauteur* du prisme est la distance des deux plans des bases.

Si les arêtes latérales sont pp. aux plans des bases, le prisme est *droit* ; sinon, il est *oblique*.

Dans un prisme droit, la hauteur est égale à chaque arête latérale, et les faces latérales sont des rectangles.

Suivant que la base d'un prisme est un triangle, un quadrilatère, un pentagone, etc., ce prisme est dit *triangulaire, quadrangulaire, pentagonal*, etc.

On appelle prisme *régulier* un prisme droit dont les bases sont des polygones réguliers.

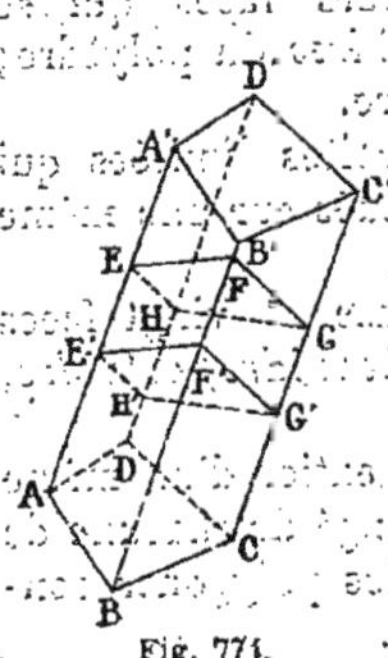
Fig. 774.

1ʳᵉ Propriété des prismes. — *Si l'on coupe la surface latérale d'un prisme par deux plans plles, les deux polygones de section sont égaux* (évident).

Quand la section est pp. aux arêtes latérales, on l'appelle *section droite* du prisme.

Toutes les sections droites sont évidemment égales entre elles.

2e Propriété. — *Tout prisme oblique est équivalent à un prisme droit ayant pour base la section droite et pour hauteur l'arête latérale.*

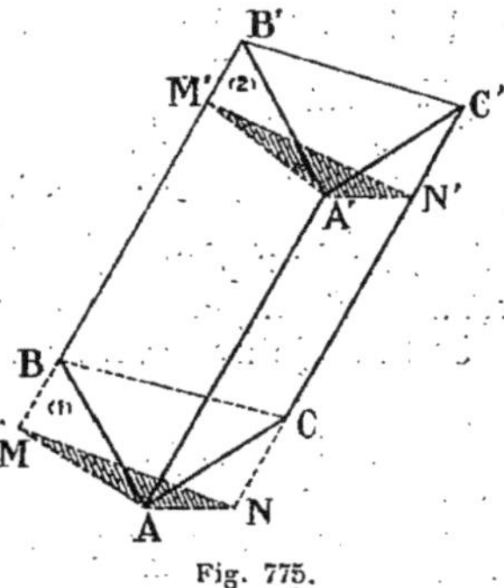

Fig. 775.

Menons en effet aux deux points A et A' les sections droites. Je dis que les deux solides (1) et (2) ainsi formés sont superposables.

En effet, faisons glisser le solide supérieur (2) parallèlement à l'arête A'A, et d'une longueur égale à cette arête AA'. A' viendra en A. B' viendra aussi en B (puisque B'B = A'A). Mais M' viendra de lui-même en M (puisque MAM'A' est un rectangle).

Idem pour N' et N.

Donc les deux solides (1) et (2) peuvent être amenés en coïncidence.

Or si du solide total B'M je retranche le solide (1), j'obtiendrai le même volume qu'en lui retranchant le solide (2).

Donc les deux prismes BB' et MM' sont équivalents.

C. Q. F. D.

Parmi les prismes, il convient d'étudier spécialement le *parallélépipède*, c'est-à-dire le prisme ayant pour base un parallélogramme, parallélépipède qui peut être ou droit ou oblique. Il pourra même être composé de faces toutes rectangulaires, quand la base sera un rectangle et qu'il sera droit, auquel cas on l'appelle *parallélépipède rectangle*.

Propriétés du parallélépipède.

1o *On peut prendre pour base n'importe quelle face.* En effet ce qui caractérise la base d'un prisme, c'est que les arêtes qui partent de ses sommets sont toutes plles et égales. Or si on considère la face latérale ADA'D', on a :

$$AB = A'B' = C'D' = CD.$$

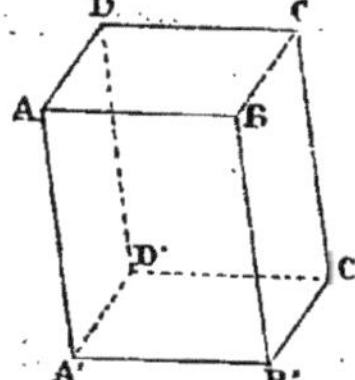
Fig. 776.

2° *Deux faces opposées sont plles entre elles.* En effet, les deux angles AA'B' et DD'C' ont leurs côtés plles, donc leurs plans sont plles.

3° Les diagonales d'un parallélépipède se coupent toutes en un même point milieu de chacune d'elles. Ce point s'appelle le centre du parallélépipède (démonstration facile).

4° Quand un plan rencontre seulement les arêtes latérales, la section est un parallélogramme.

5° Si on joint les milieux de trois arêtes consécutives non si-

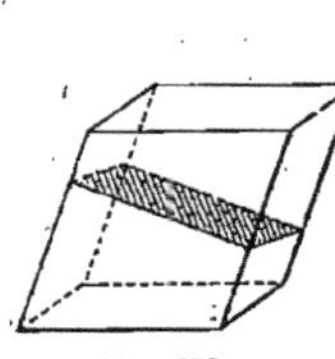
Fig. 777.

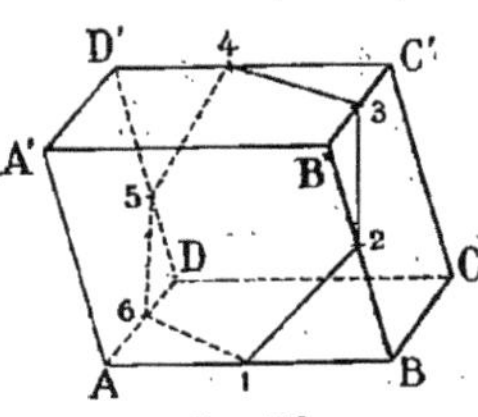
Fig. 778.

tuées dans un même plan, la section correspondante est un hexagone. En effet, la droite 12 est plle à la droite AB'. La droite 23 est plle à BC', donc à sa plle AD'. Quant à 34, elle est plle à B'D'.

Donc les deux plans 123 et 234 ayant une droite commune 23, et étant plles à un même plan AB'D', sont confondus.

Donc quatre sommets consécutifs 1, 2, 3, 4 étant dans un même plan, tous les six sommets 123456 sont dans un même plan et la section est un hexagone plan.   C. Q. F. D.

REMARQUE. — Si le parallélépipède est un cube, c'est-à-dire a pour base un carré, les arêtes latérales étant égales à l'arête de base, la section sera un hexagone régulier.

Et ce plan passe par le centre du cube,

et est pp. à une diagonale du cube (démonstration facile).

Il y aura donc quatre façons de couper un cube suivant un hexagone régulier (puisqu'il y a quatre diagonales).

Mesure du volume d'un prisme.

Nous distinguerons deux cas, selon que le prisme est droit ou oblique et nous allons montrer que, si on prend pour unité de volume le cube construit sur l'unité de longueur, le nombre qui mesure le volume s'obtient toujours en multipliant le nombre qui mesure la surface de base par le nombre qui mesure la hauteur, d'où la formule générale :

$$V = B \times H.$$

I. — Volumes droits.

Il y a quatre sortes de volumes droits :

Le parallélépipède rectangle.
Le parallélépipède droit.
Le prisme triangulaire droit.
Le prisme polygonal droit.

VOLUME DU PARALLÉLÉPIPÈDE RECTANGLE.

Première démonstration élémentaire [mais qui ne convient qu'au cas où les trois dimensions sont commensurables entre elles].

On prend une commune mesure aux trois dimensions, AB, AC, CC', et par les points de division de la base on mène des plies; d'où carrés, sur lesquels on place des cubes jusqu'en haut.

On trouve de la sorte $V = B \times h$; V, B, h étant les nombres qui mesurent le volume, la surface de base et la hauteur.

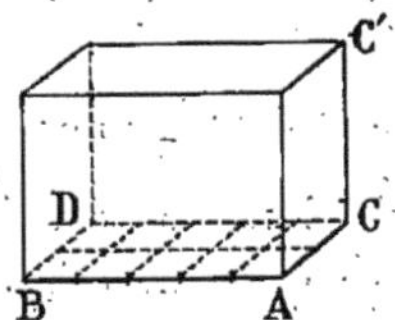

Fig. 779.

Deuxième démonstration (générale cette fois), basée sur les trois théorèmes successifs suivants.

Théorème I. — *Le rapport des volumes de deux parallélépipèdes rectangles de mêmes bases est égal au rapport de leurs hauteurs, que ces hauteurs soient commensurables entre elles ou incommensurables entre elles.*

Le théorème est très facile à établir quand le rapport des hauteurs est commensurable et égal par exemple à $\frac{2}{3}$. Car si

$\frac{h}{h'} = \frac{2}{3}$, en partageant ces hauteurs en deux et en trois parties égales, puis menant par les points de division des plans plles aux bases, on aura deux puis trois parallélépipèdes égaux entre eux (superposition évidente). Donc on a aussi :

$$\frac{V}{V'} = \frac{2}{3}; \quad \text{donc} : \quad \frac{V}{V'} = \frac{h}{h'}.$$

Supposons maintenant les deux hauteurs incommensurables entre elles.

Partageons h' en n parties égales, h contenant p de ces parties avec un reste, de telle sorte que l'on aura, h étant plus grand que p fois la $n^{ième}$ partie de h' et inférieur à $(p+1)$ fois cette $n^{ième}$ partie de h' :

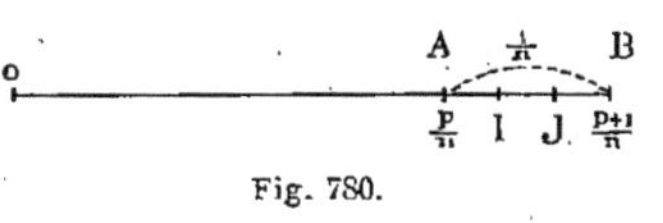

Fig. 780.

$$\frac{p}{n} < \frac{h}{h'} < \frac{p+1}{n}.$$

Le rapport $\frac{h}{h'}$, figuré par une droite OI, aura alors son extrémité I entre A et B, si OA vaut $\frac{p}{n}$, AB valant $\frac{1}{n}$. Mais on aura évidemment aussi $\frac{p}{n} < \frac{V}{V'} < \frac{p+1}{n}$, de telle sorte que, si on représente par une droite OJ ce rapport inconnu $\frac{V}{V'}$, son extrémité J sera encore située entre les deux points A et B.

Si bien que la différence IJ des deux rapports $\left(\frac{h}{h'}\right)$ et $\left(\frac{V}{V'}\right)$, si elle existe, sera forcément inférieure à AB, c'est-à-dire à $\frac{1}{n}$.

Mais quand on double le nombre n des parties, les points A et B tendent l'un vers l'autre et $\frac{1}{n}$ tend vers zéro. (Voir, dans le livre II, la mesure des angles au centre.)

Donc il faut bien que OI et OJ soient égaux (sans quoi leur différence ne pourrait pas devenir plus petite que toute quantité donnée), donc le théorème I est encore vrai quand le rapport des hauteurs est incommensurable.   C. Q. F. D.

Théorème II. — Le rapport des volumes de deux parallélé-pipèdes rectangles de même hauteur est égal au rapport des bases.

Appelons en effet :

$$a,\ b,\ c,$$
$$a',\ b',\ c',$$

les trois dimensions des deux solides V et V'.

Si nous considérons le solide V'' ayant pour dimensions :

$$a,\ b',\ c,$$

on aura :

$$(1)\qquad \frac{V}{V''} = \frac{b}{b'}$$

(puisqu'on peut prendre pour bases le rectangle de dimensions a et c); on aura aussi :

$$(2)\qquad \frac{V''}{V'} = \frac{a}{a'}$$

(en prenant pour base b', c).

Mais on a vu (en géométrie plane, dans le paragraphe : *rapports et proportions géométriques*) que le rapport de deux grandeurs quelconques est égal au rapport des nombres qui les mesurent (avec la même unité). Donc nous pouvons, au lieu de considérer les grandeurs concrètes V, V', V'', a, a', b, b', considérer les nombres correspondants v, v', v'', α, α', β, β' et on aura arithmétiquement, comme conséquence des égalités géométriques (1) et (2) :

$$\frac{v}{v''} = \frac{\beta}{\beta'}\qquad \frac{v''}{v'} = \frac{\alpha}{\alpha'}.$$

Et maintenant ces rapports étant des rapports de nombres, nous avons le droit de les multiplier entre eux à la façon des fractions en arithmétique, ce qui nous donnera :

$$\frac{v \times v''}{v'' \times v'} = \frac{\beta \times \alpha}{\beta' \times \alpha'};$$

ou en simplifiant :

$$\frac{v}{v'} = \frac{\alpha \times \beta}{\alpha' \times \beta'}.$$

Mais le rapport des nombres qui mesurent deux volumes ou deux rectangles est égal au rapport de ces volumes ou de ces rectangles. Donc on aura le droit d'écrire :

$$\frac{\text{volume V}}{\text{volume V}'} = \frac{\text{rectangle } ab}{\text{rectangle } a'b'}.$$

ce qui s'énoncera en disant que le *rapport des volumes* de deux parallélépipèdes rectangles qui ont une seule dimension égale est égal au rapport des produits des deux autres dimensions.   C. Q. F. D.

Théorème III. — *Le rapport des volumes de deux parallélépipèdes quelconques est égal au rapport du produit de leurs trois dimensions.*

Soient en effet : V, a, b, c,
           V', a', b', c'.
Si on considère : V'', a, b, c';

on aura : $\dfrac{V}{V''} = \dfrac{c}{c'}$ $\dfrac{V''}{V'} = \dfrac{a \times b}{a' \times b'}$.

D'où en multipliant membre à membre (ce qui est permis en procédant comme dans la démonstration précédente) :

$$\frac{V}{V'} = \frac{a \times b \times c}{a' \times b' \times c'}.$$ C. Q. F. D.

On peut déduire maintenant facilement de ces trois théorèmes la mesure du volume d'un parallélépipède rectangle de dimensions a, b, c et de volume V.

Car si nous appelons u la longueur unité, quelle qu'elle soit, U étant le volume du cube construit sur u, on aura, d'après le théorème III :

$$\frac{V}{U} = \frac{a \times b \times c}{u \times u \times u};$$

c'est-à-dire : $\dfrac{V}{U} = \dfrac{a}{u} \times \dfrac{b}{u} \times \dfrac{c}{u}$,

égalité arithmétique qui, traduite en langage ordinaire, nous apprend que le rapport du volume V au volume unité est égal au produit des rapports des trois dimensions à la longueur unité, autrement dit que :

Le nombre qui mesure le volume V est égal au produit des nombres qui mesurent les trois dimensions.

D'où le théorème fondamental :

Théorème. — *Le volume d'un parallélépipède rectangle est égal numériquement au produit de ses trois dimensions (ou encore au produit de sa base par sa hauteur).*

Donc : $V = a \times b \times c$ ou $V = B \times H$.

Volume du parallélépipède droit.

(On sait que la base est un parallélogramme à angle aigu, l'arête étant pp. à la base.)

Prenons pour base la face ADA'D'. L'arête latérale sera AB. La section droite sera dès lors le plan MNPQ pp. à l'arête AB.

Mais cette section droite est un rectangle (car, ABA'B' étant pp. à ABCD, leur intersection MP l'est).

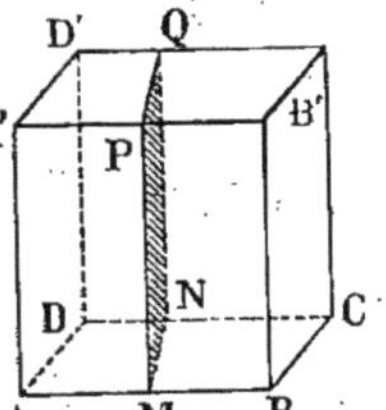

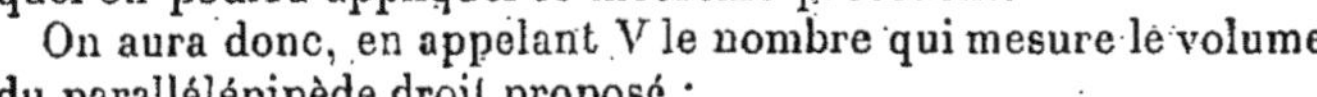

Donc, comme tout prisme oblique est équivalent à un prisme droit, le parallélépipède proposé sera équivalent au parallélépipède ayant pour base MNPQ et pour hauteur AB, parallélépipède rectangle auquel on pourra appliquer le théorème précédent.

Fig. 781.

On aura donc, en appelant V le nombre qui mesure le volume du parallélépipède droit proposé :

$$V = MNPQ \times AB = (PM \times MN) \times AB = (AB \times MN) \times PM$$
$$= ABCD \times AA',$$

d'où la formule :
$$V = B \times H.$$

Volume du prisme triangulaire ou polygonal droit.

Sur les deux Δ de base construisons des parallélogrammes, on aura : $BD = AC = A'C' = B'D'$; de plus, BD sera plle à B'D'. Donc BDB'D' sera un parallélogramme et DD' sera plle à AA'. Mais alors la figure totale est un parallélépipède droit dont le volume vaut ABCD $\times$ AA'.

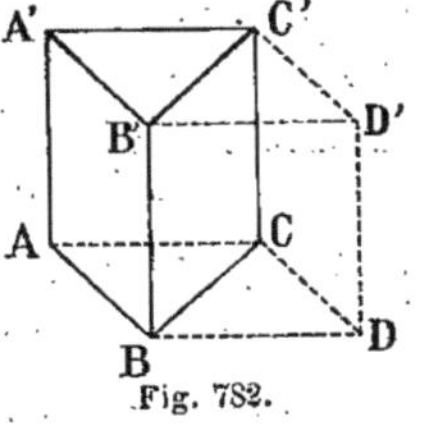

Or les deux prismes triangulaires droits ABCA' et BCDD' sont superposables, donc égaux (les Δ de base ayant leurs trois côtés égaux deux à deux et étant disposés dans le même ordre, donc constituant deux Δ directement égaux).

Fig. 782.

Donc on a :

Volume du prisme triangulaire $=$ moitié du parallélépipède,
$$= \frac{1}{2} ABCD \times AA',$$
$$= ABC \times AA',$$

d'où encore la formule : $V = B \times H.$

Pour évaluer le volume du prisme polygonal droit, il n'y a qu'à le décomposer en prismes triangulaires, ce qui donne :

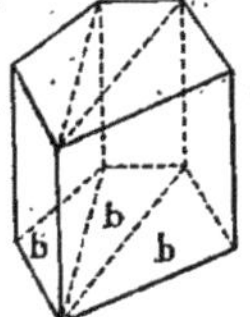

$$V = b \times h + b' \times h + b'' \times h,$$

ou en mettant h en facteur commun :

$$V = h\,(b + b' + b''),$$

Fig. 783.

d'où encore la formule : $V = B \times H$.

II. — Volumes obliques.

Il y a trois sortes de volumes de prismes obliques à étudier :

Volume du parallélépipède oblique.
Volume du prisme triangulaire oblique.
Volume du prisme polygonal oblique.

Théorème. — *Le volume d'un parallélépipède quelconque* ABCDA'B'C'D' *a pour mesure le produit de sa base* ABCD *par sa hauteur* (fig. 784).

Considérons le parallélépipède comme un prisme de base ADA'D' et menons sa section droite EFGH. Le volume V du parallélépipède est le même que celui du parallélépipède droit qui a pour base EFGH et pour hauteur AB (p. 501), de sorte que :

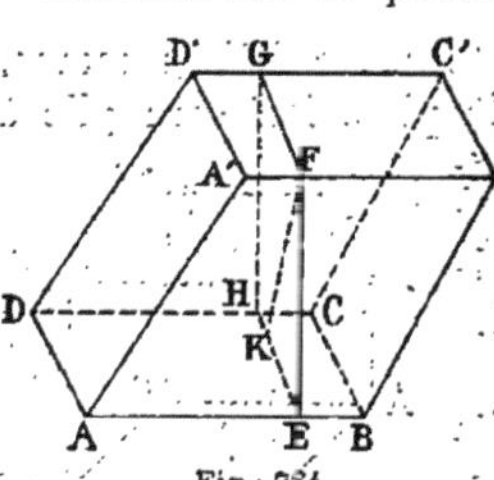

Fig. 784.

$$V = EFGH \times AB.$$

Du point F menons FK perpendiculaire sur EH; FK sera la hauteur du parallélogramme EFGH, et l'on aura par suite :

$$EFGH = EH \times FK$$

et :

$$V = (EH \times FK) \times AB.$$

Mais, EH est la hauteur du parallélogramme ABCD, de sorte que, comme

$$V = (AB \times EH) \times FK,$$

on aura :

$$V = ABCD \times FK.$$

Mais le plan EFGH est pp. sur le plan ABCD (puisqu'il est pp. à AB).

Donc on a un dièdre droit et une droite FK située dans l'une des faces perpendiculairement à l'arête, FK est donc pp. à l'autre face, donc FK est la hauteur H du parallélépipède.

Donc : $$V = ABCD \times H.$$

d'où la formule : $$V = B \times H.$$

Théorème. — *Le volume d'un prisme triangulaire oblique est égal numériquement au produit de sa base par sa hauteur.*

Construisons encore les parallélogrammes sur ABC et sur A′B′C′. On verrait, comme plus haut, que DD′ est plle à AA′, donc que la figure totale est un parallélépipède.

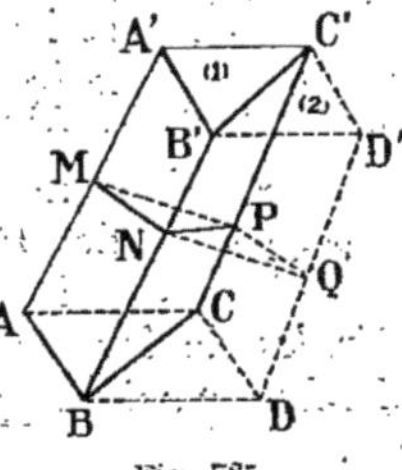

Fig. 785.

Je dis que les deux prismes (1) et (2) ont des volumes égaux. Pour le voir, il suffit de remarquer que, tout prisme oblique étant équivalent à un prisme droit ayant pour base la section droite, on a :

$$V_1 = MNP \times BB',$$
$$V_2 = NPQ \times BB',$$

le plan MNPQ étant la section droite du parallélépipède, donc aussi celle des deux prismes. Mais MNPQ étant un parallélogramme, on a : $$MNP = NPQ;$$

donc les deux nombres V_1 et V_2 sont égaux.

Donc : $V_1 =$ moitié du parallélépipède total,

$$= \frac{1}{2} (ABCD \times h),$$

$$= ABC \times h;$$

donc on a encore la formule :

$$V = B \times h.$$

Théorème. — *Le volume d'un prisme polygonal oblique est égal numériquement au produit de la base par la hauteur.*

(Il suffit de décomposer en prismes triangulaires). (Démonstration facile.)

§ 2. — La pyramide.

Une *pyramide* est un polyèdre dont l'une des faces est un polygone quelconque ABCDE et dont les autres faces sont des triangles obtenus en joignant les sommets de ce polygone à un point quelconque S de l'espace (*fig.* 786).

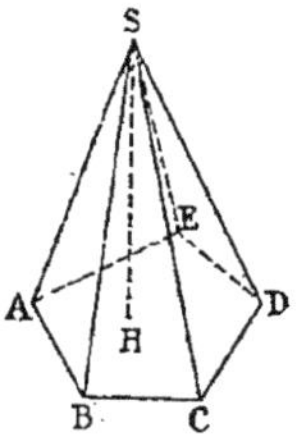

La première face ABCDE est la *base* de la pyramide; les autres en sont les *faces latérales*, et leur ensemble constitue la *surface latérale* de la pyramide. Le point S est le *sommet* de la pyramide.

Les angles polyèdres de la pyramide sont tous des trièdres, sauf celui qui a son sommet en S.

Les droites SA, SB..., SE sont les *arêtes latérales* de la pyramide.

Fig. 786.

La *hauteur* de la pyramide est la distance SH du sommet à la base.

Suivant que la base d'une pyramide est un triangle, un quadrilatère, un pentagone, etc., la pyramide est dite *triangulaire*, *quadrangulaire*, *pentagonale*, etc.

Une pyramide est *régulière* si la base est un polygone régulier et si le pied de sa hauteur coïncide avec le centre de ce polygone régulier.

Toutes les arêtes latérales d'une pyramide régulière sont égales comme obliques s'écartant également du pied de la perpendiculaire.

Les faces latérales d'une pyramide régulière sont par suite des triangles isocèles égaux, comme ayant les trois côtés égaux chacun à chacun.

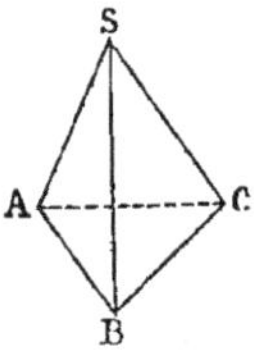

La hauteur commune de ces triangles latéraux s'appelle l'*apothème* de la pyramide régulière (ou encore hauteur latérale).

Fig. 787.

La pyramide triangulaire reçoit aussi le nom de *tétraèdre* (du mot grec τέτταρες, qui signifie quatre).

Un tétraèdre SABC (*fig.* 787) a quatre faces triangulaires, quatre sommets, quatre angles trièdres et six arêtes opposées deux à deux.

On voit que l'on peut considérer un tétraèdre comme une pyramide triangulaire de quatre façons différentes, chacun des sommets du tétraèdre pouvant être pris à volonté comme sommet de la pyramide.

Définition. — Un tétraèdre est dit *régulier*, si ses faces sont toutes des triangles équilatéraux égaux. On voit qu'une pyramide triangulaire régulière n'est pas nécessairement un tétraèdre régulier; dans une pyramide triangulaire régulière, la base seule est un triangle équilatéral, les trois autres faces sont des triangles isocèles égaux.

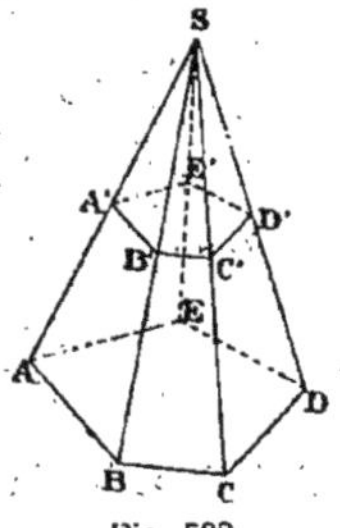

Fig. 788.

Définition. — Si l'on coupe une pyramide SABCDE (*fig.* 788) par un plan qui rencontre toutes ses arêtes latérales, on obtient un nouveau polyèdre ABCDEA'B'C'D'E', que l'on appelle *pyramide tronquée* ou *tronc de pyramide*.

Si le plan sécant est plle au plan de base de la pyramide, le tronc de pyramide est dit à *bases parallèles*. Nous ne considérerons que de tels troncs de pyramide, et par suite, pour abréger le langage, nous supprimerons l'indication : à bases parallèles, qui devra être sous-entendue.

Les deux polygones ABCDE, A'B'C'D'E' sont les *bases* du tronc; les droites AA', BB'..., EE' en sont les *arêtes latérales;* les *faces latérales* sont les polygones ABA'B', BCB'C'..., qui sont évidemment des trapèzes, les droites telles que AB, A'B' étant plles comme intersections d'un même plan par deux plans plles. L'ensemble des faces latérales constitue la *surface latérale* du tronc. La *hauteur* du tronc est la distance des deux bases.

Définition. — Le tronc de pyramide est *régulier*, si la pyramide à laquelle il appartient est régulière.

Définition. — Si on prolonge les arêtes d'une pyramide au delà du sommet et qu'on coupe l'ensemble de ces deux pyramides par un plan plle à la base, on obtient un nouveau tronc de pyramide dit de *seconde espèce*.

Propriétés d'une pyramide.

1ʳᵉ Propriété. — *Si une pyramide SABCDE est coupée par un plan plle à sa base :*

1° *Ses arêtes latérales et sa hauteur SH sont divisées en segments proportionnels;*

2° *La section A'B'C'D'E' est un polygone semblable à la base de la pyramide;*

3° *Le rapport des aires de la section A'B'C'D'E' et de la base ABCDE est égal au carré du rapport de leurs distances SH' et SH au sommet de la pyramide* (fig. 789).

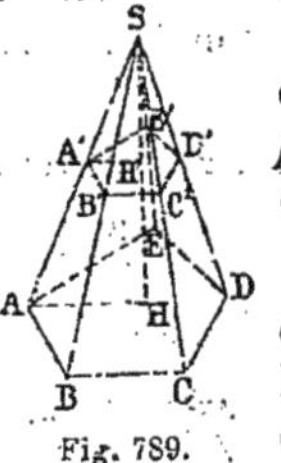
Fig. 789.

1° Les droites AB, A'B' sont plles; il en est de même des droites AH et A'H', BC et B'C', etc. Les triangles SAH et SA'H'; SAB et SA'B'; SBC et SB'C', etc., sont, par suite, semblables deux à deux et donnent :

$$\frac{SH'}{SH} = \frac{SA'}{SA}, \quad \frac{SA'}{SA} = \frac{SB'}{SB}, \quad \frac{SB'}{SB} = \frac{SC'}{SC}, \dots;$$

d'où l'on tire la suite de rapports égaux :

$$\frac{SH'}{SH} = \frac{SA'}{SA} = \frac{SB'}{SB} = \frac{SC'}{SC} = \frac{SD'}{SD} = \frac{SE'}{SE}.$$

2° Les angles correspondants des deux polygones ABCDE, A'B'C'D'E' sont égaux comme ayant les côtés plles et de même sens. En outre, les triangles semblables considérés plus haut donnent :

$$\frac{A'B'}{AB} = \frac{SA'}{SA}, \quad \frac{B'C'}{BC} = \frac{SB'}{SB}, \dots;$$

les seconds membres de ces égalités étant tous égaux en vertu de ce qui précède, il en est de même des premiers, et l'on a :

$$\frac{A'B'}{AB} = \frac{B'C'}{BC} = \frac{C'D'}{CD} = \frac{D'E'}{DE} = \frac{E'A'}{EA},$$

c'est-à-dire que les côtés correspondants des deux polygones considérés sont proportionnels.

Ces deux polygones, ayant leurs angles égaux et les côtés proportionnels, sont semblables. C. Q. F. D.

3° Le rapport de similitude des deux polygones A'B'C'D'E' et ABCDE est égal au rapport $\dfrac{A'B'}{AB}$ de deux côtés homologues. Mais les égalités écrites plus haut donnent :

$$\frac{A'B'}{AB} = \frac{SA'}{SA} = \frac{SH'}{SH},$$

de sorte que ce rapport de similitude est encore $\dfrac{SH'}{SH}$.

Le rapport des aires de deux polygones semblables étant égal au carré de leur rapport de similitude, on a donc, en appelant B et B′ les surfaces des deux polygones :

$$\frac{B'}{B} = \frac{\overline{SH'}^2}{\overline{SH}^2}.$$

C. Q. F. D.

REMARQUE. — Si la pyramide ABCDE est régulière, le polygone ABCDE est régulier, et il en est de même, d'après le théorème précédent, du polygone A′B′C′D′E′; en outre, H est le centre du premier polygone, et il en résulte immédiatement que H′ est le centre du second; par suite, la pyramide SA′B′C′D′E′ est aussi régulière.

On déduira de là que, dans un tronc de pyramide régulier, les bases sont deux polygones réguliers semblables, et que les faces latérales sont des trapèzes isocèles égaux; en outre, la droite qui joint les centres des deux bases est perpendiculaire sur leur plan. Ajoutons que la hauteur commune des diverses faces latérales s'appelle l'*apothème* du tronc de pyramide régulier.

2ᵉ PROPRIÉTÉ. — *Si deux pyramides de même hauteur ont des bases équivalentes, les sections faites dans ces pyramides par des plans menés parallèlement à leurs bases à la même distance des sommets sont équivalentes.*

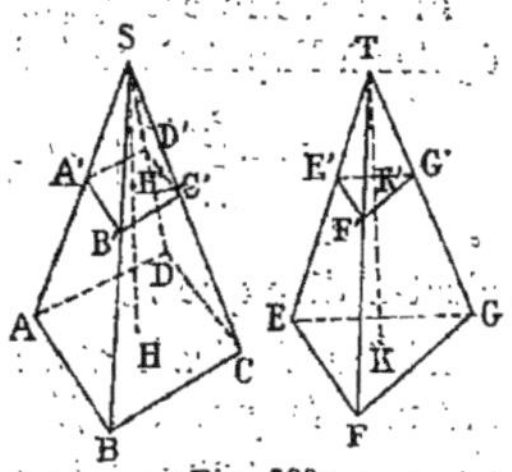

D'après le théorème précédent, on a, en appelant B et B′ les deux bases, S et S′ les deux sections, H et h les hauteurs :

Fig. 790.

$$\frac{S}{B} = \frac{H^2}{h^2}, \quad \frac{S'}{B'} = \frac{H^2}{h^2}.$$

Or :   B = B′.

Donc :   S = S′.   C. Q. F. D.

Mesure de l'aire latérale d'une pyramide.

L'aire latérale d'une pyramide peut s'obtenir facilement en faisant la somme des aires des faces latérales; si a, a', a''… sont les côtés successifs de la base, et h, h', h''… les hauteurs des

faces latérales correspondantes, on aura pour la mesure de
l'aire latérale S :

$$S = \frac{1}{2}[ah + a'h' + a''h'' + \ldots].$$

Si la pyramide est régulière, les hauteurs h, h', $h''\ldots$ sont
toutes égales à l'apothème h de la pyramide, et l'on a :

$$S = \frac{h}{2}(a + a' + a'' + \ldots),$$

c'est-à-dire que :

*L'aire latérale d'une pyramide régulière a pour mesure la
moitié du produit du périmètre de sa base par son apothème.*

On obtiendra de la même façon l'aire latérale S d'un tronc de
pyramide. Scient a, a', $a''\ldots$ les côtés successifs de l'une des
bases; b, b', $b''\ldots$ les côtés correspondants de l'autre base;
h, h', $h''\ldots$ les hauteurs des faces latérales correspondantes;
on a :

$$S = \frac{1}{2}[h(a + b) + h'(a' + b') + h''(a'' + b'') + \ldots].$$

Si le tronc est régulier, les hauteurs h, h', $h''\ldots$ sont toutes
égales à l'apothème h du tronc, et l'on a :

$$S = \frac{h}{2}[a + a' + a'' + \ldots + b + b' + b'' + \ldots],$$

c'est-à-dire que :

*L'aire latérale d'un tronc de pyramide régulier a pour
mesure le produit de la demi-somme des périmètres de ses
deux bases par son apothème.*

Mesure du volume d'une pyramide.

PRINCIPE. — *Toute pyramide triangulaire ou non peut être
regardée comme la limite d'une somme de prismes inscrits, dont
le nombre des côtés croît indéfiniment.*

Nous avons vu (voir, dans le livre II, le paragraphe intitulé :
limites en géométrie) que pour établir qu'une quantité variable
a une limite, il faut démontrer deux choses; par exemple :

1° Que la quantité variable croît ;

2° Qu'elle reste inférieure à une quantité fixe.

Partageons la hauteur h de la pyramide en $n + 1$ parties égales et par les points de division menons des plans plles à la base. Il y en aura n. Puis sur les différentes sections construisons des prismes dont les arêtes soient plles à SA.

Il est manifeste que la somme des n prismes inscrits ainsi obtenus, 1, 2, 3, est inférieure au volume de la pyramide (volume qui existe, bien que nous ignorions la façon de l'évaluer).

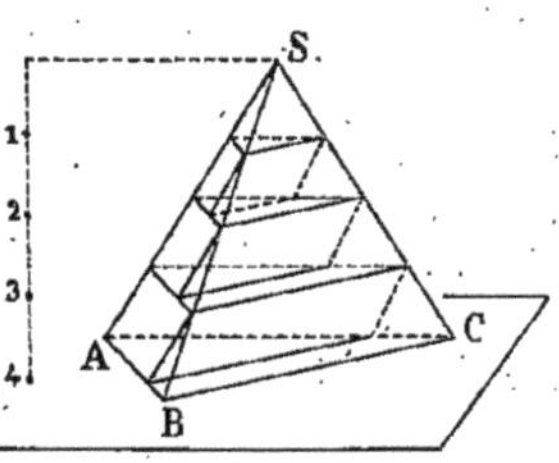

Fig. 791.

Mais quand on double le nombre des divisions de la hauteur, en construisant de nouveaux prismes inscrits sur les sections correspondantes, il est clair que la somme de ces prismes inscrits va en augmentant (car chacun des prismes 1, 2, 3 donne naissance à deux prismes dont l'un en est la moitié, l'autre étant plus grand que cette moitié. — Et il y a, en outre, un prisme de plus près du sommet S).

Donc cette somme de prismes inscrits croît constamment, tout en restant inférieure au volume de la pyramide.

Donc elle a une limite (inconnue, mais certaine).

On verrait de la même façon que, si on construit sur les sections des prismes plles à SA et extérieurs à la pyramide (prismes que nous appellerons ex-inscrits), et il y en a $(n + 1)$ au lieu de n, la somme de ces $(n + 1)$ prismes est

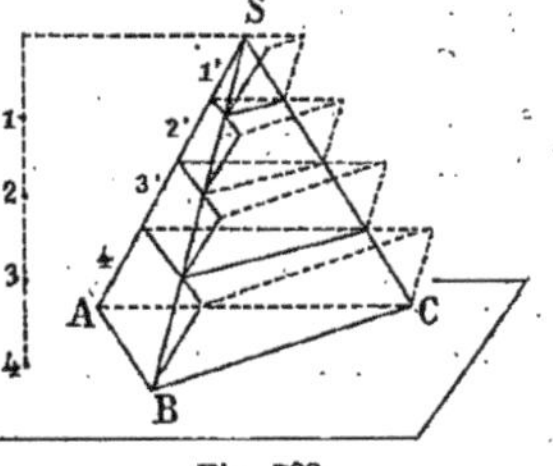

Fig. 792.

plus grande que le volume de la pyramide, et que, quand on double le nombre $(n + 1)$ des divisions, cette somme va en diminuant.

Donc la somme S′ de cette deuxième série de grandeurs a, elle aussi, une limite (inconnue, mais certaine).

Je dis maintenant que ces deux limites S et S′ sont les mêmes. Pour cela remarquons que la différence entre les deux sommes S′

Fig. 793.

et S est égale au volume du prisme inférieur ex-inscrit. Car volume prisme inscrit $1 =$ volume prisme ex-inscrit $1'$ (puisque même base et même hauteur).

De même :
$$2 = 2',$$
$$3 = 3'.$$

Donc les deux sommes $(1' + 2' + 3' + 4')$ et $(1 + 2 + 3)$ diffèrent bien par la valeur $4'$.

Mais cette différence $4'$ tend vers o quand n tend vers l'infini.

Car elle vaut $B \times \dfrac{h}{n+1}$, B étant la base de la pyramide.

Donc les deux limites sont les mêmes.

Et, comme le volume de la pyramide est toujours compris entre S et S', nous sommes autorisés à affirmer que le volume de la pyramide est la limite vers laquelle tend la somme des prismes ou inscrits ou ex-inscrits, quand le nombre des divisions de la hauteur double indéfiniment.   C. Q. F. D.

Ce principe une fois démontré, on pourrait rapidement trouver par l'algèbre le volume de la pyramide en cherchant la limite de la somme :

$$(S_1 + S_2 + S_3 + \dots S_{n-1}) \frac{h}{n},$$

sachant que :

$$\frac{S_1}{B} = \frac{1}{n^2} ; \quad \frac{S_2}{B} = \frac{2^2}{n^2} ; \quad \frac{S_3}{B} = \frac{3^2}{n^2} \dots ; \quad \frac{S_{n-1}}{B} = \frac{(n-1)^2}{n^2} .$$

La somme vaut donc :

$$\frac{Bh}{n^3} [1 + 2^2 + 3^2 + \dots (n-1)^2] = \frac{Bh}{n^3} \frac{(n-1)\,n\,(2n-1)^*}{6}$$

$$= \frac{Bh}{6} \frac{2n^3 + \dots}{n^3}$$

expression dont la limite pour $n\,\infty$ est :

$$\frac{Bh}{3}.$$

---

* On applique la formule $S_2 = \dfrac{n(n+1)(2n+1)}{6}$ qui donne la somme des carrés des n premiers nombres entiers.

Mais on peut arriver au même résultat uniquement par la géométrie, à condition de démontrer les deux lemmes préliminaires suivants :

Lemme I. — *Deux pyramides qui ont des bases équivalentes et même hauteur sont équivalentes.*

Soient par exemple deux pyramides triangulaires SABC, S'A'BC qui ont des bases équivalentes et des hauteurs égales (*fig.* 794).

Divisons les hauteurs des deux pyramides en un même nombre de parties égales, quatre, par exemple, et, par les points

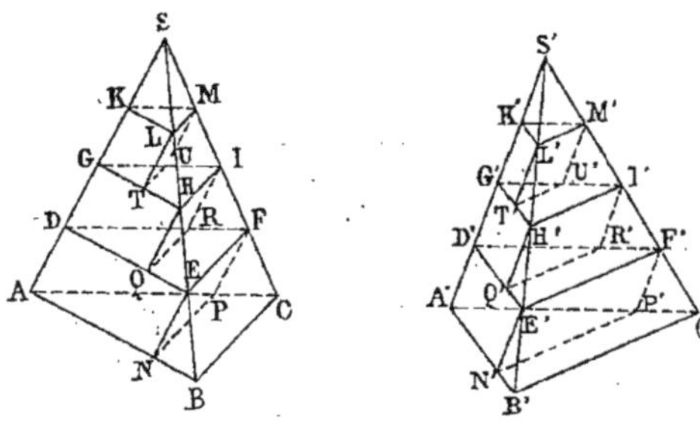

Fig. 794.

de division, menons des plans plles aux bases respectives. Nous déterminons ainsi dans les deux pyramides des sections DEF, GHI, KLM d'une part, D'E'F', G'H'I', K'L'M' d'autre part.

D'après un théorème connu, les sections correspondantes faites dans les deux pyramides sont équivalentes.

Construisons sur ces sections des prismes inscrits ayant tous pour hauteur le quart de la hauteur commune des deux pyramides (parties égales). Les prismes correspondants de ces deux séries sont équivalents comme ayant même hauteur et des bases équivalentes, de sorte que la somme des prismes inscrits dans la première pyramide est équivalente à la somme des prismes inscrits dans la seconde. Et cela aura lieu, quelque grand que soit le nombre n des divisions. Donc les limites seront encore égales. Mais ces limites sont précisément les volumes des deux pyramides S et T. Donc ces deux pyramides sont équivalentes.

Lemme II. — *Toute pyramide triangulaire est le tiers d'un prisme, de même base et de même hauteur.*

Soit la pyramide triangulaire SABC, menons par A et C des

plles à l'arête SB (qui est en avant) et coupons par un plan plle à ABC, cela nous donnera un prisme ABCDSE.

Si dans ce prisme nous menons le plan ASC, nous détacherons la pyramide SABC. Numérotons-la (1). Il nous restera la pyramide quadrangulaire S.ACDE ayant pour base le parallélogramme ACDE et pour sommet le point S situé en avant.

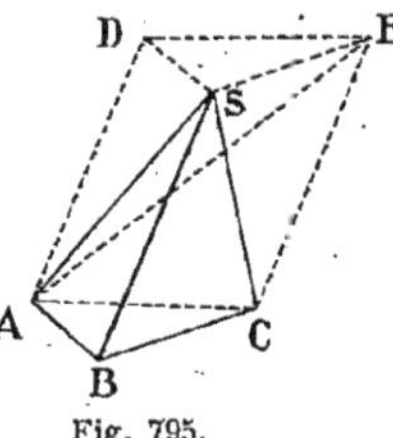

Fig. 795.

Or cette pyramide quadrangulaire peut, à l'aide du plan sécant SAE, se partager en deux, à savoir : S.ADE et S.AEC. Ces deux pyramides (n° 2 et n° 3) sont équivalentes (car elles ont même hauteur, la pp. menée de S sur le plan ACDE, et des bases équivalentes comme moitiés d'un parallélogramme).

Mais la pyramide S.ADE, pouvant être regardée comme ayant pour sommet le point A et pour base le Δ DSE, sera équivalente à la pyramide n° 1 (puisque leurs bases ABC et SDE sont égales, leurs hauteurs aussi).

Donc le volume (2) est équivalent au volume (1), et le volume (3) aussi.

Donc le prisme renferme bien trois pyramides équivalentes à la pyramide SABC.　　　　　　　C. Q. F. D.

Une fois ces deux lemmes établis, on a immédiatement le volume de la pyramide triangulaire. Car :

$$\text{Volume SABC} = \frac{1}{3} \text{ Volume prisme};$$

$$= \frac{1}{3} (\text{ABC} \times h).$$

Donc :

Théorème. — *Le volume d'une pyramide triangulaire s'obtient numériquement en multipliant sa base par le tiers de sa hauteur.*

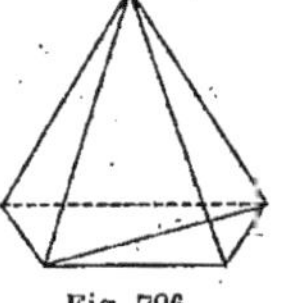

Fig. 796.

On arrive au même résultat pour une pyramide polygonale.
Car :

$$V = V_1 + V_2 + V_3$$
$$= b_1 \frac{h}{3} + b_2 \frac{h}{3} + b_3 \frac{h}{3} = \frac{h}{3} (b_1 + b_2 + b_3).$$

Donc formule générale :

$$V = B \times \frac{h}{3}.$$

Applications.

1. *Le volume du tétraèdre régulier d'arête a est égal à :*

$$\frac{a^3\sqrt{2}}{12}.$$

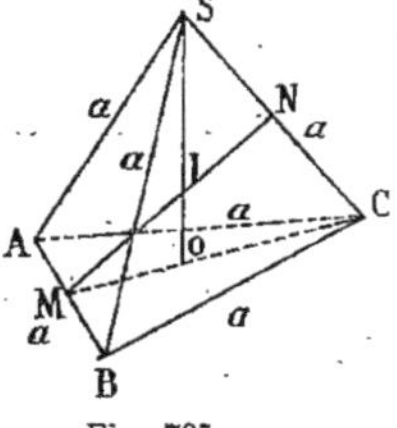

Fig. 797.

En effet, toutes les faces étant des Δ équilatéraux égaux, on a :

$$h^2 = a^2 - \overline{CO}^2.$$

Or CO étant le rayon R du cercle circonscrit au Δ de base, on a :

$$a = R\sqrt{3};$$

d'où :

$$CO = \frac{a}{\sqrt{3}}.$$

Donc :

$$h = \frac{a\sqrt{2}}{\sqrt{3}}.$$

Donc :

$$V = \frac{a^3\sqrt{2}}{12}.$$

Remarquons en passant que dans un tétraèdre régulier deux arêtes opposées, telles que AB et SC, sont orthogonales (car AB est pp. au plan SCO). De plus, leur pp. commune MN coupe la hauteur SO en un point I qui est à la fois au milieu de MN et au quart de SO.

---

2. *Le rapport des volumes de deux tétraèdres qui ont un angle solide commun S est égal au rapport des produits des arêtes issues du sommet commun.*

En effet, si nous prenons pour bases SAB et SDE, on a :

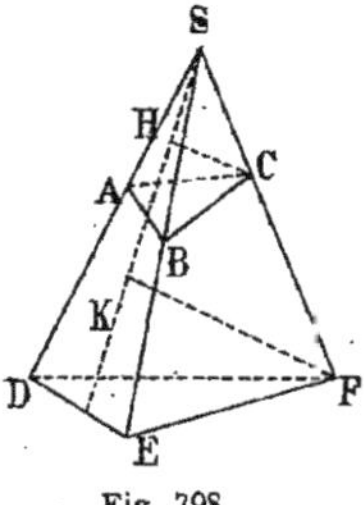

Fig. 798.

$$\frac{V}{V'} = \frac{\frac{1}{3}\,SAB \times CH}{\frac{1}{3}\,SDE \times FK} = \frac{SAB}{SDE} \times \frac{CH}{FK};$$

$$= \frac{SA.SB}{SD.SE} \cdot \frac{SC}{SF};$$

$$= \frac{a.b.c}{d.e.f};$$

en appelant a, b, c, d, e, f, les longueurs des six arêtes.

---

3. *Le plan bissecteur d'un dièdre d'une pyramide partage l'arête opposée en deux segments proportionnels aux faces.*

En effet, si on mène SM et CN perpendiculairement au plan ABD :

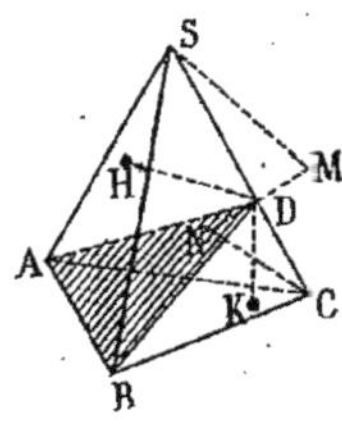

Fig. 799.

$$\frac{SD}{DC} = \frac{SM}{CN} = \frac{ABD.SM}{ABD.CN} = \frac{\text{Volume SABD}}{\text{Volume CABD}};$$

$$= \frac{\frac{1}{3}\,SAB \times DH}{\frac{1}{3}\,ABC \times DK},$$

en appelant DH et DK les deux pp. à SAB et à ABC.

Mais : $\qquad\qquad DH = DK.$

Donc : $\qquad\qquad \dfrac{SD}{DC} = \dfrac{SAB}{ABC}.$ C. Q. F. D.

---

4. *Si l'on prend dans l'intérieur d'un tétraèdre un point et qu'on appelle d, d', d'', d''' ses distances aux quatre faces, h, h', h'', h''' étant les hauteurs de la pyramide correspondant à ces mêmes faces, on a la relation :*

$$\frac{d}{h} + \frac{d'}{h'} + \frac{d''}{h''} + \frac{d'''}{h'''} = 1.$$

En effet, on a, en appelant v, v', v'', v''', les volumes des quatre pyramides ayant pour sommet le point O :

$$V = v + v' + v'' + v''';$$

d'où :
$$1 = \frac{v}{V} + \frac{v'}{V} + \frac{v''}{V} + \frac{v'''}{V};$$

c'est-à-dire :
$$1 = \frac{d}{h} + \frac{d'}{h'} + \frac{d''}{h''} + \frac{d'''}{h'''}.$$

Cette formule permet de trouver le point également distant des quatre faces du tétraèdre.

§ 3. — Troncs de pyramide.

Volume du tronc de pyramide de première espèce.

Théorème. — *Le volume d'un tronc de pyramide de première espèce peut être regardé comme la somme des volumes de trois pyramides ayant pour hauteur la hauteur du tronc, et pour bases, l'une la base inférieure, l'autre la base supérieure, la troisième une moyenne proportionnelle entre ces deux bases.*

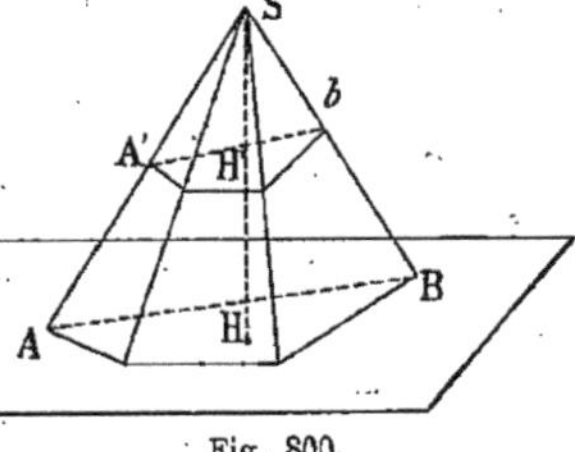

Fig. 800.

En effet, le volume V est la différence entre les deux pyramides SA et SA'.

Donc :
$$V = B \frac{h}{3} - b \frac{h'}{3},$$

en appelant B et b les deux bases du tronc.

Or $h - h' = H$ (H étant la hauteur du tronc) et $\frac{h^2}{h'^2} = \frac{B}{b}$.

On en tire :
$$\frac{h}{h'} = \frac{\sqrt{B}}{\sqrt{b}};$$

ce qui peut s'écrire :
$$\frac{h}{\sqrt{B}} = \frac{h'}{\sqrt{b}} = \frac{H}{\sqrt{B} - \sqrt{b}}.$$

Donc, en appelant V le nombre qui mesure le volume de ce tronc, on aura :

$$V = \frac{H}{3} \frac{B\sqrt{B} - b\sqrt{b}}{\sqrt{B} - \sqrt{b}} = \frac{H}{3} \frac{(\sqrt{B})^3 - (\sqrt{b})^3}{\sqrt{B} - \sqrt{b}} = \frac{H}{3}\left[B + b + \sqrt{Bb}\right].$$

C. Q. F. D.

On peut donner de ce théorème une démonstration où on n'ait pas à faire intervenir les procédés de l'algèbre. Seulement il faudra alors distinguer le cas du tronc triangulaire, puis le cas du tronc polygonal.

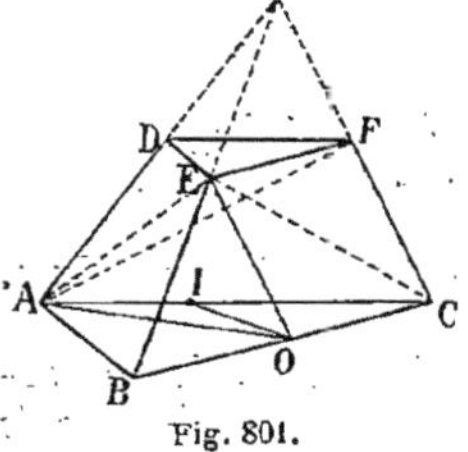

Fig. 801.

Premier cas. — *Tronc de pyramide triangulaire de première espèce.*

Détachons la pyramide E.ABC. Son volume vaut : $B \times \dfrac{H}{3}$.

La pyramide quadrangulaire qui reste E.ADFC pourra être décomposée en deux, à savoir :

$$E.ADF = b \times \frac{H}{3},$$

et   E.AFC.

Or on a, en faisant glisser le sommet en O sur la droite EO plle à FC, donc plle à la base AFC :

$$E.AFC \equiv O.AFC \equiv F.OAC.$$

Mais, d'après un théorème connu du livre IV (voir page 431), OAC est moyenne proportionnelle entre ABC et COI.

Donc, comme $\Delta\,COI = \Delta\,DEF$, AOC est moyenne proportionnelle entre B et b, et cette troisième pyramide vaut $\sqrt{Bb} \times \dfrac{H}{3}$.

On a donc bien :

$$V = B \times \frac{H}{3} + b \times \frac{H}{3} + \sqrt{Bb} \times \frac{H}{3} = \frac{H}{3}\left(B + b + \sqrt{Bb}\right).$$

C. Q. F. D.

Deuxième cas. — *Tronc de pyramide polygonal de première espèce.*

Construisons sur le plan de la grande base un Δ $\alpha\beta\gamma$ équivalent à B et prolongeons le plan de la base b, ce qui donnera une section S.

Puisque :

$$\frac{b}{B} = \frac{h^2}{H^2}.$$

et que $\dfrac{S}{\alpha\beta\gamma} = \dfrac{h^2}{H^2}$;

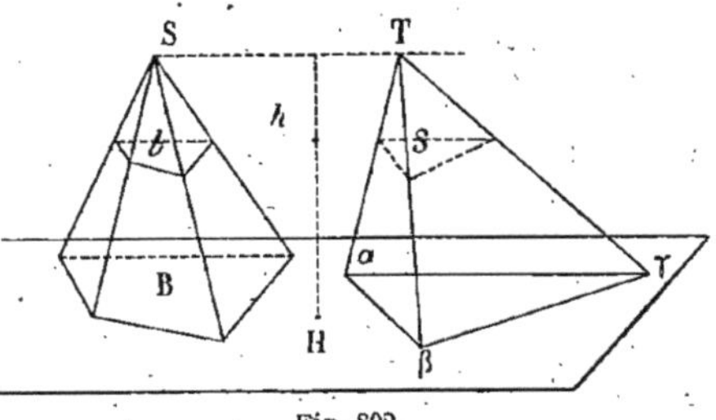

Fig. 802.

on en déduit $S = b$.

Donc non seulement les grandes pyramides S et T sont équivalentes, mais encore les pyramides supérieures le sont. Donc leurs différences sont égales et le tronc polygonal est équivalent au tronc triangulaire.

Mais celui-ci est connu et vaut la somme de trois pyramides triangulaires. — Or ces trois pyramides triangulaires sont équivalentes aux trois pyramides $B\dfrac{H}{3}$, $b\dfrac{H}{3}$ et $\sqrt{Bb}\,\dfrac{H}{3}$, puisque le nombre B est le même que le nombre $\alpha\beta\gamma$, b étant le même que S. Donc le tronc polygonal est bien égal à la somme des trois pyramides sus-énoncées.   C. Q. F. D.

Tronc de pyramide de deuxième espèce.

On ne peut évaluer son volume qu'en le regardant comme la somme de deux pyramides. Il faudra donc absolument employer la méthode algébrique analogue à ce que nous avons fait plus haut. On trouvera de la sorte H désignant la hauteur totale, somme des hauteurs des deux pyramides partielles :

$$V = \frac{H}{3} \frac{B\sqrt{B} + b\sqrt{b}}{\sqrt{B} + \sqrt{b}}$$

$$= \frac{H}{3} \frac{(\sqrt{B})^3 + (\sqrt{b})^3}{\sqrt{B} + \sqrt{b}}$$

$$= \frac{H}{3} \left[B + b - \sqrt{Bb} \right].$$

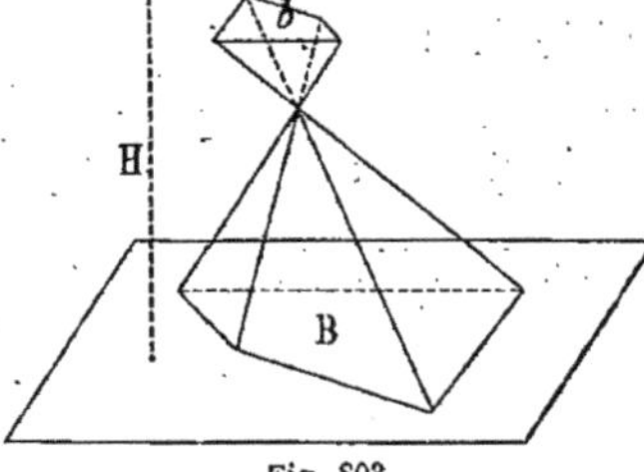

Fig. 803.

COROLLAIRE. — *Si on appelle* K *le rapport de deux éléments homologues des deux bases, comme on a :*

$$\frac{b}{B}=K^2, \quad \text{d'où} \quad \frac{b}{K^2}=B, \quad \text{et} \quad \frac{\sqrt{b}}{K}=\sqrt{B};$$

on aura :

$$V=\frac{BH}{3}\left[1 + K^2 \pm K\right].$$

REMARQUE. — On pourrait encore trouver le volume du tronc de pyramide polygonal en le considérant comme la somme de plusieurs troncs de pyramide triangulaires. En effet, si on décompose les deux bases B et b en $\triangle$ B_1, B_2, B_3..., b_1, b_2, b_3, on aura :

$$V=\frac{H}{3}\left[B_1 + b_1 + \sqrt{B_1 b_1} + B_2 + b_2 + \sqrt{B_2 b_2} + ...\right];$$

$$=\frac{H}{3}\left[B + b + \sqrt{B_1 b_1} + \sqrt{B_2 b_2} + ...\right].$$

Mais A et a étant deux arêtes semblables, on a :

$$\frac{B_1}{b_1}=\frac{B_2}{b_2}=\frac{B_3}{b_3}= ... =\left(\frac{A}{a}\right)^2=\frac{B}{b};$$

d'où :

$$\frac{B_1 b_1}{b_1^{\,2}}=\frac{B_2 b_2}{b_2^{\,2}}=\frac{B_3 b_3}{b_3^{\,2}}= ... =\frac{Bb}{b^2},$$

et on en tire :

$$\frac{\sqrt{B_1 b_1}}{b_1}=\frac{\sqrt{B_2 b_2}}{b_2}=\frac{\sqrt{B_3 b_3}}{b_3}= ... =\frac{\sqrt{Bb}}{b};$$

c'est-à-dire :

$$\frac{\sqrt{B_1 b_1} + \sqrt{B_2 b_2} + ...}{b_1 + b_2 + ...}=\frac{\sqrt{Bb}}{b};$$

ce qui entraîne : $\sqrt{B_1 b_1} + \sqrt{B_2 b_2} + ... =\sqrt{Bb}.$

On a donc bien la formule :

$$V=\frac{H}{3}\left(B + b + \sqrt{Bb}\right).$$

§ 4. — Troncs de prismes.

Volume du tronc de prisme triangulaire.

On appelle ainsi le solide obtenu en coupant un prisme triangulaire par un plan non plle à la base.

Théorème. — 1er Énoncé. — *Le volume d'un tronc de prisme
triangulaire est égal à la somme de trois pyramides ayant toutes*

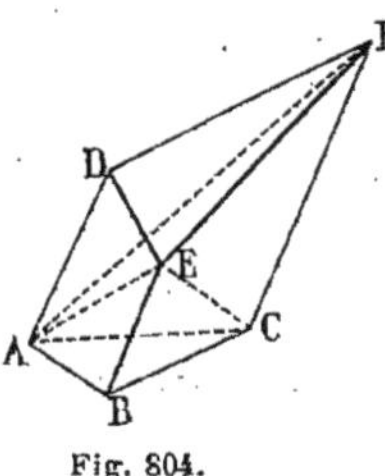

Fig. 804.

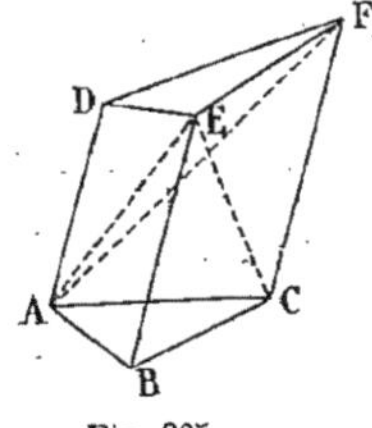

Fig. 805.

*pour bases la base du tronc et pour sommets les sommets de
la deuxième base.*

En effet, nous pouvons déjà détacher la pyramide E.ABC. Il
reste alors la pyramide quadrangulaire E.ACDF qui se décompose en deux : E.ADF et E.ACF.

Ces pyramides nous allons les transformer en faisant glisser
les sommets sur des plles aux arêtes, nous aurons de la sorte
successivement :

$$E.ADF = B.ADF = F.ABD = C.ABD = D.ABC,$$
et
$$E.ACF = B.ACF = F.ABC.$$

D'où les trois pyramides : E.ABC, D.ABC, F.ABC.

C. Q. F. D.

2e Énoncé. — *Le volume d'un tronc de prisme triangulaire
est égal numériquement à la section droite, multipliée par la
moyenne arithmétique des trois arêtes.*

En effet, la section droite MNP transforme le tronc oblique en une somme de deux troncs droits, de telle sorte que les hauteurs sont les arêtes elles-mêmes :

$$V = V' + V'';$$

$$= S\left(\frac{a'}{3} + \frac{b'}{3} + \frac{c'}{3}\right) + S\left(\frac{a''}{3} + \frac{b''}{3} + \frac{c''}{3}\right);$$

$$= S\frac{a+b+c}{3},$$ S étant le nombre qui mesure la section droite.

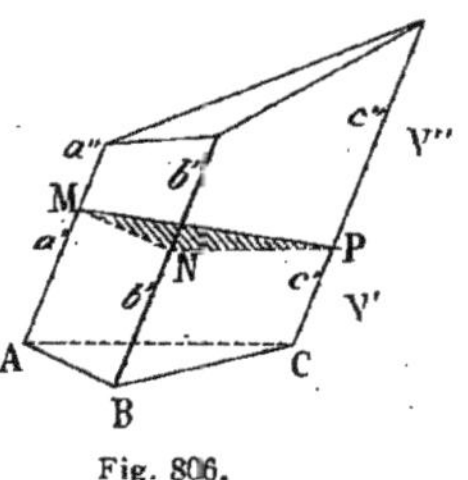

Fig. 806.

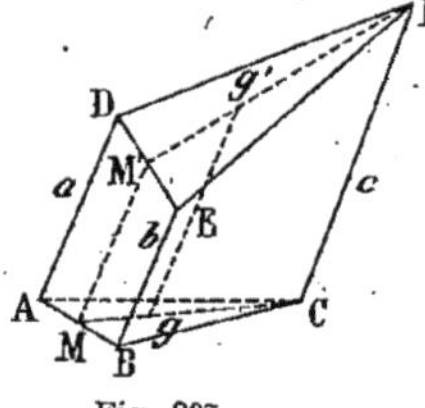

Fig. 807.

3ᵉ Énoncé. — *Le volume d'un tronc de prisme triangulaire oblique est égal numériquement à la section droite multipliée par la droite qui joint les centres de gravité des deux bases.*

En effet, si on mène la droite des milieux MM' (*fig.* 807), on a, g et g' étant des points situés au tiers de CM et de FM' :

$$MM' = \frac{a+b}{2};$$

donc :
$$a + b + c = 2MM' + c.$$

Or, si on calcule gg' en le coupant en deux parties, on trouve :

$$gg' = \frac{2MM' + c}{3} = \frac{a+b+c}{3}. \text{ (Voir livre III, page 264.)}$$

Donc :
$$V = S \times gg'.$$

Volume du tronc de parallélépipède oblique.

Si on le décompose en deux troncs de prisme par le plan BDB'D', on a :

$$V = MNQ\left(\frac{a+b+d}{3}\right) + PNQ\left(\frac{b+d+c}{3}\right);$$

c'est-à-dire :
$$V = \frac{MNPQ}{2}\frac{a+2b+2d+c}{3}.$$

Ce résultat n'est pas symétrique, puisque a et c sont avantagés sans raison. Cela tient à ce qu'on a mené le plan diagonal

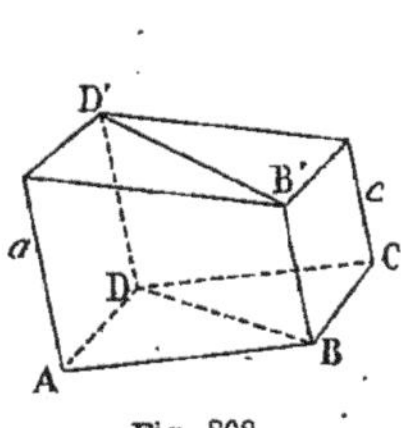

Fig. 808.

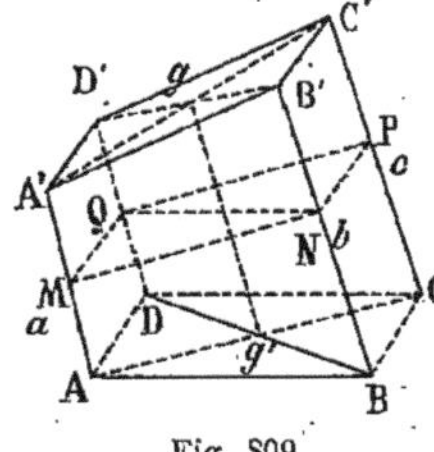

Fig. 809.

BDB'D'. Si on avait mené l'autre ACA'C', on aurait trouvé :

$$V = \frac{MNPQ}{2} \cdot \frac{2a + b + d + 2c}{3}.$$

Or, si on ajoute membre à membre, on a :

$$2V = \frac{MNPQ}{2} \cdot \frac{3a + 3b + 3c + 3d}{3} = \frac{MNPQ}{2}(a + b + c + d);$$

donc :

$$V = MNPQ \, \frac{a + b + c + d}{4}.$$

Donc :

Théorème. — 1ᵉʳ Énoncé. — *Le volume d'un parallélépipède tronqué est égal à la section droite, multipliée par la moyenne arithmétique des quatre arêtes.*

2° Énoncé. — *Le volume est égal à la section droite multipliée par la droite qui joint les centres de gravité des deux bases.*

En effet, on a : g, g' étant les points de rencontre des deux diagonales :

$$gg' = \frac{a + c}{2},$$

$$gg' = \frac{b + d}{2};$$

d'où :

$$2gg' = \frac{a + c + b + d}{2},$$

$$gg' = \frac{a + b + c + d}{4}.$$

Donc :

$$V = MNPQ \times gg'. \qquad \text{C. Q. F. D.}$$

APPLICATION. — *Par une droite mener un plan qui coupe un parallélépipède en deux volumes équivalents.*

(Il suffit de considérer le plan passant par cette droite et le milieu de la droite gg'.)

Omniformule.

On appelle ainsi une formule permettant d'évaluer le volume convexe compris entre deux polygones à plans plles reliés par des Δ ou des trapèzes. Cette formule est la suivante :

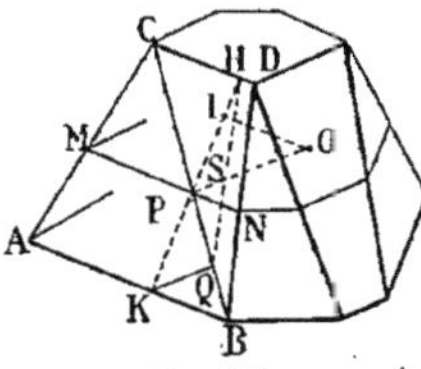
Fig. 810.

$$V = \frac{h}{6}\,(B + B' + 4B'').$$

B, B' étant les surfaces des deux polygones, h étant leur distance, B'' étant la section médiane, c'est-à-dire la section équidistante plle aux deux bases.

Prenons en effet dans ce plan médian un point O quelconque, que nous joindrons à tous les sommets, de façon à constituer des pyramides de sommet O.

On a d'abord les deux pyramides valant $\left[\frac{1}{3}B \times \frac{h}{2}\right]$ et $\left[\frac{1}{3}B'.\frac{h}{2}\right]$; c'est-à-dire $\frac{Bh}{6}$ et $\frac{B'h}{6}$.

Les autres pyramides ont pour bases les faces latérales et pour sommet O, et nous pouvons évidemment considérer toutes les pyramides latérales comme triangulaires. Or, on aura :

$$\text{Volume O.BCD} = 4 \text{ fois volume O.BNP};$$
$$= 4 \text{ fois volume B.OPN};$$
$$= 4 \text{ fois surface OPN} \times \frac{1}{3}\frac{h}{2};$$
$$= \left[\text{OPN} \times \frac{h}{6}\right].$$

Donc la somme des pyramides latérales vaut $\frac{h}{6} \times 4B''$, d'où la formule annoncée.

On peut déduire de cette formule le volume du tronc de pyramide ordinaire et aussi celui d'un tas de sable, c'est-à-dire le volume limité par deux rectangles à côtés parallèles (non proportionnels entre eux).

On trouvera de la sorte :

$$V = \frac{H}{6} [ab + ab' + 4a''b''].$$

Or : $a'' = \frac{a + a'}{2}, \quad b'' = \frac{b + b'}{2};$

donc : $V = \frac{H}{6} [ab + a'b' + (a + a')(b + b')].$

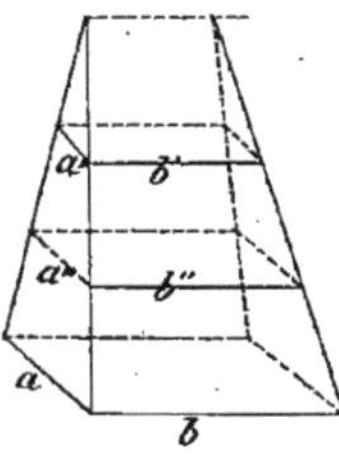

Fig. 811.

REMARQUE. — Quand on installe sur une route inclinée un tas de sable ou de cailloux, on retrouve la figure précédente avec cette différence que la grande base est un rectangle où les côtés b sont encore plles à b', mais où la base (ab) n'est plus plle à la plate-forme supérieure.

L'omniformule ne peut plus alors être appliquée, mais le volume peut s'évaluer aisément en remarquant que les plans diagonaux se décomposent en deux troncs de prismes triangulaires obliques faciles à évaluer.

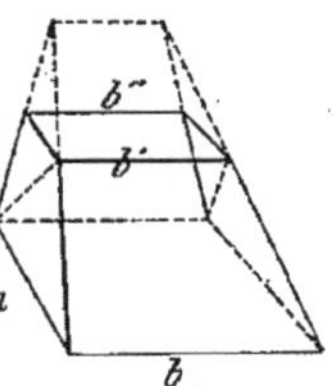

Fig. 812.

Homothétie et similitude des polyèdres.

On appelle polyèdre *homothétique* d'un polyèdre donné P, le solide obtenu en joignant tous les sommets M de P à un point quelconque O et partageant ces rayons vecteurs OM dans un même rapport K. L'homothétie est directe ou inverse selon que les points homologues M et M' sont d'un même côté de O ou de part et d'autre.

Dans le premier cas le rapport K d'homothétie est positif, dans le second cas, négatif. Si donc on fait de la géométrie segmentaire, on pourra écrire $\dfrac{\overline{OM'}}{\overline{OM}} = K\ldots$

Conséquences qui résultent de cette construction.

1° La figure homothétique d'une demi-droite est une droite plle, de même sens ou de sens contraire, et, pour un demi-plan, c'est un plan parallèle.

Il résulte de là que, si on prend un point N dans une face ABCD de F, le point homologue N' est sur la face homologue A'B'C'D' prise dans F'.

2° La figure homothétique d'un angle est un angle égal; pour un polygone, c'est un polygone plan plle semblable, et, pour un cercle, c'est un cercle plle, les centres étant homothétiques, et les rayons étant dans le rapport K (démonstration facile).

3° Quand une droite et un plan sont perpendiculaires, il en est de même de leurs homothétiques (car les angles droits se maintiennent tous).

4° Les angles dièdres homothétiques sont égaux (car leurs rectilignes sont égaux).

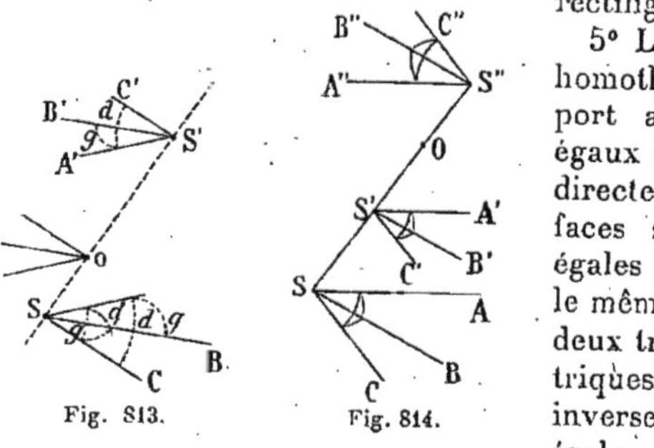

Fig. 813.   Fig. 814.

5° Les angles trièdres homothétiques, par rapport au point O, sont égaux si l'homothétie est directe (car leurs trois faces sont deux à deux égales et disposées dans le même ordre), mais ces deux trièdres sont symétriques si l'homothétie est inverse (car les faces égales sont alors disposées en ordre inverse). (Voir les deux figures ci-contre.)

N. B. — On peut le voir immédiatement en remarquant que les homothétiques des trois arêtes sont plles, de mêmes sens ou de sens contraires. Par conséquent, si on fait glisser les sommets S' et S'' le long de la droite OS, les arêtes S' coïncideront dans le premier cas (d'où l'égalité), et coïncideront avec le trièdre, prolongement de S, dans le deuxième cas (d'où la symétrie indiquée).

6° Deux angles polyèdres homothétiques sont (pour la même raison) ou égaux, ou symétriques.

Il résulte de ce qui précède que deux polyèdres P et P' ne peuvent être homothétiques que si les arêtes sont deux à deux plles et dans le même rapport; les angles solides (angles trièdres ou polyèdres) étant deux à deux égaux ou symétriques.

Mais cette recherche est un peu pénible.

REMARQUE. — On peut encore reconnaître d'une autre façon que deux polyèdres donnés, P et P', sont homothétiques (directs ou inverses) quand il existe dans la première un point I et dans la seconde un point I', points tels que, en joignant I aux différents sommets A, B, C... de F, les demi-droites menées par I', parallèlement à IA, IB, IC, ID..., passent toutes par des sommets du polyèdre P', les longueurs de ces plles I'A', I'B', I'C'... étant toutes dans un même rapport avec les droites IA, IB, IC...

(La démonstration de ce théorème est pareille à celle de la géométrie plane, car il suffit de joindre II', de prendre l'intersection O de II' avec AA', et de prouver que BB', CC', DD'... passent par ce point O; les rapports $\dfrac{OB}{OB'}$, $\dfrac{OC}{OC'}$... étant égaux à $\dfrac{OA}{OA'}\Big)$.

Théorème. — *Quand deux polyèdres sont homothétiques d'un troisième :* 1° *ils sont homothétiques entre eux et de rapport* $\dfrac{K}{K'}$; 2° *cette homothétie est directe si les deux premières sont de mêmes noms — inverse, si elles sont de noms contraires;* 3° *les trois centres d'homothétie sont en ligne droite* (droite appelée axe d'homothétie).

(Mêmes démonstrations que pour la géométrie plane.)

REMARQUE. — Si les deux rapports K et K' sont égaux (en grandeur et en signe), les deux figures homothétiques de F sont égales entre elles, et on verrait aisément que chacune peut se déduire de l'autre par translation.

EXEMPLE. — *Étant donnés deux cubes à arêtes parallèles, ils sont toujours à la fois homothétiques direct et inverse. Et si on considère trois cubes, on a quatre axes d'homothétie, à savoir : la droite qui joint les trois centres d'homothétie directs et les trois droites qui joignent chaque centre d'homothétie inverse aux deux autres d'homothétie directe.*

Polyèdres semblables.

Définition. — Deux polyèdres sont dits *semblables*, quand l'un d'eux peut être rendu égal à un homothétique *direct* de l'autre.

(Il convient de remarquer ce mot : que l'homothétie doit être prise directe.)

Les propriétés de deux polyèdres semblables sont évidemment les suivantes :

1° Les faces sont deux à deux semblables (le rapport de similitude étant partout le même.

2° Les angles solides sont deux à deux égaux.

3° Tous les éléments égaux sont disposés dans le même ordre (puisque l'homothétie qui a donné naissance au polyèdre semblable avant qu'on ne l'ait déplacé a toujours dû être prise directe).

Il n'y a donc que le parallélisme des arêtes et des plans qui n'existe plus.

On peut obtenir d'une autre façon deux polyèdres semblables, car :

Théorème. — *Si deux polyèdres ont : 1° leurs faces semblables chacune à chacune avec le même rapport de similitude partout, 2° leurs angles solides égaux chacun à chacun, 3° tous les éléments semblables disposés de la même façon dans les deux polyèdres*[1], *ces deux polyèdres sont semblables.*

Pour démontrer ce théorème, nous nous appuierons sur le lemme suivant :

Lemme. — *Quand deux polyèdres* P *et* P′ *ont toutes leurs faces deux à deux égales et les angles solides deux à deux égaux, l'ordre de ces angles solides deux à deux égaux étant le même partout, ces deux polyèdres sont égaux; c'est-à-dire superposables.*

En effet, nous pouvons toujours transporter P′ du côté de P, de façon à amener en coïncidence les deux faces égales α et α′ qui constituent deux polygones égaux ABCD... et A′B′C′D′...

---

[1]. On s'en assure en prenant une face quelconque, numérotant les angles solides dans l'ordre où on les rencontre, prenant la face semblable sur le deuxième polyèdre et constatant que les angles solides rencontrés le sont dans le même ordre que sur le premier polyèdre.

Or les angles solides A et A', B et B', C et C'... sont par hypothèse égaux. Considérons en particulier les angles solides de sommets A et A'. Les faces étant disposées dans le même ordre, comme les faces α et α' de ces angles polyèdres égaux A et A' coïncident, les autres faces α_1 et α'_1, α_2 et α'_2, α_3 et α'_3... coïncideront également. Mais les deux polygones égaux constitués par les faces α_1 et α'_1 coïncident entièrement. Donc on voit que toutes les faces adjacentes aux deux faces égales α et α' coïncident deux à deux.

On pourrait répéter le même raisonnement, en partant de deux autres faces superposées, α_1 et α'_1 par exemple.

Donc tous les sommets du deuxième polyèdre P' coïncident avec tous les sommets du premier polyèdre et ces deux polyèdres seront par conséquent égaux.   C. Q. F. D.

Ce lemme démontré, prenons deux polyèdres p et P satisfaisant aux conditions énoncées dans le théorème précédent, K étant le rapport constamment le même de deux faces semblables quelconques.

Si nous construisons le polyèdre P' homothétique du grand polyèdre P par rapport à un point O, le rapport d'homothétie étant précisément égal au nombre positif précédent K, ce polyèdre P' aura toutes ses faces égales respectivement aux faces du polyèdre p (car deux polygones semblables à un troisième avec un même rapport de similitude sont égaux), et il en sera de même des angles solides (puisque les éléments qui les constituent chacun sont égaux et disposés dans le même ordre).

Ainsi P' homothétique de P est égal à p.

p étant égal à P', p est donc égal à une figure homothétique directe de P. Donc, d'après la définition des polyèdres semblables, p et P sont semblables.   C. Q. F. D.

Propriétés des polyèdres semblables.

1ᵉ PROPRIÉTÉ. — *Quel que soit leur mode de formation, deux polyèdres semblables donnés peuvent toujours être décomposés en un même nombre de pyramides deux à deux semblables et assemblées dans le même ordre.*

Nous pouvons, en effet, toujours amener le plus petit des deux polyèdres p dans la position p' où il est homothétique au plus grand P, par rapport à un certain point O. On peut ensuite décomposer p' en un certain nombre de pyramides ayant même sommet S, puis prendre l'homothétique S' de S par rapport à O. Les faces de p' étant homothétiques de toutes les faces de P, il est clair que toutes les pyramides de sommets S' seront homothétiques deux à deux aux pyramides contenues dans le polyèdre P. Donc, quand on ramènera p' en p, on aura dans le polyèdre p un certain nombre de pyramides deux à deux semblables à celles qui constituent P et assemblées dans le même ordre. C. Q. F. D.

Théorème réciproque. — *Si deux polyèdres, P et p, sont composés d'un même nombre de pyramides de mêmes sommets (triangulaires ou polygonales), pyramides semblables deux à deux et disposées dans le même ordre, ils sont semblables.*

En effet, amenons p dans une position telle que la première pyramide $s.abcd$ soit homothétique de S.ABCD (par rapport au centre O d'homothétie). La deuxième pyramide de p adjacente à $s.abcd$ étant semblable à la deuxième pyramide de P adjacente à S.ABCD, on pourra l'amener, elle aussi, à coïncider avec une pyramide homothétique de SABCD et ainsi de suite. De telle sorte que l'on pourra toujours, dans l'angle solide O qui comprend le polyèdre P, placer un polyèdre homothétique de P, polyèdre p' qui sera égal au polyèdre p. Mais p' est égal à p. Donc p est semblable à P.

C. Q. F. D.

2e PROPRIÉTÉ. — *Le rapport des volumes de deux polyèdres semblables est égal au cube du rapport de similitude.*

1er CAS. — Supposons que les deux polyèdres semblables soient deux pyramides de bases B et B', et de hauteurs h et h'.

K étant le rapport de similitude, on aura :

$$\frac{B}{B'} = K^2 ;$$

$$\frac{H}{H'} = K.$$

Or :
$$\frac{V}{V'} = \frac{\frac{1}{3}BH}{\frac{1}{3}B'H'} = \frac{B}{B'} \times \frac{H}{H'}.$$

Donc :
$$\frac{V}{V'} = K^3.$$

2° CAS. — Les polyèdres semblables sont quelconques.

On sait qu'on peut les décomposer en pyramides semblables et semblablement placées, où les arêtes sont toutes dans le rapport K.

Si donc on appelle :

$$v,\ v',\ v''\ldots$$
$$v_1,\ v'_1,\ v''_1\ldots$$

les volumes, on aura :

$$\frac{v}{v_1} = K^3 = \frac{v'}{v'_1} = \frac{v''}{v''_1} = \frac{v'''}{v'''_1} = \ldots = \frac{V + V' + V'' + V'''\ldots}{V_1 + V'_1 + V''_1 + V'''_1\ldots} = \frac{V}{V'}.$$

Donc :
$$\frac{V}{V'} = K^3. \qquad \text{C. Q. F. D.}$$

Nota. — On pourrait étudier la similitude des polyèdres directement sans la déduire de l'homothétie.

REMARQUE IMPORTANTE. — Pour voir si deux polyèdres qu'on a sous les yeux sont ou non semblables, ce serait un travail pénible de voir si toutes les arêtes sont proportionnelles, si toutes les faces sont semblables, si tous les angles polyèdres sont égaux.

Une première simplification consiste évidemment à décomposer le premier polyèdre en pyramides, triangulaires ou polygonales, et à voir s'il existe dans le second polyèdre un même groupement de pyramides semblables et semblablement disposées.

Mais une seconde simplification se produit, si on ne considère que des pyramides triangulaires.

Car alors il ne sera pas nécessaire d'étudier toutes les arêtes, toutes les faces et tous les angles polyèdres, et il suffira d'étudier une partie seulement de ces éléments.

En effet, de même que l'on a dans le troisième livre établi des cas de similitude des triangles, on établit (absolument par le même procédé) deux cas de similitude de tétraèdres, et ces cas sont les suivants :

1ᵉʳ Cas. — *Deux tétraèdres sont semblables quand ils ont un dièdre égal compris entre deux faces semblables et semblablement placées.*

2ᵉ Cas. — *Deux tétraèdres sont semblables quand ils ont une face semblable et les deux dièdres adjacents égaux et semblablement placés.*

(Ces deux cas se démontrent facilement comme on l'a fait dans le troisième livre, en prouvant d'abord que, quand on coupe un tétraèdre par un plan parallèle à une base, le tétraèdre formé est semblable au tétraèdre primitif.)

, (Démonstrations faciles.)

Déplacement d'une figure de forme invariable dans l'espace.

Quand un corps solide se meut, il peut le faire de trois principales façons :

1° *par translation;*
2° *par rotation autour d'un axe;*
3° *par déplacement hélicoïdal.*

I. — TRANSLATION.

Nous avons vu, en géométrie plane, que si un point A d'une figure plane vient en un point connu A′, un second point B venant lui aussi en un point connu B′, la position de cette figure F dans le plan est complètement déterminée.

On a vu, de plus, que si on a : BB′ égal et parallèle à AA′, tous les points de F décrivent alors des droites égales et plles à AA′. Et ce mouvement, nous l'avons appelé *mouvement de translation.*

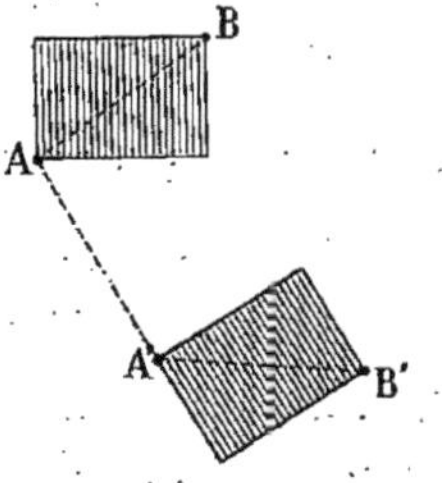

Fig. 815.

Il en est de même dans l'espace pour un corps solide de forme invariable. Seulement, au lieu de deux points, il en faut prendre trois non en ligne droite : A, B et C* et la position du solide sera complètement dé-terminée si on connaît les nouvelles po-sitions A', B' et C'.

Si les droites AA', BB', CC' sont égales et parallèles entre elles, le mouvement sera dit *de translation dans l'espace*, tous les

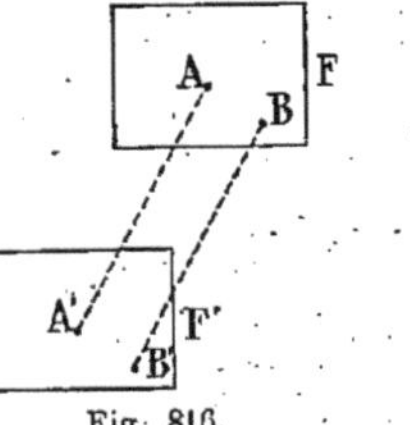

Fig. 816.

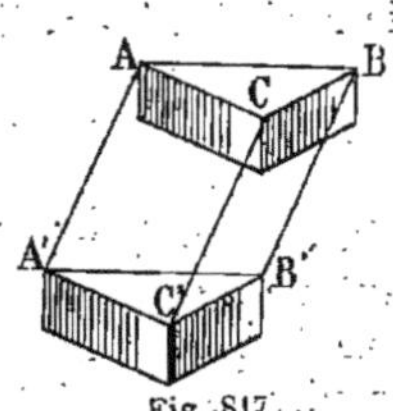

Fig. 817.

points du corps solide auquel appartiennent les points A, B et C décrivant alors des droites plles et égales à AA'.

II. — ROTATION AUTOUR D'UN AXE.

On dit qu'un point A tourne d'un angle α autour d'une droite Xy, quand, le point A étant supposé invariablement lié à l'axe Xy (par exemple à l'aide d'une pp. AI), ce point décrit un arc de cercle de centre I et de rayon AI, et vient en A'.

Définition. — Étant donnés une ligne, ou encore un corps solide, on dit qu'il y a rotation autour de l'axe Xy [auquel les points du corps sont supposés invariablement reliés (par exemple à l'aide des pp. menées de ces points)], dès qu'un point quelconque A de la figure tourne autour de Xy d'un angle α. Tous les autres points B, C, D... tournent alors forcément du même angle α (et dans le même sens).

Quand c'est une ligne qui tourne, on dit qu'elle engendre une *surface de révolution*.

La rotation est tantôt *directe*, tantôt *inverse* ou *rétrograde*. Elle est dite directe lorsqu'un observateur étant placé le long de l'axe, les pieds sur le plan dans lequel se meut le point, la tête vers le haut X, cet observateur voit le point marcher devant lui dans

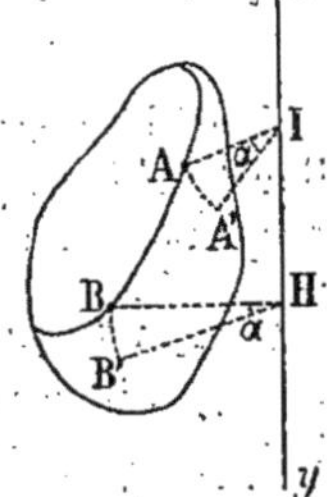

Fig. 818.

---

* Pour un solide, il est clair qu'une fois deux clous plantés, en A' et B', le corps pourrait tourner autour de A'B'. Donc deux points ne suffisent pas. Il en faut trois. Ex. : sac suspendu en trois points.

le sens naturel, c'est-à-dire de sa gauche vers sa droite (ce sens est celui d'une vis qu'on voudrait enfoncer); on l'appelle sens *dextrorsum* (des mots latins *dextra* et *versum*, tourné vers la droite). Sinon, il est appelé *sinistrorsum*.

III. — DÉPLACEMENT HÉLICOÏDAL.

On appelle ainsi le déplacement résultant d'une rotation autour d'un axe et d'une translation simultanée parallèle à cet axe, la vitesse angulaire de rotation autour de l'axe (c'est-à-dire la vitesse du point situé à la distance 1 de l'axe) et la vitesse V de glissement parallèlement à cet axe étant à chaque instant dans le même rapport K.

Tous les points du corps mobile décrivent alors des hélices. D'où le qualificatif de mouvement hélicoïdal (cela se produit dans le mouvement d'une vis engagée dans un écrou fixe quand on fait tourner la tête de la vis).

Il est clair que la façon la plus simple d'imprimer à un corps une rotation et une translation simultanées, où les vitesses soient toujours dans le même rapport, est de prendre les deux mouvements *uniformes* chacun.

On obtient alors un mouvement hélicoïdal uniforme.

Déplacement dans l'espace d'un corps mobile autour d'un point fixe.

Quand un corps solide, de forme invariable, a un point fixe O, il est évident que les différents points A, B, C, D, E... de ce corps ne peuvent se mouvoir que sur des sphères de rayons OA, OB, OC...

Il est évident de plus que si on considère deux demi-droites OA, OB, issues de ce point fixe, droites liées au corps, la position de ce corps dans l'espace est connue dès qu'on connaît la position de ces deux demi-droites (qu'on peut assimiler à deux petites lames plates de faces distinctes).

D'après cela supposons que les deux demi-droites OA et OB rendues égales soient venues en OA′ et OB′.

Je dis qu'*on peut toujours amener les deux droites dans leurs nouvelles positions par une rotation autour d'un axe convenablement choisi passant par le point fixe.*

En effet, supposons que les plans des deux droites OA et OB

d'une part, OA′ et OB′ d'autre part se coupent, suivant la droite OC. Cette droite OC peut être regardée à volonté comme appartenant soit à la figure F, soit à la figure F′, F′ étant la figure F dans sa nouvelle position. Elle peut donc être regardée comme constituée par une droite double, que nous appellerons C_F et $C_{F'}$.

Si OC est regardé comme appartenant à F, quand, par le mouvement, OA est venu en OA′, cette droite OC_F de la figure F, qui doit toujours faire avec OA le même angle AOC et qui est dans le plan OBAC à gauche de OB, est forcément venue en Oγ′, l'arc A′γ′ étant égal à l'arc AC : $[\overset{\frown}{A'\gamma'} = \overset{\frown}{AC}]$.

Si OC est regardé comme appartenant à F′, cette droite $OC_{F'}$ provient d'une droite de la figure F facile à déterminer. Car l'angle A′OC doit se maintenir. Or OA′ provient de OA. Donc $OC_{F'}$ provient de la droite Oγ obtenue en prenant sur l'arc du grand cercle BA un arc Aγ égal à l'arc A′C : $[\overset{\frown}{A\gamma} = \overset{\frown}{A'C}]$.

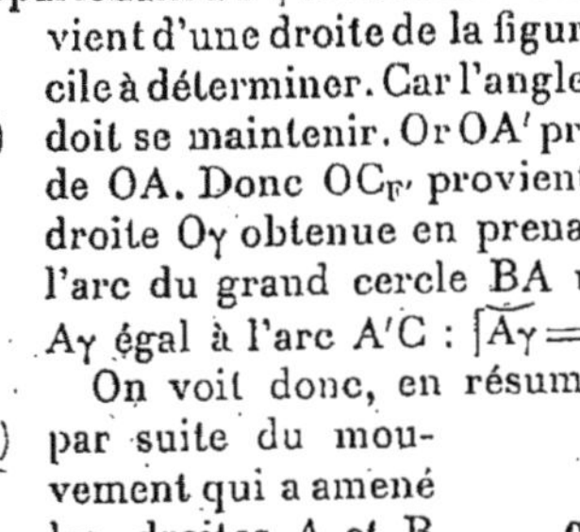

Fig. 819.

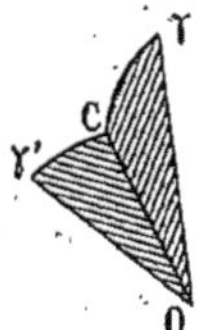

Fig. 820.

On voit donc, en résumé, que par suite du mouvement qui a amené les droites A et B sur les droites A′ et B′, les droites Oγ et OC_F de la figure F sont venues : la première Oγ, en OC; la seconde OC_F, en Oγ′.

En d'autres termes, le secteur circulaire γOC est venu, en vertu de ce mouvement, se superposer au secteur égal COγ′, γ venant en C et C en γ′.

Cela posé, on peut faire voir que la superposition des deux secteurs en question peut s'obtenir par une rotation autour d'une perpendiculaire OZ au plan du triangle γ′Cγ.

En effet, si on considère le plan γ′Cγ, Oγ, Oγ′, OC étant trois obliques égales, les points γ, γ′, C sont à égale distance du pied I de la pp. OZ. Mais arc Cγ = arc Cγ′ [car ces arcs sont les différences de deux arcs égaux, puisque :

$$\begin{aligned}\overset{\frown}{AC} &= \overset{\frown}{A'\gamma'}\\ \overset{\frown}{A\gamma} &= \overset{\frown}{A'C}\end{aligned} \quad \text{d'où : } \overset{\frown}{AC} - \overset{\frown}{A\gamma} = \overset{\frown}{A'\gamma'} - \overset{\frown}{A'C}\Big]$$

Donc le Δ C-γ′ est isocèle et les angles CIγ et CIγ′ sont égaux.
Mais alors on voit que la rotation, de gauche à droite, qui amène

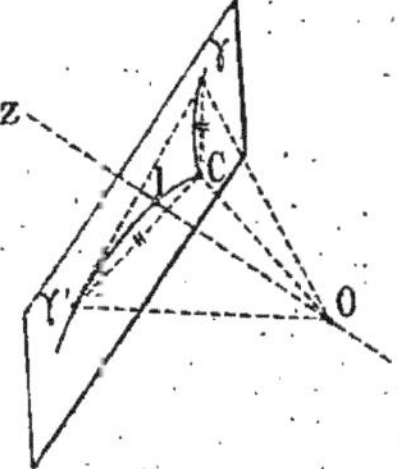
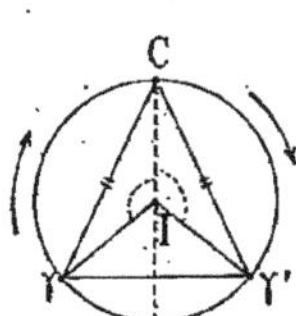

Fig. 821.   Fig. 822.

C en γ′, amène γ en C. Et par conséquent le secteur COγ viendra
par le fait de cette rotation se superposer au secteur γ′OC.

Or c'était là notre but.

Donc on peut toujours amener les droites OA et OB sur les
droites OA′ et OB′ par une rotation convenable autour d'une
droite, et cette droite s'obtiendra en menant du point immobile O une pp. au plan du Δ Cγγ′, OC étant l'intersection des
deux plans OAB et OA′B′, Aγ étant égal à A′C et A′γ′ étant
égal à AC.   C. Q. F. D.

———————

N. B. — Dans le cas où les droites OA et OB viendraient en
A′ et B′ dans le même
plan OAB, cela pourrait
se faire de deux façons :

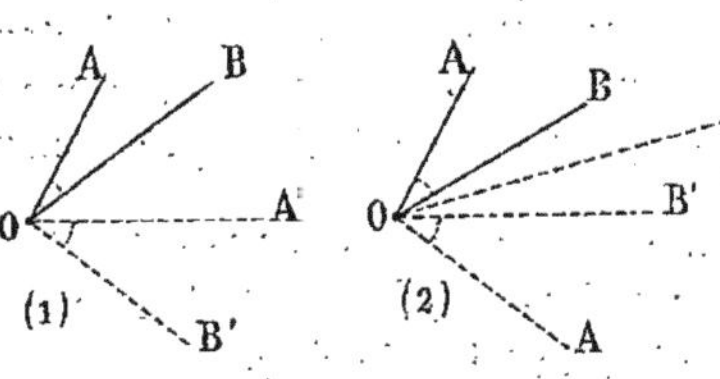

(1)   (2)

Fig. 823.

Dans le cas de la fi-
gure (1), il suffirait de
faire tourner autour de
la pp. OZ au plan du
papier.

Et, dans le cas de la
figure (2), il suffirait de faire tourner autour de la bissectrice U
de l'angle BOB′.

———————

Déplacement quelconque d'un corps solide.

Théorème. — *Tout déplacement donné d'un corps solide libre peut s'obtenir à l'aide d'une translation suivie d'une rotation.*

Soient en effet OA et OB deux droites venues en O'A' et O'B'.

Commençons par imprimer au corps un mouvement de translation égal et plle à OO'. OA et OB viendront prendre des positions parallèles O'A$_1$ et O'B$_1$. Or nous venons de voir que par une rotation convenablement choisie on peut toujours amener deux droites O'A$_1$ et O'B$_1$ sur deux droites O'A' et O'B' faisant le même angle, d'où le théorème.

REMARQUE I. — On pourrait évidemment faire d'abord une rotation, puis ensuite une translation.

REMARQUE II. — L'origine O des droites OA et OB peut être choisie arbitrairement dans le corps F, qui a été amené dans la nouvelle position F'. Considérons un autre point C de la figure F et supposons que dans la figure F' ce point C soit situé en C'.

La translation CC' n'a plus aucun rapport avec la translation OO'.

Mais si nous considérons d'une part les deux droites OA et OB, d'autre part les droites plles CD et CE, lorsque les deux premières seront venues en O'A' et O'B', les deux secondes seront certainement venues dans la figure F' suivant des droites D' et E' plles à A' et B' (puisque A et D sont des droites reliées au corps F et que le déplacement n'altère en rien le parallélisme).

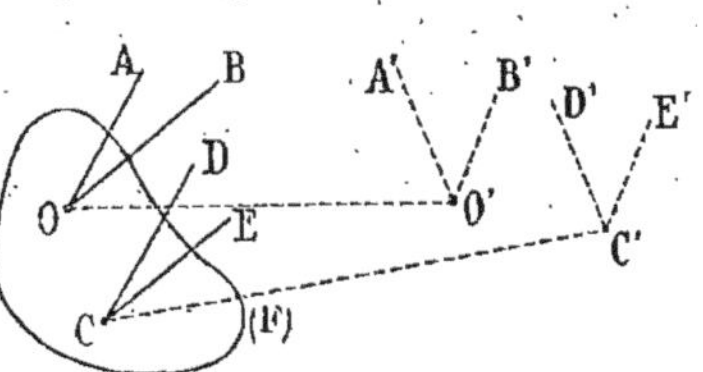

Fig. 824.

Or, d'après le théorème fondamental (page 537) sur la rotation d'un corps autour d'un point fixe, la direction de l'axe OZ ne dépendait que de l'orientation des quatre demi-droites OA, OB, OA', OB'.

Donc puisque ici les demi-droites A, B, A', B' d'une part, D, E, D', E' d'autre part, forment deux faisceaux de quatre droites plles. on voit que, quel que soit le point origine choisi, l'axe de rotation a toujours même direction.

(Il est bien entendu que, si les deux droites fondamentales changeaient de directions, la direction de l'axe Z changerait avec.)

Théorème. — *On peut choisir l'axe de rotation de façon que la translation soit plle à cet axe.*

Nous venons de voir qu'il y a une infinité d'axes de rotation parallèles à la direction Z.

Considérons un plan P perpendiculaire à cette direction commune Z, plan P lié à la figure F.

Après n'importe quelle translation, ce plan P reste parallèle à lui-même. Il viendra par exemple en P'.

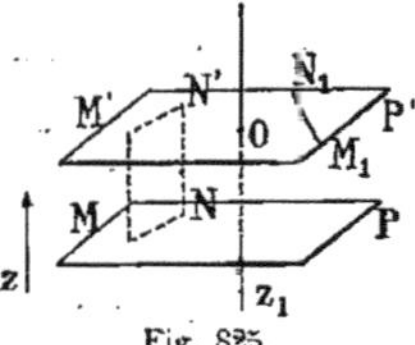
Fig. 825.

La rotation autour de n'importe quel axe Z le faisant se déplacer sur lui-même, si on prend dans le plan P une droite quelconque MN, cette droite venant en M_1N_1 après le déplacement du corps, on pourra dire qu'elle est venue en M_1N_1 : 1° par une translation plle à Z qui l'a amenée en M'N' ; 2° par une rotation autour d'un point convenable O_1 qui l'amène en M_1N_1 (ainsi qu'on l'a vu en géométrie plane).

Par conséquent, si parmi les axes de la direction commune Z dont nous avons précédemment parlé, on choisit précisément celui O_1Z_1 qui passe par ce point O_1 et que le corps solide tout entier tourne autour de O_1Z_1, on voit que le déplacement du corps peut être regardé comme obtenu par une rotation suivie d'une translation plle à cet axe de rotation lui-même.

C. Q. F. D.

Nous pouvons de tout ce qui précède conclure maintenant que *tout déplacement d'un corps solide* qui va d'une position F à une autre F' *peut être obtenu par un mouvement hélicoïdal*, puisqu'un pareil mouvement se produit toutes les fois que l'on a deux mouvements simultanés, l'un de translation AA', l'autre de rotation, pourvu que l'axe de rotation soit parallèle à la translation AA' et que le rapport entre la vitesse V de glissement et la vitesse angulaire ω demeure constant.

Or nous avons vu que l'on peut toujours s'arranger de façon à ce que le parallélisme entre l'axe de rotation et la translation ait lieu; on peut d'ailleurs, si on veut, rendre les deux mouvements tous deux uniformes, puisque l'on n'a à se préoccuper que de faire coïncider les deux positions de départ et d'arrivée, les positions intermédiaires n'intervenant pas dans la question.

Des figures symétriques dans l'espace.

Symétrie par rapport à une droite.
Symétrie par rapport à un point.
Symétrie par rapport à un plan.

Définitions. — On dit que deux points sont *symétriques par rapport à une droite* appelée *axe de symétrie*, quand cette droite est pp. au milieu de la droite AA' qui joint ces deux points.

On dit que deux points A et A' sont *symétriques par rapport à un point* appelé *centre de symétrie*, quand ce point est le milieu de la droite AA'.

On dit que deux points A et A' sont *symétriques par rapport à un plan* appelé *plan de symétrie*, quand ce plan est pp. au milieu de la droite AA'.

On dit que deux figures (planes ou dans l'espace) sont symétriques par rapport à un axe, à un point ou à un plan, quand les points de la première figure ont leurs symétriques sur la deuxième, et réciproquement que les points symétriques des points de la deuxième figure sont sur la première.

Théorème I. — *Deux figures P et P' symétriques par rapport à une droite sont égales, c'est-à-dire superposables.*

En effet, si nous imprimons à chaque point de la figure P une rotation de 180° autour de l'axe, dans le même sens, tous les points de P viennent s'appliquer sur les points de P', et réciproquement. Donc les figures P et P' peuvent être amenées en coïncidence, c'est-à-dire sont égales.

Il résulte de là qu'il n'y a pas lieu d'étudier davantage la symétrie d'une figure par rapport à une droite.

Théorème II. — *Deux figures* P' *et* P'' *symétriques d'une même troisième* P *par rapport à deux points différents sont superposables, c'est-à-dire égales.*

En effet, si nous prenons au hasard deux points A et B de la première figure P, O' et O'' étant les deux centres de symétrie, on a :

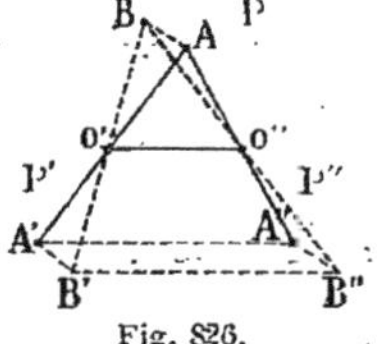

$$A'A'' = 2O'O'',$$
$$B'B'' = 2O'O''.$$

Fig. 826.

Donc, si on imprime à la figure P' un mouvement de translation parallèle à O'O'' et double de O'O'', tous les sommets de la figure P' viennent coïncider avec les sommets de la figure P'', et réciproquement il n'y a pas un sommet de P'' qui ne vienne sur un sommet de P'. Il en est de même de tous les points situés sur les faces de P' et de P''. Donc les deux figures P' et P'' sont égales.

Théorème III. — *Deux figures* F' *et* F'' *symétriques d'une même troisième* F : 1° *par rapport à un point quelconque,* 2° *par rapport à un plan quelconque, sont égales entre elles.*

Il suffit évidemment de faire la démonstration pour un point O situé dans le plan P (puisque la figure symétrique est toujours la même, quel que soit le point choisi, à cause du théorème II).

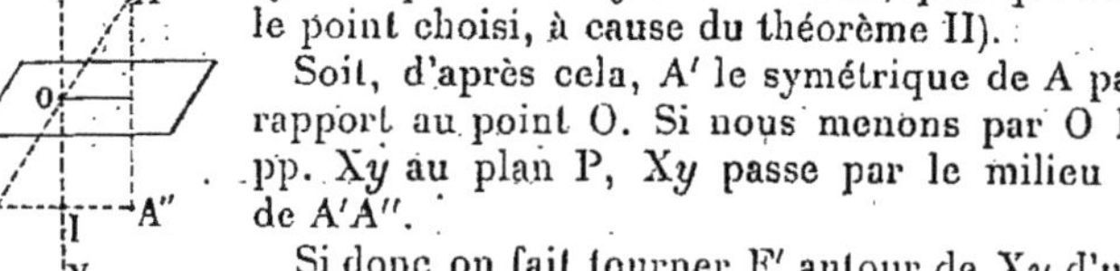

Soit, d'après cela, A' le symétrique de A par rapport au point O. Si nous menons par O la pp. Xy au plan P, Xy passe par le milieu I de A'A''.

Si donc on fait tourner F' autour de Xy d'un angle de 180°, A' s'appliquera sur A'', et il en sera de même de tous les autres points de la figure F'. Donc F' recouvre exactement F''. Donc F' et F'' sont égaux.

Fig. 827.

COROLLAIRE. — *Il résulte de là que les figures* F' *et* F'', *symétriques d'une troisième* F *par rapport à deux plans différents, sont toujours pareilles.*

En effet, F' et F'' sont toutes deux égales à la figure F, symétrique de F par rapport à un point quelconque O de l'espace.

Nature des figures symétriques d'une figure donnée (par rapport à un point ou à un plan).

1. *La figure symétrique d'une droite est une droite égale. La figure symétrique d'un angle est un angle égal. La figure symétrique d'un plan est un plan. La figure symétrique d'un polygone est un polygone directement égal.*

Il suffit, en effet, de choisir pour centre le milieu de la droite ou le sommet de l'angle, et pour plan de symétrie le plan donné.

2. *Quand une droite et un plan sont perpendiculaires, leurs symétriques le sont aussi.*

Car les angles de cette droite avec les diverses droites du plan se maintiennent dans la figure symétrique.

3. *La figure symétrique d'un dièdre est un dièdre égal en valeur absolue, mais orienté d'une autre façon.*

Car si on choisit pour plan de symétrie le plan de la face PAB, les rectilignes de PABQ et PABQ' sont égaux, mais ces dièdres comptés à partir de la face commune le sont dans deux sens différents.

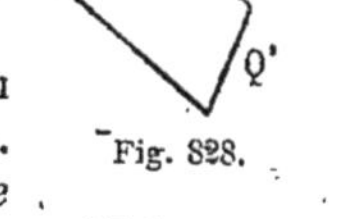

4. *La figure symétrique d'un trièdre est un trièdre égal quant à ses éléments, mais les éléments sont disposés en ordre inverse.*

Il suffit de choisir pour centre le sommet du trièdre, ce qui donnera le trièdre prolongement.

Fig. 828.

5. *La figure symétrique d'un angle polyèdre est un angle polyèdre dont les éléments (faces et dièdres) sont égaux en valeur absolue, mais disposés en ordre inverse.*

Il résulte de ces théorèmes que deux solides de l'espace symétriques par rapport à un point ou à un plan ne sont pas superposables, parce que leur disposition est inverse dans les deux figures (sauf dans des cas très particuliers).

Théorème final. — *Deux polyèdres symétriques par rapport à un point ou par rapport à un plan sont équivalents.*

1er Cas. — Supposons d'abord que les polyèdres symétriques considérés sont des pyramides S et S'.

Ces pyramides sont équivalentes. Car si on prend pour plan de symétrie la base de la première pyramide, et on en a le droit, la deuxième pyramide aura même base. D'autre part, la hauteur SH donne naissance, par symétrie, à une droite égale S'H' qui sera, elle aussi, évidemment hauteur dans la deuxième pyramide. Donc deux pyramides symétriques ont même volume.

2° Cas. — Supposons les polyèdres P et P' quelconques.

Nous pouvons décomposer P en pyramides ayant toutes pour sommet un point intérieur. Toutes ces pyramides auront pour symétriques des pyramides équivalentes. Donc la somme des premières équivaudra à la somme des secondes. Donc les deux polyèdres ont encore même volume.

FIN DU SIXIÈME LIVRE

LIVRE VII

CORPS RONDS
(CYLINDRE, CÔNE, SPHÈRE)

Du cylindre.

§ 1er. — Du cylindre circulaire droit.

Définition. — On appelle *cylindre de révolution ou cylindre circulaire droit le corps solide engendré par la rotation d'un rectangle ABCD tournant autour d'un de ses côtés CD.*

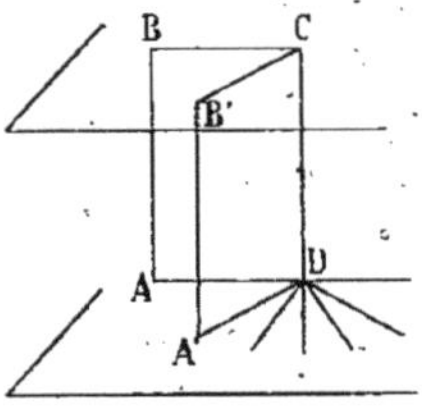

Dans ce mouvement, l'angle ADC restant constamment droit, il est clair que le côté AD se meut dans un plan P perpendiculaire à l'axe de rotation CD.

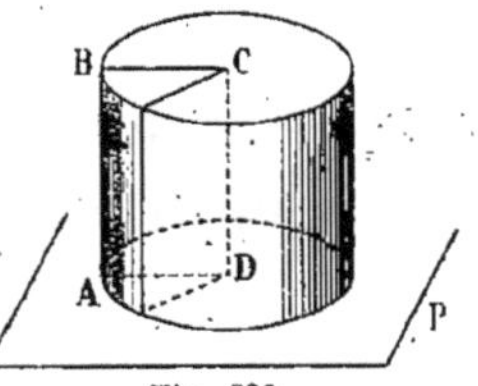

Fig. 829.

Et comme la distance de A à D reste constante, il est clair aussi que le point A décrit dans ce plan P une circonférence de centre D.

Il en est de même du point B qui dans un second plan pp. à CD décrit une circonférence égale de centre C.

Quant à la droite AB, restant toujours plle à CD, elle se meut en restant pp. au plan P, tout en s'appuyant sur la circonférence.

Si on appelle *surface latérale* du cylindre la surface engendrée par cette droite AB, la droite AB pourra se nommer pour cette raison la *génératrice* de la surface cylindrique.

Fig. 830.

Il résulte de là qu'un cylindre de révolution est un corps solide limité d'une part par deux cercles égaux et plles dont les centres sont sur une droite pp. au plan de ces cercles, d'autre part par une surface spéciale, convexe, qu'on peut regarder comme cons-

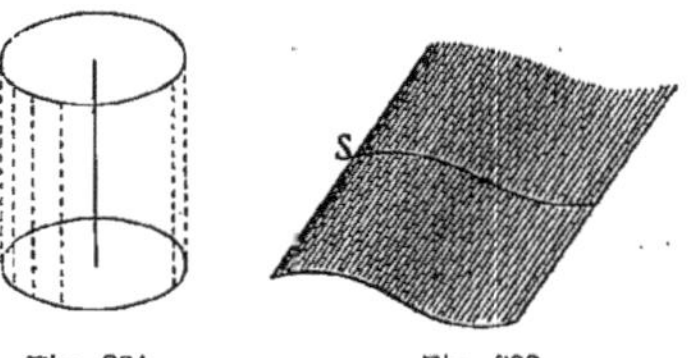

tituée par des droites reliant perpendiculairement les deux circonférences précédentes.

Les deux cercles précédents s'appellent les deux bases du cylindre.

Il y a d'autres cylindres que le cylindre circulaire droit. Car on appelle surface cylindrique la surface engendrée par une droite qui se meut en restant plle à elle-même et en s'appuyant constamment sur une courbe fixe donnée S appelée la *directrice* du cylindre.

Fig. 831.   Fig. 832.

Théorème. — *Quand on coupe un cylindre circulaire droit par un plan plle aux bases, on obtient un cercle égal aux bases.*

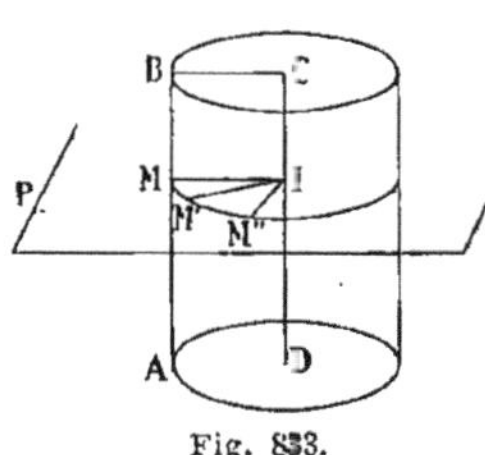

Fig. 833.

Soit, en effet, ABCD le rectangle qui engendre le cylindre donné. Prenons sur la génératrice AB le point M où le plan sécant P la coupe.

Si nous menons la pp. MI sur l'axe, la rotation autour de CD fait décrire à cette droite MI dans le plan pp. à l'axe un cercle égal à la base. Mais dans toutes ses positions M, M′, M″..., le point M est toujours à la fois dans le plan P et sur la surface du cylindre. Donc cette circonférence constitue la section du cylindre par le plan plle P.

La section est donc une circonférence.

---

§ 2. — Plans tangents au cylindre de révolution. — Ombres portées et contour apparent.

On appelle en général plan tangent en un point A d'une surface quelconque S le plan qui renferme les tangentes à toutes les courbes qui passent par ce point sur la surface.

Pour justifier cette définition, il faut évidemment prouver que, si on considère trois courbes au hasard sur cette surface, les trois tangentes en A à ces courbes sont dans un même plan.

Or la courbe DD' peut être regardée comme obtenue en coupant la surface S soit par un plan qui se déplace suivant une loi quelconque, par exemple en restant plle à lui-même, soit par une autre surface quelconque qui se déplace encore (car une ligne doit être regardée comme l'intersection de deux surfaces).

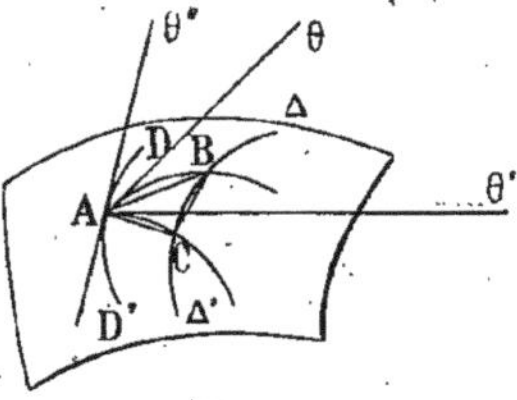

Fig. 834.

De telle sorte que, avant d'arriver à être la courbe DD' qui passe par A, la courbe mobile occupe d'autres positions telles que ΔΔ', et elle coupe alors les deux courbes AB et AC en deux points B et C. Les trois points A, B, C sont dans un même plan, quelque près que ΔΔ' soit de la courbe DD'. Donc cela aura encore lieu à la limite. Mais alors :

AB est devenu la tangente Aθ à la courbe AB
AC   —   —   Aθ'   —   AC
BC   —   —   Aθ''   —   DD'

Donc ces trois tangentes sont dans un même plan.

C. Q. F. D.

Il résulte de là que le plan tangent en A à une surface sera défini par les tangentes à deux courbes seulement.

Il est évident de plus que, quand sur la surface il existe une droite passant par le point A, cette droite doit appartenir au plan tangent (puisqu'une droite peut être assimilée à une courbe qui est à elle-même sa propre tangente).

Donc alors le plan tangent en A doit passer par cette droite et par la tangente à une seule autre courbe passant par le point A.

En particulier si la surface est un cylindre de révolution, le plan tangent en un point A de la surface sera défini par la génératrice qui passe par A et la tangente à une courbe quelconque passant par A.

REMARQUE. — Toute droite (autre que la génératrice) située dans un plan tangent à un cylindre est tangente à ce cylindre (c'est-à-dire ne le coupe qu'en un seul point).

Car, si cette droite coupait le cylindre en deux points, le plan tangent couperait le cylindre suivant deux génératrices.

Théorème. — *Le plan tangent à un cylindre de révolution est le même tout le long de la génératrice.*

Menons en effet par la génératrice AB un plan sécant quel-

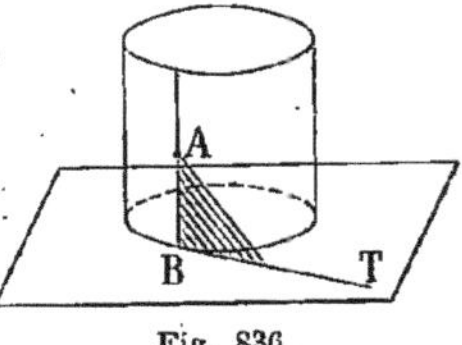

conque. Une courbe quelconque AR passant par A sur la surface sera coupée par ce plan suivant la sécante AD et la base du cylindre le sera suivant la sécante BC.

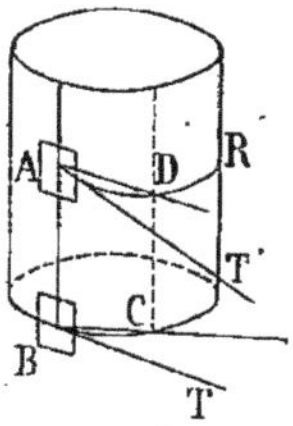

Ces deux sécantes AD et BC sont évidemment dans un même plan.

Or si le plan tourne autour de AB, les points C et D se rapprochent en même temps l'un de B, l'autre de A, et quand la sécante BC est devenue la tangente BT, l'autre sécante AD est devenue en même temps la tangente AT'.

Fig. 835.

Les deux sécantes BC et AD étant toujours dans le même plan, il en sera de même pour les deux tangentes BT et AT'.

Donc le plan tangent en A est le même que le plan tangent en B.   C. Q. F. D.

Problème I. — *Mener le plan tangent au cylindre en un point pris sur la génératrice.*

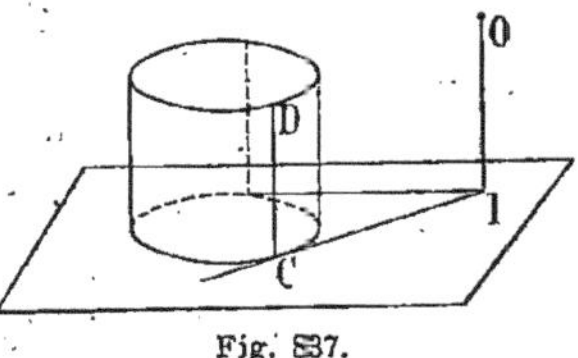

Fig. 836

Règle. — *Il suffit de mener le plan tangent non pas en A, mais au point où la génératrice rencontre une courbe connue placée sur le cylindre, par exemple au point où elle rencontre la base.*

Exemple. — ABT sera le plan tangent en A.

Problème II. — *Mener à un cylindre un plan tangent par un point extérieur O.*

Fig. 837.

Règle. — *Par O on mènera une plle aux génératrices, et,* par le point I où elle perce le plan de la base, on mènera là tangente IC à cette base.

OIC sera le plan tangent cherché.

Car si on mène la génératrice CD, les plans tangents le long de CD étant les mêmes qu'en C, ils passent tous par le point O. Et d'ailleurs tout plan tangent contenant forcément une génératrice, s'il passe par O, il contiendra la plle à cette génératrice, c'est-à-dire la droite OI.

N. B. — Il y a toujours deux solutions.

PROBLÈME III. — *Mener un plan tangent à un cylindre parallèlement à une droite donnée.*

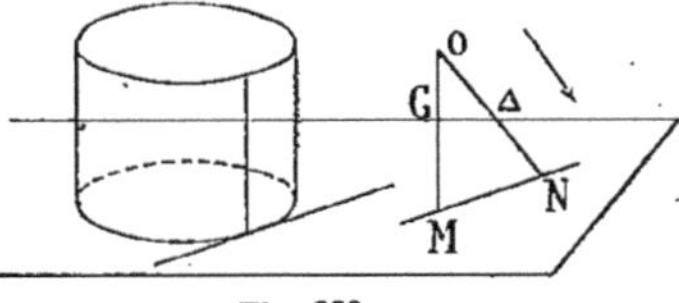
Fig. 838.

RÈGLE. — *Par un point quelconque O de l'espace on mène deux plles, l'une Δ à la direction donnée, l'autre G aux génératrices.*

On cherche la trace MN du plan ainsi formé sur le plan de base. Et on mène à la base des tangentes plles à cette trace.

En effet, si nous supposons le problème résolu, P étant un plan tangent plle à Δ, comme ce plan tangent renferme forcément une génératrice du cylindre, ce plan sera forcément plle aux deux droites Δ et G. Sa trace sera donc plle à la trace MN. Et comme tout plan tangent au cylindre a sa trace tangente au cercle de base, cette trace sera la tangente plle à MN.

(Il y a toujours deux solutions.)

PROBLÈME IV. — *Mener à deux cylindres quelconques de révolution deux plans tangents parallèles.*

Soient P et P′ les plans de bases des deux cylindres droits. Si par un point quelconque O de l'espace on mène des plles aux deux génératrices, le plan de ces plles coupant les deux plans P et P′ suivant MI

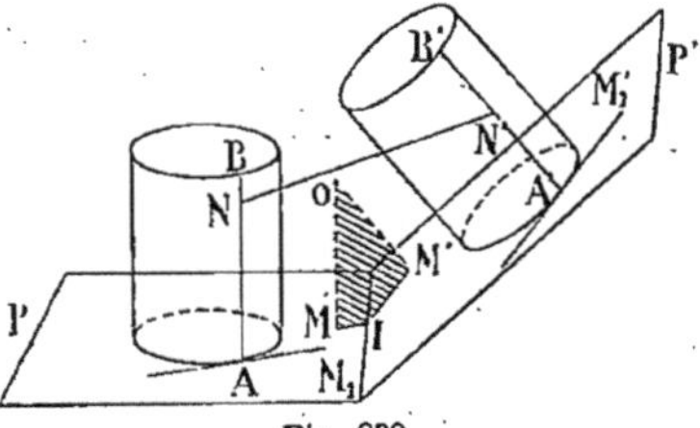
Fig. 839.

et M′I, il suffira de mener au premier cylindre une tangente à la base plle à MI et au second cylindre une tangente à la base plle à M'I.

D'où les deux plans tangents plles M_1AB et $M'_1A'B'$.

REMARQUE. — En menant NN' pp. commune aux deux génératrices de contact AB et A'B', NN' sera une normale commune aux deux cylindres (car une normale au cylindre est une droite pp. à un plan tangent).

Ombre portée et ombre propre du cylindre.

1° Supposons que les rayons lumineux partent d'une source lumineuse S située au-dessus du plan de la base supérieure du cylindre (nous aurons ce qu'on appelle l'*ombre au flambeau*).

Parmi les rayons lumineux issus de S il y en a qui sont arrêtés

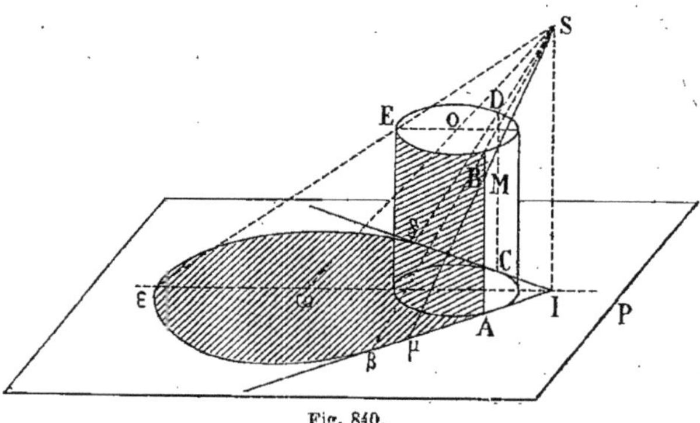

Fig. 840.

par le solide cylindrique, mais il y en a d'autres tels que SM qui sont tangents en M à ce cylindre. Si nous menons la génératrice MA et la plle SI à cette génératrice, le plan AMSI sera tangent au cylindre (car s'il était sécant, SM couperait le cylindre en deux points). Donc tous les rayons lumineux tangents au cylindre sont situés dans les deux plans tangents au cylindre menés par le point S, et nulle part ailleurs.

Mais ces rayons lumineux limites arrivent au plan de base du cylindre : SM par exemple arrive en μ, et μ est l'ombre portée du point M. Il en sera de même de tous les rayons lumineux arrivant en AB et en CD. De telle sorte, que d'une part AB et CD sont les génératrices qui sur le cylindre séparent la région éclairée de la partie non éclairée, et que d'autre part les tangentes Aβ et Cδ, ombres portées de ces génératrices sur le plan de base, sépareront elles aussi sur ce plan de base les parties éclairées des parties dans l'ombre.

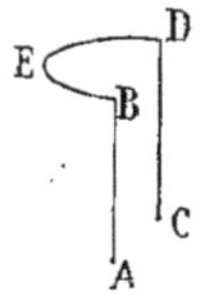

Si maintenant on considère, parmi les rayons lumineux tombant sur la base supérieure du cylindre, ceux qui aboutissent à l'arc BED, cet arc portera évidemment ombre sur la base en βεδ, βεδ étant un arc de cercle dont le centre ω sera à l'intersection du plan de base avec la droite SO, cet arc βεδ étant en plus tangent en β et en δ aux deux droites IAB et ICδ.

Fig. 841.

En résumé, l'ombre portée du cylindre sera l'ombre portée par les deux génératrices AB et CD, et l'arc BED.

2° Si les rayons lumineux arrivaient parallèlement à une direction donnée Z, on aurait *l'ombre dite au soleil* et il faudrait encore, pour commencer, mener les plans tangents au cylindre parallèlement à cette direction Z (problème connu).

N. B. — On voit que les limites de l'ombre portée sont toujours les ombres sur le plan de base des limites de l'ombre propre (sur le solide). Car l'ombre propre est l'ensemble des lignes qui sur la surface séparent les parties éclairées et les parties obscures.

Contour apparent d'un cylindre.

On appelle *contour apparent d'un corps* solide quelconque par rapport à un point O la ligne qui sur ce corps sépare les parties vues des parties cachées aux yeux d'un observateur qui serait placé en O.

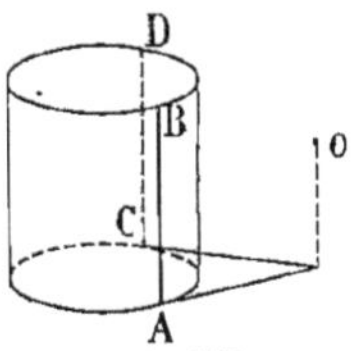

Il est clair que le contour apparent d'un cylindre vertical par rapport à un point non situé au-dessus du cylindre se compose toujours des deux génératrices précédentes AB et CD, auxquelles on associe les arcs BD et AC situés en avant,

Fig. 842.

mais si le point O est situé au-dessus de la base supérieure, du côté droit du cylindre, ce contour apparent se composera des deux génératrices précédentes auxquelles on adjoindra l'arc BD de gauche et l'arc AC de droite.

---

§ 3. — Mesure du volume et de la surface d'un cylindre de révolution.

On ne peut pas songer un seul instant à chercher combien le volume du cylindre contient de mètres cubes ou de parties aliquotes de ce mètre cube. Car un volume rond ne saurait être rempli par des cubes, si petits qu'ils soient.

Pour la même raison, on ne peut pas mesurer la surface latérale d'un cylindre de révolution à l'aide du mètre carré ou de ses subdivisions, car cette surface est bombée.

Aussi n'est-on arrivé que par le raisonnement à pouvoir évaluer et ce volume et cette surface latérale du cylindre.

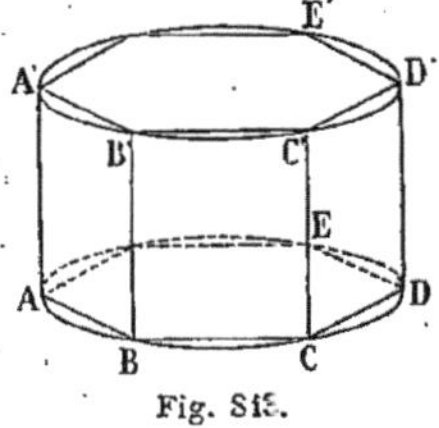

Fig. 843.

Et d'abord, nous allons faire concevoir comment le volume d'un cylindre peut et doit être regardé comme la limite vers laquelle tend le volume d'un prisme polygonal régulier droit dont la base serait inscrite dans la base du *cylindre quand le nombre de ses côtés double indéfiniment.*

On voit d'abord que le volume de tout prisme polygonal droit inscrit, tel que (ABCDE.A'B'...) est toujours inférieur au volume du prisme, puis, quand on double le nombre des côtés du polygone, on voit que le volume du prisme inscrit croît constamment.

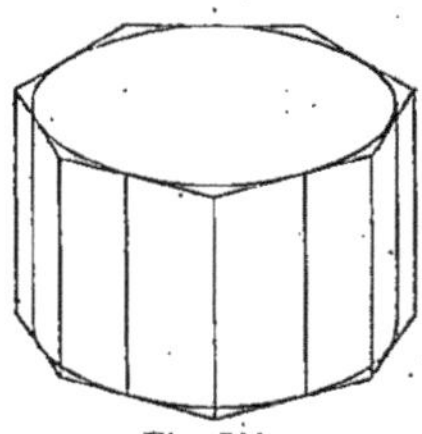

Donc d'après ce que nous avons dit (livre II), on en peut conclure que le volume de ce prisme tend vers une limite [limite égale au volume du cylindre, ou inférieure à ce volume].

Fig. 844.

D'autre part, si nous circonscrivons au cercle de base un polygone régulier et que nous considérions le prisme droit ex-inscrit correspondant, on voit d'abord que le volume du prisme droit ex-inscrit est toujours plus grand que le volume du cylindre, puis on voit que quand le nombre des côtés du polygone va en doublant le volume diminue.

Donc, d'après ce que nous avons dit, on en doit conclure que le volume de ce prisme ex-inscrit a une limite [limite qui est ou le volume du cylindre ou un volume inférieur].

Mais les deux volumes des deux prismes inscrit et ex-inscrit tendent vers la même limite puisque les nombres qui les mesurent chacun tendent tous deux vers le nombre ($\pi R^2 \times h$).

On en devra conclure, en toute rigueur, le volume du cylindre étant toujours compris entre les deux, que le volume du cylindre est la limite vers laquelle tend le volume du prisme inscrit.

Ainsi il est acquis que le volume d'un cylindre est la limite vers laquelle tend (sans jamais y arriver du reste, mais de façon à en différer d'aussi peu qu'on voudra) le volume du prisme régulier droit inscrit lorsque le nombre de ses côtés croît de plus en plus.

Ce premier point bien établi, nous allons maintenant pouvoir évaluer en mètres cubes, décimètres cubes, etc..., le volume d'un cylindre circulaire droit. Car le nombre mesuré du volume d'un prisme droit inscrit est exprimé par le nombre obtenu en multipliant le nombre de mètres carrés de la base par le nombre de mètres de la hauteur.

Or puisque le volume du cylindre est la limite de ce volume du prisme, il faut bien que le nombre qui mesure le volume du cylindre soit la limite vers laquelle tend le nombre qui mesure le volume du prisme droit inscrit; mais, le nombre qui mesure le volume du prisme inscrit tend vers la limite suivante : cercle multiplié par hauteur.

Donc le nombre qui mesurera le volume du cylindre sera le nombre obtenu en multipliant la surface du cercle de base par la hauteur, ce qu'on énonce comme il suit :

Théorème I. — *Le nombre qui mesure le volume d'un cylindre de révolution est égal au produit de sa base par sa hauteur.*

Si on désigne par R et par h les nombres qui mesurent à l'aide de la même unité le rayon de la base et la hauteur, si d'autre part V est le nombre qui mesure le volume du cylindre, on aura

la formule :
$$V = \pi R^2 h$$

l'unité de volume étant le cube construit sur l'unité de longueur choisie.

Théorème II. — *La surface latérale d'un cylindre de révolution est égale au produit de la circonférence de base par la hauteur.*

En effet, le nombre qui mesure la surface latérale d'un prisme polygonal régulier quelconque inscrit est égal au produit du périmètre par la hauteur.

Or quand le nombre des côtés du polygone de base double de plus en plus, le nombre précédent (périmètre multiplié par hauteur) tend à devenir égal (sans jamais y arriver du reste, mais de façon à en différer de moins en moins) au nombre suivant : circonférence multipliée par hauteur.

Donc comme la limite de la surface latérale du prisme est la surface du cylindre, il est logique de dire que la limite du nombre qui mesure la surface latérale du prisme est précisément le nombre qui mesure la surface latérale du cylindre.

Donc la surface latérale du cylindre s'obtiendra bien en multipliant la circonférence de base par la hauteur.

C. Q. F. D.

Si on désigne par S le nombre qui mesure cette surface latérale, on aura la formule :

$$S = 2\pi R h,$$

l'unité de surface étant le carré construit sur l'unité de longueur.

On appelle *surface totale* d'un cylindre la somme de sa surface latérale et des deux cercles de base.

Si on appelle S′ le nombre qui la mesure, on aura donc :

$$S' = 2\pi R h + 2\pi R^2 ;$$

c'est-à-dire :
$$S' = 2\pi R(R + h).$$

N. B. On voit, le nombre π étant incommensurable, que l'on ne pourra jamais évaluer exactement ni le volume ni la surface latérale ni la surface totale d'un cylindre. On ne pourra le faire qu'approximativement.

Du cône.

Sommaire :

---

§ 1ᵉʳ. — Définitions.

Cône de révolution ou cône circulaire droit.

On appelle *cône de révolution* le solide engendré par la rotation d'un △ rectangle tournant autour d'un côté de l'angle droit.

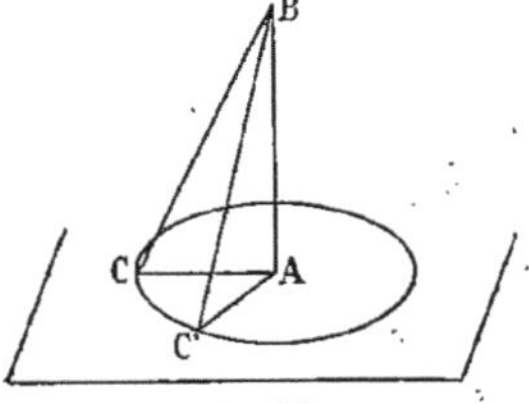

Fig. 845.

Dans ce mouvement, la droite CA se meut dans un plan P pp. à l'axe de rotation AB et le point C décrit dans ce plan une circonférence, appelée base du cône.

Quant à l'hypoténuse BC, elle décrit une surface appelée *surface latérale du cône.* Cette hypoténuse se nomme la *génératrice* de la surface conique.

Il y a d'autres cônes que les cônes de révolution. Car on appelle *surface conique*

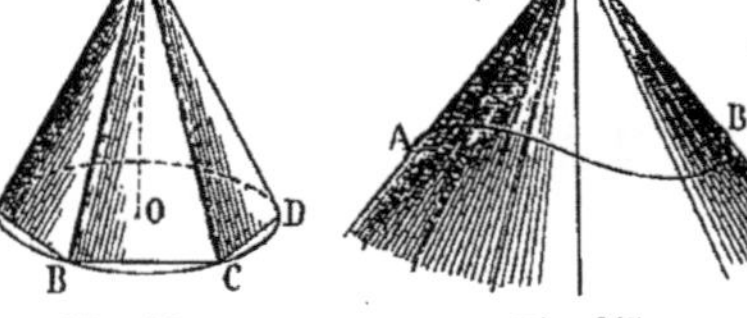

Fig. 846.   Fig. 847.   Fig. 848.

la surface obtenue en joignant un point S aux différents points d'une courbe AB appelée directrice.

Quand on prolonge les génératrices d'un cône de révolution au delà du sommet S, on obtient un deuxième cône qui en est dit la deuxième nappe.

---

§ 2. — Volume et surface latérale du cône.

On démontrerait, comme on l'a fait pour le cylindre, que le volume d'un cône de révolution peut être regardé comme la **limite** *vers laquelle tend* (sans jamais y arriver du reste, mais de façon à en différer d'aussi peu qu'on voudra) *le volume d'une pyramide polygonale régulière inscrite, lorsque le nombre des côtés du polygone de base double indéfiniment.*

Cette considération va nous être utile pour parvenir à évaluer : 1° le volume; 2° la surface latérale du cône [ce que sans cela on ne saurait faire].

Théorème I. — *Le volume d'un cône circulaire droit est égal au cercle de base multiplié par le tiers de sa hauteur.*

En effet, le nombre qui mesure le volume de toute pyramide polygonale régulière inscrite s'obtient en multipliant la surface du polygone de base par le tiers de la hauteur.

Or ce nombre tend vers la limite suivante :

$$\text{Surface cercle} \times \tfrac{1}{3} \text{ de hauteur.}$$

Donc le volume de la pyramide tendant vers le volume du cône en même temps que le polygone tend vers le cercle, les deux arriveraient en même temps à la limite si elles pouvaient y arriver.

On prendra dès lors pour mesure de ce volume du cône le produit limite, à savoir :

$$\text{Cercle} \times \tfrac{1}{3} \text{ hauteur.}$$

Donc : $\qquad V = \text{cercle} \times \tfrac{1}{3} \text{ hauteur.}$ C. Q. F. D.

La formule serait : $\qquad \boxed{V = \pi R^2 \dfrac{h}{3}}$

Théorème II. — *La surface latérale d'un cône de révolution est égale à la circonférence de base multipliée par la moitié de l'apothème.*

En effet, la surface latérale de la pyramide vaut n fois le $\triangle$ SAB; c'est-à-dire :
$$n\left(AB \times \frac{SI}{2}\right),$$

SI étant la perpendiculaire qu'on mènerait de S sur AB,

c'est-à-dire :
$$\left(n AB\right) \cdot \frac{SI}{2};$$

c'est-à-dire :
$$\text{Périmètre} \times \frac{1}{2} \text{ apothème};$$

c'est-à-dire :
$$P \times \frac{a}{2}.$$

Or quand on double de plus en plus le nombre des côtés du polygone, ce produit tend à devenir égal au nombre suivant :
$$\text{Circonférence} \times \frac{1}{2} \text{ génératrice } g.$$

Donc comme la surface latérale de la pyramide et le produit $\left(P \times \frac{a}{2}\right)$ tendent tous deux simultanément, l'un vers la surface latérale du cône, l'autre vers l'expression $\left(\text{circonférence} \times \frac{g}{2}\right)$, il est naturel de dire que le produit limite $\left(2\pi R \times \frac{g}{2}\right)$ mesurera la surface latérale du cône.

Ainsi, par convention, le nombre S qui mesurera en mètres carrés la surface latérale du cône sera donné par la formule :
$$S = 2\pi R \times \frac{g}{2} = \frac{2\pi R g}{2} = \pi R g.$$

N. B. — Si on convient d'appeler la génératrice du cône l'apothème du cône, en désignant sa longueur par a, la formule précédente pourra s'écrire :
$$\boxed{S = \pi R a}$$

On ne peut évaluer exactement ni la surface latérale ni le volume d'un cône.

§ 3. — Plans tangents aux cônes.

Le plan tangent en un point A de la surface d'un cône de révolution est défini, d'après ce que nous avons dit plus haut, par la génératrice du point A et la tangente Aθ à une courbe quelconque tracée par ce point A à la surface du cône.

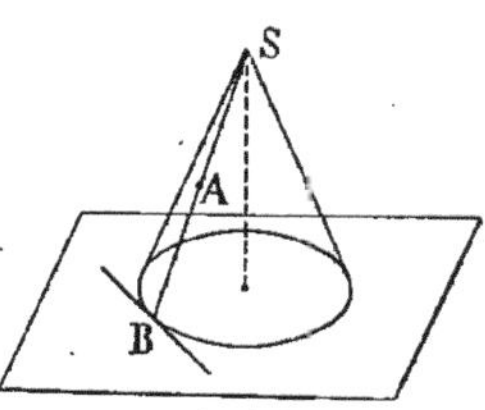
Fig. 849.

Théorème. — *Le plan tangent en un point de la surface d'un cône est le même tout le long de la génératrice.*

En effet, si par A on mène une courbe quelconque sur la surface du cône et qu'on considère un plan sécant passant par la génératrice SA, on aura deux sécantes AC et BD qui seront dans un même plan. Si ensuite ce plan sécant tourne autour de SAB, ces deux sécantes AC et BD tendront toutes les deux simultanément, l'une vers la tangente Aθ à la courbe ACM, l'autre vers la tangente BT à la base.

Mais ces deux sécantes sont toujours dans un même plan.

Donc elles le seront encore à la limite.

Donc les plans définis par SA et Aθ d'une part, par SB et BT d'autre part, sont les mêmes.

Ce qui prouve bien que le plan tangent en A au cône est le même que le plan tangent au cône en B.   C. Q. F. D.

———

PROBLÈME I. — *Construire le plan tangent à un cône en un point A de sa surface.*

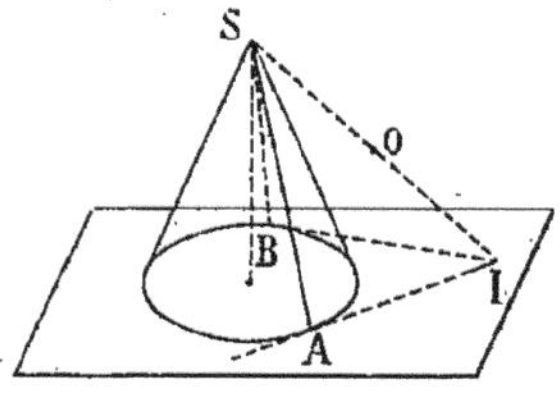

Fig. 850.   Fig. 851.

Il suffit de construire le plan tangent non pas au point A, mais au point B où la génératrice coupe la base connue.

PROBLÈME II. — *Mener un plan tangent à un cône par un point extérieur donné.*

Il suffit de joindre le sommet S du cône au point donné O, de prendre le point I où cette droite coupe le plan de base et de mener du point I des tangentes à cette base.

On a ainsi deux plans tangents, le long des génératrices SA et SB.

PROBLÈME III. — *Mener un plan tangent à un cône parallèlement à une droite donnée.*

Il suffit de mener par le sommet S du cône une plle à cette direction, Z, et par le point où elle coupe le plan de base, de mener les tangentes à la base.

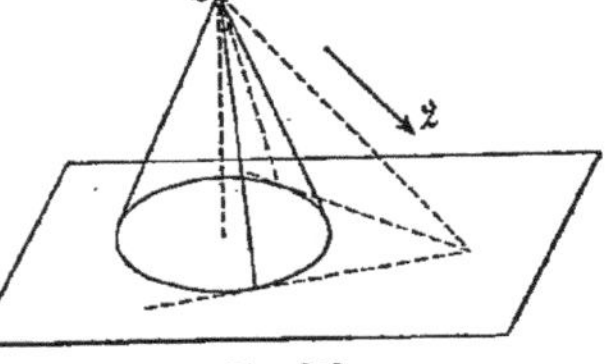

Fig. 852.

REMARQUE I. — Tout plan tangent à un cône ayant sa trace sur le plan de base tangente au cercle de base, il est clair que deux cônes de révolution reposant sur le même plan ne pourront avoir de plan tangent commun que si la droite joignant les sommets rencontre le plan de base sur une des tangentes communes aux deux bases.

Le problème est donc en général impossible.

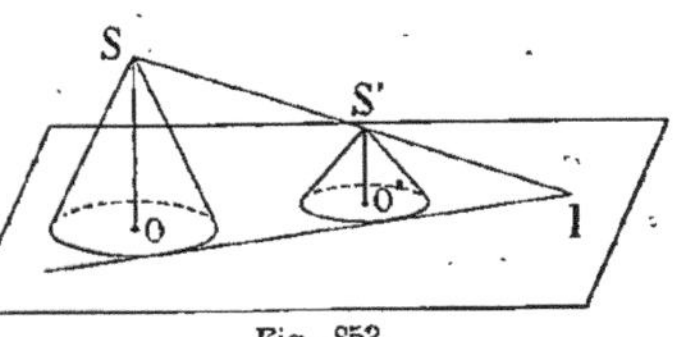

Fig. 853.

REMARQUE II. — Si l'on voulait mener à deux cônes de révolution des plans tangents parallèles entre eux, le problème serait également impossible, car, les dièdres formés devant être égaux, les pentes doivent être égales, et les génératrices être également inclinées.

Ombre portée d'un cône sur le plan de base.

Supposons que le cône repose par sa base sur le plan horizontal, la lumière émanant d'un point L placé plus haut que le sommet S.

On mènera par L les deux plans tangents au cône (plans qui

contiennent les rayons lumineux limites), d'où deux génératrices SA et SB, qui limiteront l'ombre propre du cône, et dont les ombres portées en IA et IB limiteront l'ombre portée du cône sur le plan de base.

Supposons maintenant que le cône à axe vertical repose par sa pointe sur le plan horizontal P, on mènera encore par L les deux plans tangents au carré, ce qui se fera en prenant l'intersection I de la droite SL avec le plan de base du cône et menant de I des tangentes au cercle O, d'où deux génératrices SA et SB, dont les ombres Sα et Sβ limiteront l'ombre portée du cône sur le

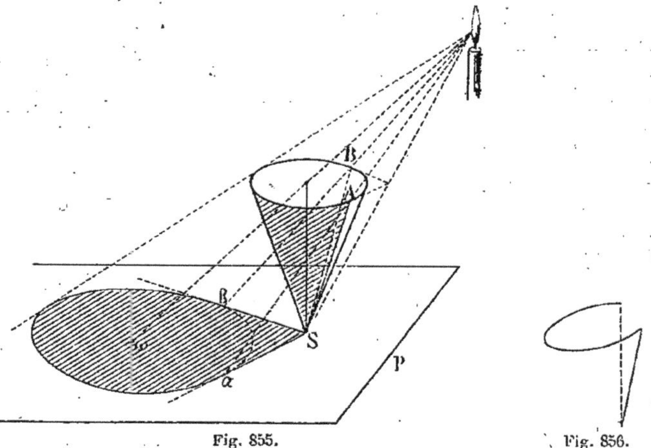

Fig. 854.

Fig. 855.

Fig. 856.

plan horizontal. En y ajoutant l'ombre portée de l'arc de cercle horizontal ACB, on aura en Sαγβ l'ombre portée du cône.

REMARQUE. — L'ombre du cercle horizontal O étant un cercle ω, on aurait pu obtenir cette ombre portée comme il suit :

Chercher l'ombre du cercle O et de S mener les deux tangentes Sα et Sβ.

Contour apparent d'un cône par rapport à un point donné.

Il est clair que ce contour apparent comprend les deux génératrices de contact des deux plans tangents menés au cône par le point donné.

---

§ 4. — Des troncs de cône.

(Troncs de cône de première et de deuxième espèce.)

On appelle *tronc de cône de première espèce* ou *cône tronqué* la portion du volume d'un cône comprise entre deux plans pp. à l'axe. Exemple : ABCD.

On démontrerait, comme on l'a fait pour le cylindre, que le volume d'un tronc de cône est la limite vers laquelle tend (sans jamais y arriver du reste, mais de façon à en différer d'aussi peu qu'on voudra) le volume d'un tronc de pyramide polygonale régulier inscrit, lorsque le nombre des côtés croît indéfiniment.

Il suffira, pour s'en rendre compte, de joindre les sommets du

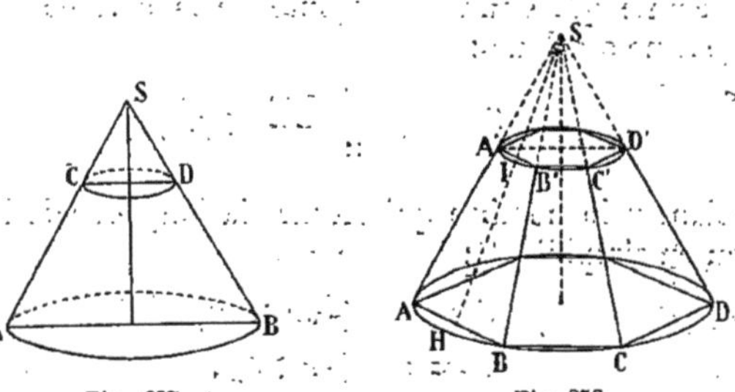

Fig. 857.   Fig. 858.

polygone régulier ABCD... au sommet S, de remarquer que les droites A'B', B'C'... sont des droites plles comme intersections de deux plans plles par un troisième, droites égales entre elles à cause des Δ semblables, enfin de constater que les angles :

$$A', B', C'...$$
$$A, B, C$$

deux à deux sont tous égaux entre eux comme angles formés par des droites plles dans l'espace.

Cette considération du tronc de *cône limite d'un tronc de pyramide polygonal régulier* va nous permettre d'adopter, pour évaluer en fonction des unités de surface ordinaires et des unités de volume ordinaires, la surface latérale et le volume du tronc de cône. D'où les deux théorèmes suivants :

Théorème I. — *La surface latérale d'un tronc de cône est égale numériquement à la demi-somme des deux circonférences de bases multipliée par l'apothème.*

En effet, la surface latérale d'un tronc de cône est la limite de la surface latérale d'un tronc de pyramide polygonale régulière inscrit.

Or le nombre qui mesure cette surface latérale du tronc de pyramide est toujours égal à la demi-somme des deux périmètres de bases, multipliée par l'apothème IH.

Mais, quand on double de plus en plus le nombre des côtés des polygones de bases, le nombre qui mesure sa surface latérale tend vers une limite qui est le produit de la demi-somme des deux circonférences de bases par la génératrice.

Donc c'est ce nombre limite qu'il est naturel d'adopter pour le nombre qui mesurera la surface latérale du tronc de cône.

D'où le théorème énoncé.

La formule qui donne la mesure de la surface latérale du tronc de cône est donc :

$$S = \frac{2\pi R + 2\pi r}{2} \times g,$$

en appelant g le nombre qui mesure la longueur de la génératrice, ou en simplifiant :

$$S = (\pi R + \pi r) \times g,$$
$$= \pi(R + r) \times g,$$

ou enfin en remarquant que la génératrice peut s'appeler l'apothème du tronc de cône, et se désigner dès lors par la lettre a :

$$S = \pi(R + r)a.$$

Théorème II. — *Le volume d'un tronc de cône est égal numériquement à la somme des volumes de trois cônes ayant tous pour hauteur la hauteur du tronc, et pour bases : l'un la base supérieure, l'autre la base inférieure, le troisième une moyenne géométrique entre ces deux bases.*

En effet, le volume d'un tronc de cône est la limite du volume du tronc de pyramide inscrit.

Or celui-ci est toujours la somme de trois pyramides de hauteur égale à celle du tronc et dont les bases sont respectivement : les surfaces des deux polygones de base et une moyenne géométrique entre ces deux surfaces de bases.

Mais, quand on double indéfiniment le nombre des côtés, ces trois pyramides tendent respectivement vers des limites qui sont trois cônes de même hauteur et de bases qui valent : l'une le cercle de base inférieure, l'autre le cercle de base supérieure, la troisième une moyenne géométrique entre ces deux cercles de bases.

Donc le nombre qu'il faudra adopter pour évaluer en mètres cubes, décimètres cubes, etc..., le volume du tronc de cône sera la somme des nombres qui mesurent les trois cônes précédents.

D'où le théorème énoncé.

La formule qui donne le volume V du tronc de cône est donc :

$$V = \pi R^2 \frac{h}{3} + \pi r^2 \frac{h}{3} + \sqrt{\pi R^2 \times \pi r^2}\, \frac{h}{3},$$

ou en effectuant les calculs :

$$V = \pi R^2 \frac{h}{3} + \pi r^2 \frac{h}{3} + \sqrt{\pi^2 R^2 r^2}\, \frac{h}{3},$$

$$= \pi \frac{h}{3} (R^2 + r^2 + Rr).$$

Résumé.

Cylindre.	Cône.	Tronc de cône.
$S = 2\pi R h$	$S = \pi R a$	$S = \pi(R + r)a$
$V = \pi R^2 h$	$V = \pi R^2 \dfrac{h}{3}$	$V = \pi \dfrac{h}{3}(R^2 + r^2 + Rr)$

Ces formules ne doivent pas être apprises par cœur. On doit pouvoir les retrouver vite en faisant dans sa tête un raisonnement rapide, en se contentant d'énoncer successivement la série des idées. Exemple : pour avoir la surface latérale du cône, on dira :

Surface cône — surface pyramide — Δ — base par $\frac{1}{2}$ hauteur latérale — n fois la base par $\frac{1}{2}$ hauteur — périmètre de base par $\frac{1}{2}$ hauteur — circonférence par $\frac{1}{2}$ hauteur — $2\pi R . \frac{a}{2}$ — πRa.

Quand on considère l'ensemble des deux nappes d'un cône, et qu'on coupe par deux plans pp. à l'axe situés de côtés différents par rapport au sommet, on obtient un solide composé de deux cônes, qu'on appelle *tronc de cône de deuxième espèce*.

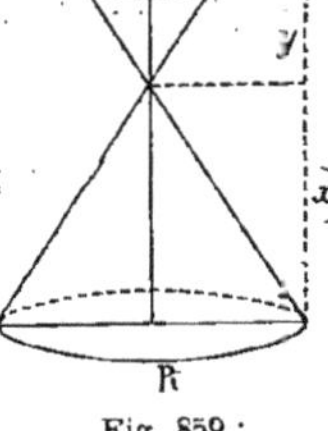

Fig. 859.

En appelant h la distance des deux plans parallèles, R et r les deux rayons de sections, on trouve pour le volume du *tronc de cône de deuxième espèce* :

$$V = \frac{\pi h}{3}(R^2 + r^2 - Rr).$$

En effet, on a :
$$V = \frac{\pi x}{3}R^2 + \frac{\pi y}{3}r^2,$$

en appelant x et y les hauteurs des deux cônes. La somme de ces deux hauteurs x et y valant h, on a :
$$x + y = h,$$

mais les Δ semblables nous donnent :
$$\frac{x}{R} = \frac{y}{r} = \frac{h}{R+r}; \quad \text{d'où} : \quad x = \frac{Rh}{R+r} \quad \text{et} \quad y = \frac{rh}{R+r}.$$

Par conséquent on a, en substituant :
$$V = \frac{\pi h}{3}\left(\frac{R^3 + r^3}{R+r}\right),$$

ou en faisant la division :
$$V = \frac{\pi h}{3}(R^2 - Rr + r^2).$$

C. Q. F. D.

PROBLÈME I. — *Couper un tronc de cône par un plan parallèle aux bases, de façon que la section ait une relation donnée avec les deux bases.*

Proposons-nous, par exemple, d'obtenir une section moyenne arithmétique entre les deux bases.

On dira :

Le problème sera connu si on connaît le rayon x de cette section. Mais on doit avoir :

$$\pi x^2 = \frac{\pi R^2 + \pi r^2}{2} ;$$

donc on doit avoir : $x^2 = \dfrac{R^2 + r^2}{2}$

(construction géométrique facile).

PROBLÈME II. — *Sachant que le volume d'un tronc de cône est égal à $\frac{1}{3}\pi m^2 h$, h étant la hauteur de ce tronc (hauteur d'ailleurs inconnue), calculer le rayon x de l'une des bases, connaissant le rayon R de l'autre.*

On a l'égalité : $\dfrac{1}{3}\pi m^2 h = \dfrac{\pi h}{3}(R^2 + x^2 \pm Rx)$,

c'est-à-dire : $x^2 \pm Rx + R^2 - m^2 = 0.$

On a donc deux équations, ce qui est assez naturel puisque dans l'énoncé rien ne dit que le tronc de cône est de première ou de deuxième espèce.

Supposons-le d'abord de première espèce, on a l'équation :

$$x^2 + Rx + R^2 - m^2 = 0.$$

Et on doit avoir x réel et positif.

La réalité exige : $m^2 \geqslant \dfrac{3}{4}R^2.$

Pour la positivité, on voit que si m^2 est plus petit que R^2, le produit des racines étant positif et leur somme négative, il y a deux racines négatives. Donc pas de tronc de première espèce.

Au contraire, si m^2 est supérieur à R^2, il y en a un. Car le produit des racines est alors négatif.

Ce résultat peut être résumé dans le tableau ci-dessous :

m^2	P^1	S		
o		Problème impossible.		
$\frac{3}{4}$ R²	+	−	2 Rac. nég.	Pas de tronc de 1re espèce.
R²	−	−	1 Rac. posit.	1 tronc de 1re espèce.
+ ∞				

Considérons maintenant l'équation $x^2 - Rx + R^2 - m^2 = 0$ qui correspond au tronc de deuxième espèce.

x doit être réel et positif.

La réalité exige : $m^2 > \dfrac{3R^2}{4}.$

Si m^2 est inférieur à R², il y a deux racines positives. Donc deux troncs de deuxième espèce.

Si m^2 est supérieur à R², il n'y en a plus qu'un.

Tout cela peut être résumé dans le tableau suivant :

m^2	
o	Problème impossible.
$3\,\dfrac{R^2}{4}$	Vol. minimum (tronc de 2e espèce où le second rayon est $\dfrac{R}{2}$.
	Pas de tronc de 1re espèce. Deux troncs de 2e espèce.
R²	1 cône et 1 tronc de 2e espèce où les 2 rayons sont égaux.
+ ∞	1 tronc de 1re espèce et 1 tronc de 2e espèce.

On aurait pu ne pas envisager les deux équations, n'en prendre qu'une et interpréter les solutions négatives, par la règle connue. On serait arrivé aux mêmes résultats.

De la sphère.

Sommaire :

§ 1er. — **Sections planes. — Pôles.**
§ 2. — **Rayon d'une sphère solide.**
§ 3. — **Constructions faites sur la surface de la sphère.**
§ 4. — **Plans tangents et droites tangentes.**
§ 5. — **Cônes et cylindres circonscrits. — Ombres.**
§ 6. — **Puissance d'un point. — Plan radical. — Plan polaire d'une sphère. — Figure inverse d'une sphère.**
§ 7. — **Construction d'une sphère passant par quatre points ou tangente à quatre plans.**
§ 8. — **Théorie des surfaces et volumes engendrés. — Surface et volume de la sphère.**
§ 9. — **Projections stéréographiques.**

On appelle *sphère* le corps solide engendré par la rotation d'un demi-cercle autour de son diamètre, et *surface sphérique* la surface engendrée par la rotation de la demi-circonférence.

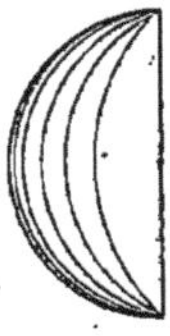

Fig. 860.

Il est clair que dans la surface sphérique ainsi définie tous les points sont à égale distance d'un point intérieur qui est le centre O de la circonférence génératrice. Un point en dehors de cette surface sphérique en étant plus loin et un point en dedans plus près, on peut donc dire que *la surface sphérique est le lieu des points de l'espace distants d'un point donné d'une longueur donnée.*

---

§ 1ᵉʳ. — Sections planes d'une sphère.

Théorème I. — *Quand on coupe une sphère par un plan, la section est un cercle dont le centre est au pied de la perpendiculaire menée du centre de la sphère sur le plan.*

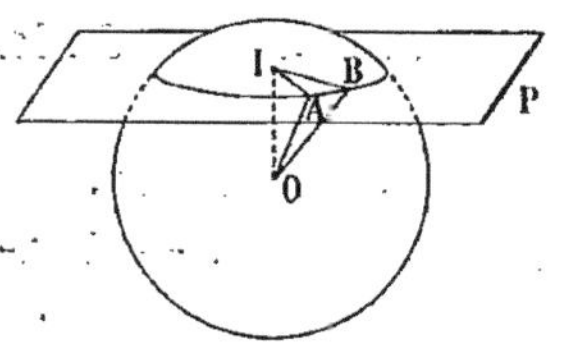

Fig. 801.

Soit OI la pp. au plan P, A, B, C... étant des points de l'intersection. Ces points étant sur la surface de la sphère, on a :

$$OA = OB = OC = \ldots$$

Ces points étant dans le plan, OA, OB, OC... sont des obliques, et même des obliques égales. Donc elles s'écartent également du pied I, donc : $IA = IB = IC = \ldots$

Donc tous les points de l'intersection sont à égale distance du pied I, et par conséquent se trouvent sur une circonférence de centre I et de rayon $\sqrt{R^2 - d^2}$, d étant la distance du centre O au plan P, et R le rayon de la sphère.

Mais un point quelconque α de ce cercle fait partie de l'intersection, car le $\triangle I\alpha O$ étant égal au $\triangle IAO$, on en déduit :

$$\alpha O = AO, \ldots$$

ce qui prouve que α est sur la surface sphérique.

Donc la section est le cercle tout entier.

C. Q. F. D.

Corollaires. — Le rayon du cercle de section valant $\sqrt{R^2 - d^2}$, on en déduit ce qui suit :

1° Deux plans à égale distance du centre donnent des sections égales;

2° Plus le plan sécant est loin du centre, plus la section est petite;

3° Quand le plan sécant passe par le centre de la sphère, la section a un rayon égal au rayon de la sphère.

On appelle pour ces raisons *petits cercles* les sections de la sphère par des plans ne passant pas par le centre, et *grands cercles* ses sections par des plans passant par le centre.

Théorème II. — *L'intersection de deux grands cercles est un diamètre de la sphère* (c'est-à-dire une droite passant par le centre).

En effet, deux plans se coupent suivant une ligne droite. De plus, comme ces deux plans passent tous deux par le centre O, O est un point de l'intersection. L'intersection AB dont on parle est donc un diamètre.

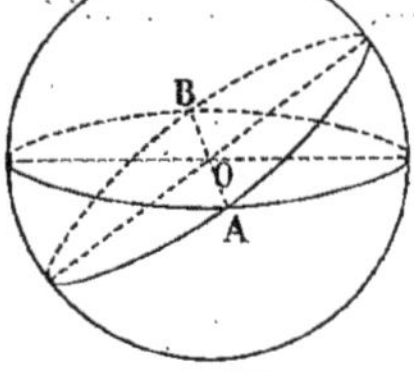

Fig. 862.

Pôles d'un cercle tracé sur la sphère.

On appelle *pôles du cercle* obtenu en coupant une sphère par un plan les deux extrémités P et P′ du diamètre de la sphère perpendiculaire à ce plan sécant.

PROPRIÉTÉ DES PÔLES. — *Ils sont à égale distance des points du cercle de section.*

En effet, si nous joignons par la pensée le point P aux points A, B, C, ..., PA, PB, PC,... sont des obliques qui s'écartent également du pied I (puisque IA = IB = IC = ...),

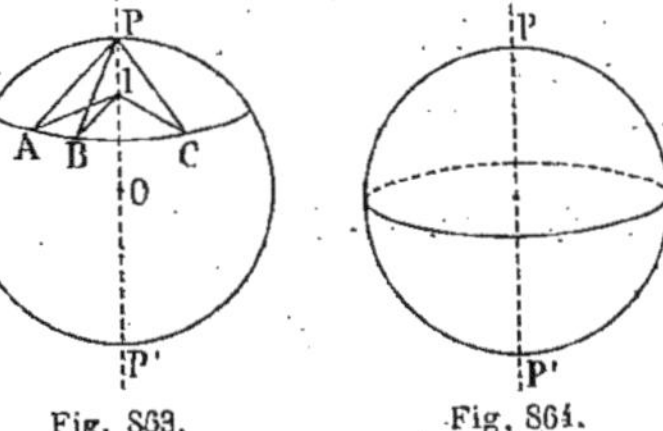

Fig. 863.   Fig. 864.

donc :
$$PA = PB = PC = ...$$

Cette distance s'appelle la *distance polaire du cercle de section.*

Dans le cas où la section est un grand cercle, la distance polaire est égale à la corde qui dans un grand cercle de la sphère sous-tend un arc de 100 grades, c'est-à-dire est, comme on dit, égale à la *corde d'un quadrant.*

Quand on connaît le rayon R de la sphère, et que l'on veut placer sur cette sphère un cercle qui soit à une distance connue du centre ou qui ait un rayon connu, on peut construire facilement la distance polaire.

Il suffit de remarquer que le $\triangle$ PAP' est rectangle en A (puisque PP' est l'axe de rotation de la demi-circonférence qui engendre la surface sphérique); par conséquent sur une feuille de papier on n'aura qu'à construire le $\triangle$ PAI à l'aide du $\triangle$ connu AOI.

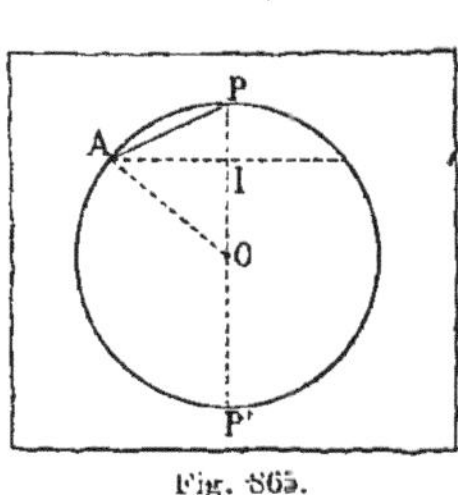

Fig. 865.

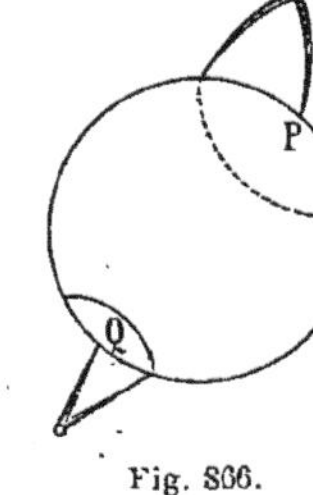

Fig. 866.

Et quand on aura de la sorte évalué la distance polaire AP, du cercle à construire, rien ne sera plus facile que de construire ce cercle, soit à l'aide d'un compas ordinaire, soit (si le cercle est trop grand) à l'aide d'un compas sphérique (compas à branches recourbées afin qu'il ne glisse pas sur la surface) :

On piquera l'une des pointes du compas en un point P ou Q de la surface sphérique, l'ouverture des branches du compas étant égale à la distance polaire voulue, et on tournera autour de P ou Q en laissant toujours l'autre pointe maintenue sur la surface sphérique.

REMARQUE. — Il serait facile de prouver que la ligne ainsi tracée sur la sphère est un cercle. En effet, si on joint par la pensée P au centre de la sphère et qu'on prolonge en P', les $\triangle$ PAP', PBP', ... sont tous égaux entre eux (comme étant rectangles en A, B... et ayant deux côtés égaux chacun à chacun). Mais alors si on mène la pp. AI sur PP', les $\triangle$ API et PBI sont égaux (les angles APP' et BPP' étant égaux), donc BI est aussi pp. à PP' et de plus AI = BI = CI. Donc tous les points A, B, C, ... sont dans un plan pp. à PP' et à égale distance d'un point intérieur I, donc sur un cercle.

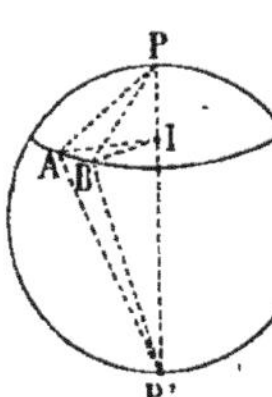

Fig. 867.

C. Q. F. D.

§ 2. — Trouver le rayon d'une sphère solide (par une construction plane).

On a deux méthodes : celle du grand cercle et celle du petit cercle.

Méthode du grand cercle. — Sur la surface de la sphère on prend deux points au hasard, A et B. De A et B comme pôles, avec une même ouverture de compas, on trace deux arcs de cercle qui se coupent en 1. Puis on récidive deux fois avec deux ouvertures de compas différentes. On obtient de la sorte trois points : 1, 2, 3.

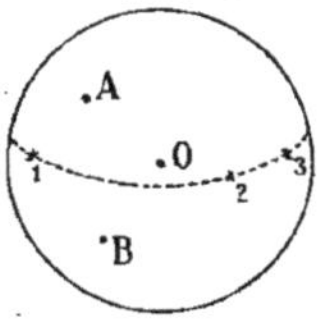

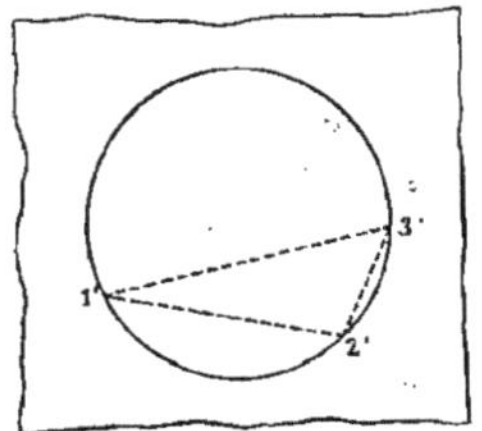

Fig. 868.

Ces trois points 1, 2, 3 ainsi que le centre O de la sphère étant à égale distance des points A et B, les quatre points 1, 2, 3 et O sont dans le plan qu'on mènerait perpendiculairement à la droite AB en son milieu. Par conséquent le Δ 1, 2, 3 est dans un plan passant par le centre O de la sphère.

Mais alors, ce plan 1, 2, 3 coupant la sphère suivant un grand cercle, on voit que le Δ intérieur 1, 2, 3 est un Δ inscrit dans un grand cercle. Donc le cercle circonscrit au Δ 1, 2, 3 est un grand cercle de la sphère et son rayon n'est autre que le rayon de la sphère.

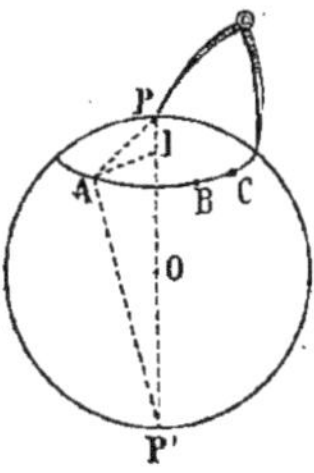

Fig. 869.

La construction est dès lors facile : sur une feuille de papier on construit le Δ 1′, 2′, 3′ dont on connaît les trois côtés et on en déduit le rayon du cercle circonscrit, qui sera le rayon cherché de la sphère.

Méthode du petit cercle. — D'un point quelconque P comme pôle avec une distance polaire arbitraire on trace sur la sphère un petit cercle. Si on joint par la pensée P au centre O, ce qui donne le diamètre PP′, le Δ PAP′ est rectangle en A (puisque PAP′ est inscrit dans la demi-circonférence qui en tournant autour de PP′ engendrerait la surface sphérique). Mais dans ce

Fig. 870.

Δ PAP' on connaît la distance polaire PA ainsi que le rayon AI du petit cercle (puisque, en prenant trois points A, B, C sur le petit cercle, le cercle circonscrit au Δ correspondant $A_1 B_1 C_1$ n'est autre que le rayon AI de ce petit cercle).

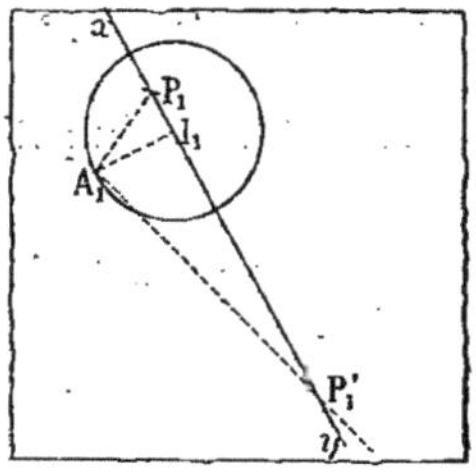

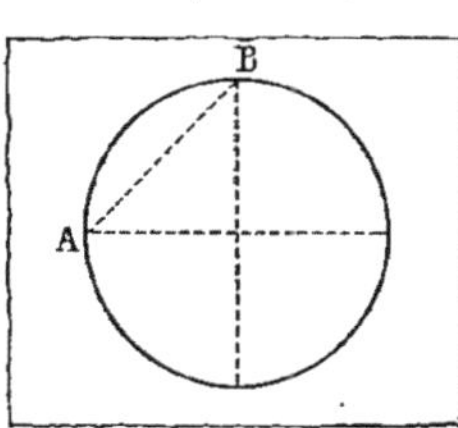

Fig. 871.

Donc construction :

Sur une feuille de papier on construit le Δ $A_1 B_1 C_1$ à l'aide de ses trois côtés connus. On circonscrit le cercle de centre I_1. Par I_1 on mène la droite xy pp. à $A_1 I_1$. De A_1 comme centre avec un rayon égal à la distance polaire PA on décrit un arc de cercle qui

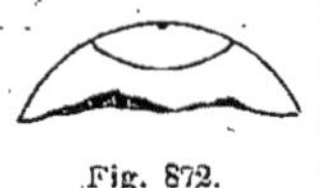

Fig. 872.

coupe xy en P_1 et on mène la perpendiculaire $A_1 P'_1$.

$P_1 P'_1$ est le diamètre cherché de la sphère.

N. B. — Cette construction peut se faire avec un fragment de sphère (*fig.* 872).

Remarque. — Quand on veut tracer sur une sphère un grand cercle avec le compas sphérique, il est indispensable de commencer par en déterminer le rayon, puis alors on dessine un grand cercle sur une feuille de papier et on y trace deux diamètres perpendiculaires. La corde AB du quadrant donne la distance polaire du grand cercle, et il n'y a plus qu'à tracer ce grand cercle.

Fig. 873.

§ 3. — Problèmes de constructions à la surface d'une sphère.

PROBLÈME I. — *Faire passer un grand cercle par deux points pris à la surface de la sphère.*

RÈGLE. — *Des deux points A et B comme pôles avec une ouverture de compas égale à la corde d'un quadrant, on décrit deux arcs de cercle qui se coupent en P; puis de ce point P comme pôle avec l'ouverture de compas PA on trace une circonférence qui est le grand cercle cherché.*

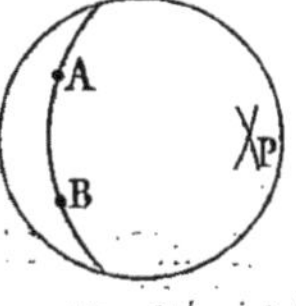

Fig. 874.

En effet, le pôle du grand cercle AB doit être à la fois sur la sphère et à une distance égale à la corde du quadrant des deux points A et B.

PROBLÈME II. — *Construire à la surface d'une sphère le lieu des points situés à égale distance de deux points donnés A et B.*

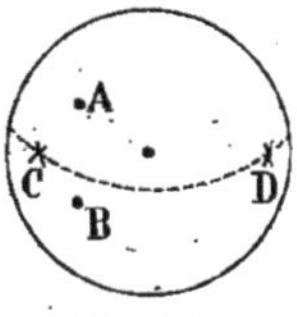

Ces points, devant être ainsi que le centre O de la sphère à égale distance de A et de B, sont dans le plan pp. à la droite intérieure AB en son milieu.

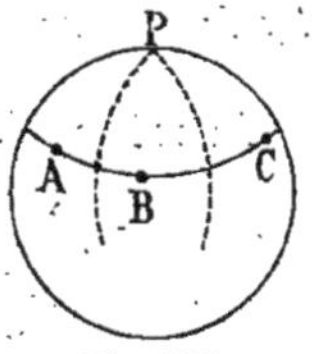

Fig. 875.

Ce plan étant un grand cercle, il suffira d'en déterminer deux points C et D (ce qui sera facile avec deux ouvertures de compas égales), puis de faire passer par ces deux points C et D un grand cercle (problème précédent).

PROBLÈME III. — *Trouver le pôle d'un petit cercle tracé à la surface de la sphère.*

Le pôle inconnu P, étant à égale distance de tous les points de ce petit cercle, sera à égale distance de deux points quelconques A et B de ce petit cercle, donc sur un grand cercle facile à construire (d'après le problème qui précède).

Il sera de même sur le grand cercle lieu des points également distant des points B et C.

Fig. 876.

Donc il sera à leur intersection, en P.

REMARQUE. — On aurait pu aussi faire ce problème à l'aide d'une construction graphique, en déterminant le rayon du petit cercle (à l'aide de trois points), puis cherchant la distance polaire.

Problème IV. — *Par un point donné A mener un grand cercle perpendiculaire à un grand cercle donné, BC.*

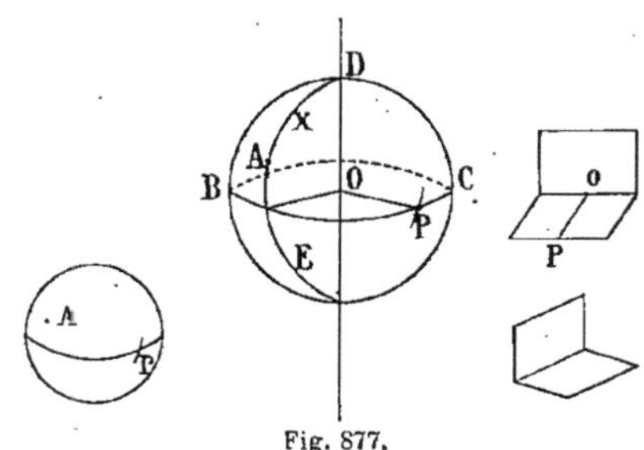

Fig. 877.

Il suffit évidemment de savoir où est le pôle P de ce grand cercle X.

Or ce pôle P est sur la surface de la sphère. Il est aussi sur la pp. OP au grand cercle X, donc dans le plan BC (puisque, quand deux plans sont pp., la normale menée à l'un par un point de l'arête est dans l'autre), donc ce pôle P est déjà sur la circonférence du grand cercle BC.

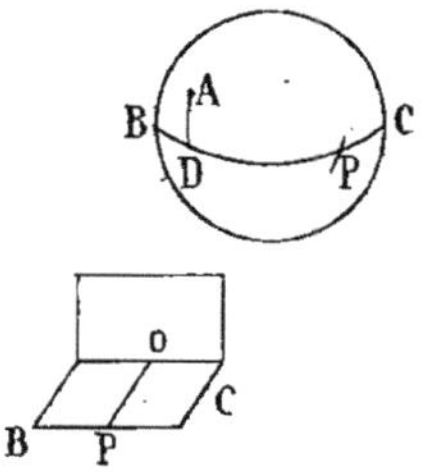

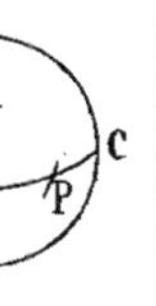

Mais ce pôle P est aussi à une distance de A égale à la corde d'un quadrant.

Donc construction :

De A comme pôle avec une distance polaire égale à la corde d'un quadrant on décrit un arc qui coupe le grand cercle donné BC en P. Et il n'y a plus qu'à décrire de P comme pôle, avec PA pour distance polaire, le grand cercle cherché AD.

Fig. 878.

Problème V. — *Construire le lieu des pôles des grands cercles qui coupent un grand cercle donné AB suivant le même angle α.*

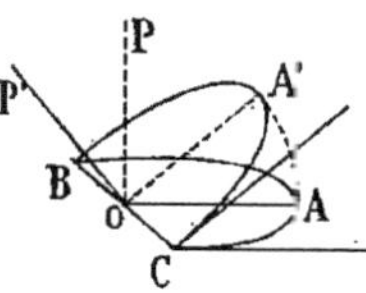

Il est facile de faire voir que l'angle de deux grands cercles est égal à l'angle POP' que forment les droites joignant leurs pôles au centre de la sphère.

En effet, si BC est leur intersection et AOA' leur rectiligne, les angles POP' et AOA' ont leurs côtés perpendiculaires, donc sont égaux.

Fig. 879.

On voit de plus que l'angle des tangentes en C aux deux grands cercles est égal encore à l'angle POP'.

D'après cela il suffira de prendre sur un grand cercle perpendiculaire quelconque PB un arc PP' égal à l'angle donné α et de décrire de P comme pôle avec la distance polaire PP' un petit cercle.

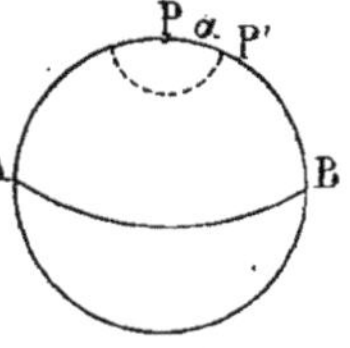

Fig. 880.

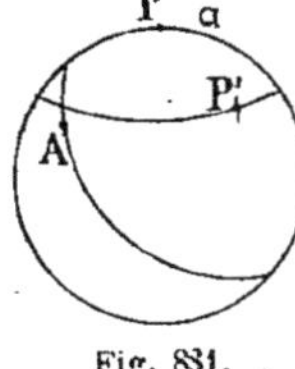

Fig. 881.

PROBLÈME VI. — *Par un point donné A mener un grand cercle qui coupe un grand cercle donné BC suivant un angle donné α (fig. 881).*

RÈGLE. — *On construira le petit cercle précédent, puis de A comme pôle avec la corde d'un quadrant on décrira un arc de grand cercle qui le coupera au point cherché P'.*

---

§ 4. — **Plans tangents à la sphère.**

On dit qu'*un plan est tangent à une sphère en un point de sa surface quand ce plan n'a qu'un seul point commun avec cette surface, les autres points étant extérieurs.*

Il existe des plans satisfaisant à cette double condition. Il suffit pour le montrer de prendre un plan P perpendiculaire à l'extrémité d'un rayon OA et de montrer que tous ses points, sauf celui-là, sont en dehors de la surface. Or cela est évident. Car si nous prenons dans ce plan P un point quelconque B aussi voisin qu'on voudra du point A, et qu'on le joigne au centre O, OB est une oblique au plan puisque OA est une pp.; donc OB est plus grand que OA. Donc B est plus loin du centre que A. Et il en sera évidemment de même de tous les autres points du plan P autres que A. Donc le plan pp. P est bien un plan tangent.

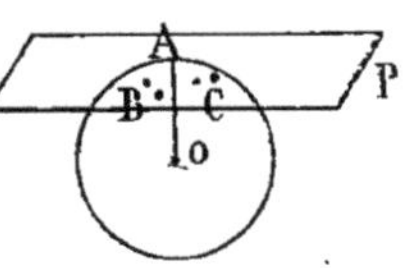

Fig. 882.

Et nous pouvons énoncer le théorème suivant :

Théorème I. — *Tout plan pp. à l'extrémité d'un rayon est tangent.*

Il y a peut-être d'autres façons d'obtenir des plans tangents. Par exemple en déplaçant un plan parallèlement à lui-même, ou en le faisant tourner autour d'une droite jusqu'à ce qu'après avoir coupé la sphère, il ne la coupe plus.

Je dis que quelle que soit la façon inconnue dont le plan, constaté plan tangent à la sphère, a été obtenu, il est toujours forcément pp. au rayon aboutissant au point de contact.

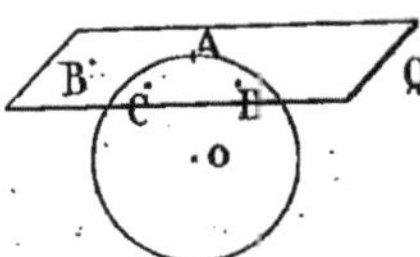

Fig. 883.

En effet, si Q est un plan tangent à la sphère en A, par hypothèse tous les points du plan Q autres que A : 1° ne sont pas sur la surface sphérique; 2° sont en dehors de cette surface.

Par conséquent tous ces points B, C, D, ... sont tous plus loin du centre O que le point A. Donc OA est la plus courte de toutes les droites allant du centre O au plan Q. Donc OA est la perpendiculaire à ce plan Q.

Donc :

Théorème II. — *Tout plan tangent à une sphère est pp. à l'extrémité du rayon allant au point de contact.*

REMARQUE. — Il résulte de ce théorème que nous n'avons pas besoin d'indiquer d'autre façon d'obtenir des plans tangents aux sphères. Celle que nous avons indiquée à l'aide de la perpendicularité à l'extrémité du rayon suffit.

Théorème III. — *Quand deux plans tangents sont parallèles, les points de contact sont aux extrémités d'un même diamètre (pp.).*

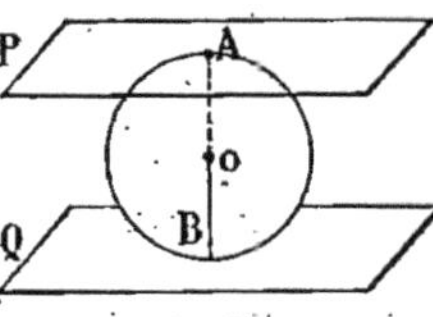

Fig. 884.

Soient P et Q deux plans tangents plles. OA étant pp. au plan P, son prolongement est pp. au plan Q, donc est confondu avec la pp. OB qui va au point de contact B. Donc les trois points A, O, B sont en ligne droite.

C. Q. F. D.

N. B. — Ce théorème donne un moyen pratique de déterminer le rayon d'une sphère solide donnée. Il suffit de lui mener deux plans tangents plles, puis de mesurer, en dehors, la distance de ces deux plans parallèles.

PROBLÈME. — *Mener à une sphère O un plan tangent par une droite donnée AB extérieure à cette sphère.*

Soit P un plan passant par AB tangent à la sphère O au point C. OC étant pp. au plan P est pp. à la droite AB.

Donc OC est dans le plan mené par O perpendiculairement à AB.

Supposons que ce plan pp. coupe AB en I et la sphère suivant le grand cercle RS. OC étant pp. à IC, IC est une pp. au rayon, donc une tangente au grand cercle RS.

Et on déduit de là la règle suivante :

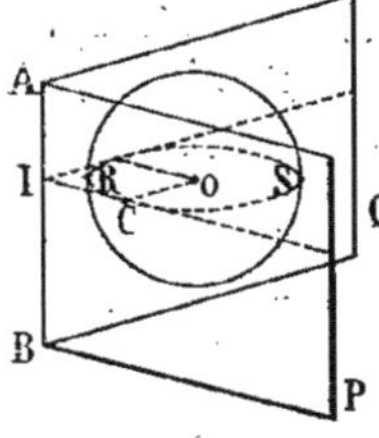

Fig. 885.

RÈGLE. — *Pour mener à une sphère un plan tangent par une droite donnée : 1° du centre de la sphère on mène un plan pp. à la droite; 2° on construit le cercle d'intersection de la sphère avec ce plan; 3° du point où ce plan coupe la droite, on mène la tangente au cercle d'intersection.*

Cette tangente et la droite déterminent le plan tangent cherché.

Et, comme du point I partent deux tangentes au cercle, il y aura deux plans tangents à la sphère passant par la droite.

Des droites tangentes à la sphère.

On dit qu'*une droite est tangente à une sphère quand elle ne la coupe qu'en un point, tous les autres points étant en dehors.*

Il existe des droites satisfaisant à la fois à cette double propriété.

En effet, si, par le point de contact A d'un plan tangent P, on mène dans ce plan tangent une droite quelconque BC : 1° elle ne peut couper la surface sphérique qu'en un point (car sans cela le plan tangent aurait plus d'un point commun); 2° tous les points de cette droite sont en dehors de la sphère.

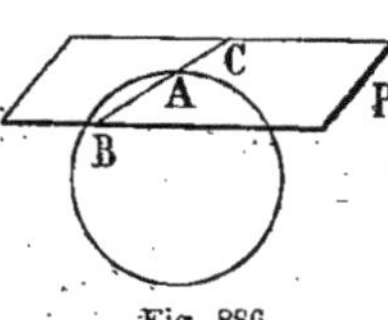

Fig. 886.

Théorème I. — *Quand une droite est tangente à une sphère, son point de contact est le pied de la pp. menée du centre de la sphère sur cette droite.*

En effet, du centre O nous pouvons toujours mener la pp. OI sur cette droite tangente Δ. Or si le point de contact A n'était pas en I, en prenant son symétrique A' par rapport au pied I, A' serait sur la surface sphérique (puisque OA' étant égal à OA vaudrait R). Donc Δ ne serait pas une tangente. Donc il faut bien que la droite tangente soit (comme le plan tangent) pp. au rayon qui aboutit au point de contact.

C. Q. F. D.

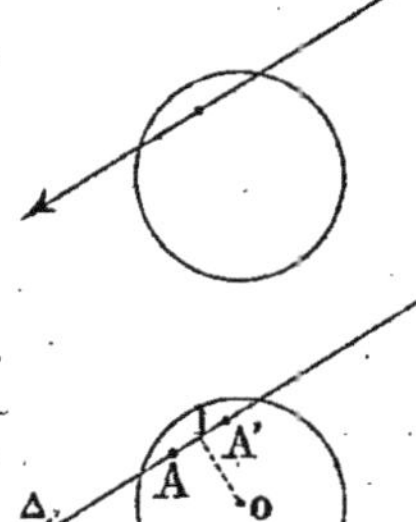

Fig. 887.

COROLLAIRE. — Quand une droite est tangente à une sphère en A, elle est située dans le plan tangent à cette sphère au même point A.

Théorème II. — *Si, par un point A pris sur la surface d'une sphère, on mène une infinité de cercles sur la surface, les tangentes en ce point à tous les cercles sont situées dans un même plan.*

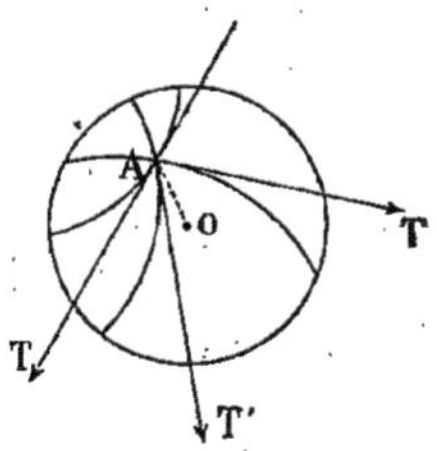

En effet, les tangentes T, T', T'', ... à ces cercles sont des droites tangentes à la sphère en A.

Fig. 888.

Donc ces droites T, T', T'', ... sont toutes pp. au rayon OA, c'est-à-dire sont dans le plan tangent en A à la sphère. Elles sont donc dans un même plan (ce qui est d'accord avec la définition générale que nous avons donnée plus haut du plan tangent à une surface).

§ 5. — Du cône, du cylindre et du tronc de cône circonscrit à une sphère.

On appelle *cône circonscrit à une sphère* le lieu des droites tangentes à la sphère issues d'un point fixé donné S, et *cylindre circonscrit à la sphère* le lieu des droites tangentes plles à une direction donnée.

Il est facile de faire voir que le lieu géométrique des droites issues de S et tangentes à la sphère est un cône de révolution.

Considérons à cet effet un grand cercle quelconque passant par la droite SO, et menons la tangente SA à ce grand cercle, droite qui sera tangente à la sphère. Quand le grand cercle tournera autour de SO, la droite SA tournera évidemment avec, en restant toujours tangente à son grand cercle. De telle sorte que, la pp. AI à l'axe SO restant toujours pp. à SO, on a bien un $\triangle$ rectangle ASI qui tourne autour de SI, donc on obtient un cône de sommet S.

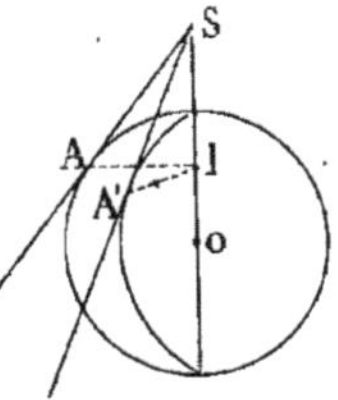

Fig. 889.

La *courbe de contact* est le petit cercle décrit sur la surface de la sphère par le point de contact A de la première tangente.

(Cette courbe de contact s'appelle la *ligne de raccordement* du cône et de la sphère).

Il est également facile de voir de même que le lieu géométrique des droites tangentes à la sphère parallèlement à une direction donnée est un cylindre de révolution, la courbe de contact étant le grand cercle pp. à ces génératrices.

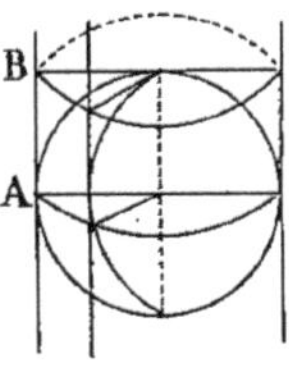

Fig. 890.

Définition. — On appelle *tronc de cône circonscrit à une sphère* le solide engendré par la rotation d'un trapèze ABCD birectangle tangent à un grand cercle quand il tourne autour du diamètre.

Les deux rayons de bases x et y satisfont à la relation :

$$xy = \mathrm{R}^2.$$

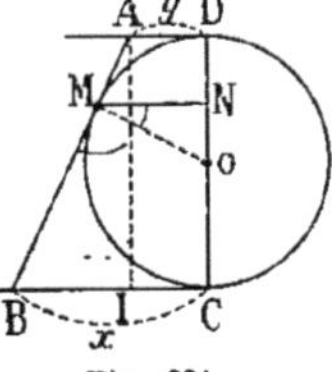

Fig. 891.

La génératrice est égale à $(x + y)$.

La parallèle de contact a un rayon MN qu'on calcule en remarquant que le $\triangle$ MNO est semblable au $\triangle$ ABI, AI étant plle à l'axe CD. On en tire :

$$\frac{MN}{AI} = \frac{R}{x + y}; \quad \text{d'où} : \quad MN = \frac{2R^2}{x + y}.$$

Ces relations permettent de résoudre tous les problèmes relatifs au tronc de cône circonscrit à une sphère.

EXEMPLE. — *Connaissant le volume du tronc et le rayon de la sphère, calculer la surface latérale, etc., etc.*

Ombre propre d'une sphère et ombre portée sur un plan.

1° Ombre au flambeau.

Il est clair que, si on considère le cône circonscrit à la sphère ayant pour sommet le point lumineux, la courbe de contact de

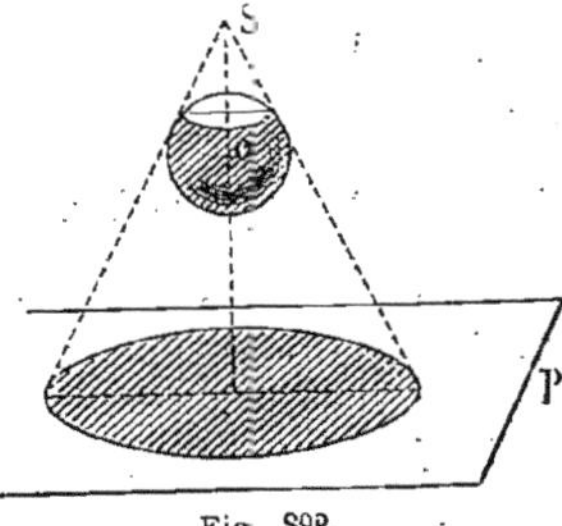

Fig. 892.

la sphère et de ce cône circonscrit séparera sur la sphère les parties éclairées des parties de l'ombre. Ce cercle de contact limitera dans l'ombre propre.

Et l'ombre portée par ce cercle de contact sur un plan opaque P constituera l'ombre portée de la sphère sur le plan P. Cette ombre portée sera circulaire si le plan opaque P est pp. à l'axe du cône circonscrit. Sinon, c'est une ellipse que nous apprendrons à déterminer plus loin.

2° Ombre au soleil.

Il suffira de considérer le cylindre circonscrit parallèle à la direction des rayons lumineux. La courbe de contact séparera l'ombre propre, et la trace du cylindre circonscrit sur le plan opaque sera l'ombre portée sur ce plan.

Cette ombre portée sera encore ou un cercle ou une ellipse.

---

§ 6. — Puissance d'un point par rapport à une sphère. — Plan radical de deux sphères. — Plan polaire d'un point par rapport à une sphère. — Figure homothétique d'une sphère. — Figure inverse d'une sphère.

On appelle *puissance d'un point par rapport à une sphère* O le produit des segments dirigés que ce point détermine sur une sécante quelconque issue de ce point, les segments étant comptés à partir du point donné.

Cette puissance est donc une quantité algébrique, c'est-à-dire positive, nulle ou négative :

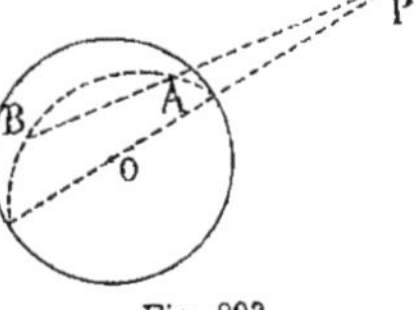
Fig. 893.

Positive quand le point est extérieur.
Nulle   —   —   sur la sphère.
Négative   —   —   intérieur.

Elle est dans tous les cas égale, en grandeur et en signe, à :

$$d^2 - R^2,$$

d étant la distance du point au centre et R le rayon de la sphère.

Car, si on considère le plan passant par la sécante PAB et le centre O, ce plan coupe la sphère suivant un grand cercle et on a, d'après ce qui a été dit en géométrie plane segmentaire :

$$\overline{PA} \times \overline{PB} = d^2 - R^2.$$

Plan radical.

On appelle *plan radical de deux sphères* le lieu des points de l'espace d' égale puissance par rapport aux deux sphères.

Si on appelle M l'un de ces points, d et d' ses distances aux centres O et O' des deux sphères, on devra avoir :

$$d^2 - R^2 = d'^2 - R'^2 ;$$

c'est-à-dire : $d^2 - d'^2 = R^2 - R'^2$.

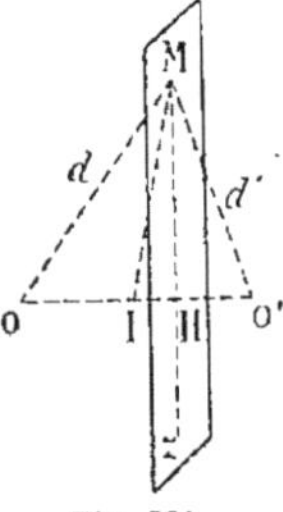
Fig. 894.

Dans le plan MOO' le lieu des points M est une droite illimitée MHz pp. à OO' à une distance du milieu I égale à $\dfrac{R^2 - R'^2}{2OO'}$.

Dans un deuxième plan passant par OO', il y aura une deuxième droite pp. à OO' passant évidemment par le même point H.

Etc., etc.

Donc le lieu des points d'égale puissance sera le plan pp. à la droite OO', qui coupe OO' au point H satisfaisant à la relation :

$$IH = \frac{R^2 - R'^2}{2OO'}.$$

Ce plan s'appelle *le plan radical des deux sphères*.

Ce plan est sécant, ou tangent, ou extérieur selon la position relative des deux sphères. Il peut même être rejeté à l'infini. (Voir la géométrie plane.)

CorollairE I. — Quand on a trois sphères O, O', O'', on a trois plans radicaux. Ces trois plans se coupent évidemment sui-vant une droite pp. au plan des trois autres. (*Cette droite* s'appelle *l'axe radical* des trois sphères.)

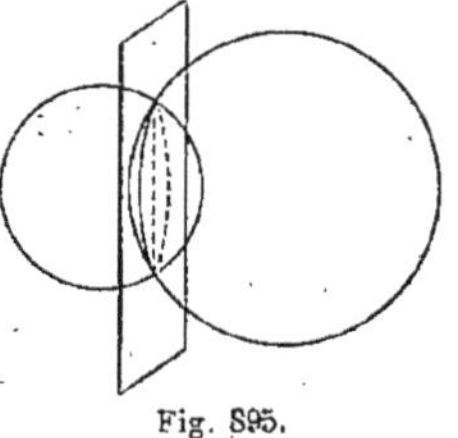

Fig. 895.

CorollairE II. — Quand les deux sphères données se coupent, le plan radical est évidemment le plan du cercle d'intersection. Et les points de ce plan extérieurs aux deux sphères constituent le lieu des centres des sphères orthogonales à la fois aux deux sphères proposées (l'angle de deux sphères étant l'angle des rayons qui aboutissent au point commun et alors on a la relation : $R^2 + R'^2 = d^2$).

Tout cela dérive de ce qui a été dit dans le livre III relativement à l'axe radical de deux cercles.

Plan polaire.

On appelle *plan polaire d'un point* P *par rapport à une sphère* le lieu des points conjugués harmoniques du point P par rapport aux points où une sécante quelconque issue du point coupe la sphère.

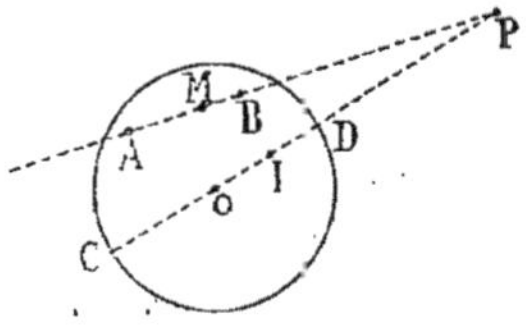

Si on appelle M un de ces points, on devra avoir :

$$\frac{\overline{MA}}{\overline{MB}} = -\frac{\overline{PA}}{\overline{PB}}.$$

Fig. 893.

Dans le plan passant par le centre O et la sécante PAB, on sait que le lieu de ces points est une certaine droite MZ pp. à la droite PO (voir les polaires en géométrie plane) et la coupant en un certain point I conjugué de P par rapport aux points C et D.

Dans un autre plan passant par PO, il y aura une deuxième droite analogue passant encore par le point I.

Donc le lieu des points cherchés sera le plan pp. à la droite PO passant par le point I conjugué de P par rapport à C et D.

Ce plan s'appelle le *plan polaire* du point P.

Si on se reporte à ce que nous avons dit en géométrie plane d'une part, au cône circonscrit à une sphère d'autre part, on voit que le plan polaire d'une sphère par rapport à un point extérieur est le plan de la courbe de contact du cône circonscrit (plan limité).

Et quand le point est intérieur, le plan polaire est un plan complet extérieur à la sphère.

Il résulte de ce que nous avons dit dans le livre III (page 375) que le plan polaire d'un point P par rapport à une sphère O est pp. à la droite OP en un point I situé du même côté que P et satisfaisant à la relation : $OP.OI = R^2$.

Il en résulte également que, quand un point P décrit une droite D, son plan polaire tourne autour d'une seconde droite fixe D'.

Ces deux droites D et D' sont appelées des *droites réciproques* par rapport à la sphère.

Il en résulte encore, par analogie avec le livre III, qu'à une figure F composée de points, de droites et de plans correspond une figure F' dite *figure polaire réciproque de F par rapport à la sphère* telle que :

A tout point de F correspondra dans F' son plan polaire ;

A tout plan de F correspondra dans F' son pôle ;

A toute droite de F correspondra dans F' sa droite réciproque.

Figures homothétiques d'une sphère.

Théorème I. — *La figure homothétique d'une sphère par rapport à un point est une sphère, que l'homothétie soit directe ou inverse.*

Théorème II. — *Deux sphères données sont toujours à la fois homothétiques directe et inverse.*

Théorème III. — *Deux sphères homothétiques d'une troisième sont homothétiques entre elles, et les trois centres d'homothétie externes sont en ligne droite.*

Théorème IV. — *Étant données trois sphères, deux centres d'homothétie internes et un centre d'homothétie externe sont en ligne droite.*

Il résulte de là qu'avec trois sphères, on a quatre axes d'homothétie. Avec quatre sphères, on a huit plans d'homothétie.

Théorème V. — *Tout plan tangent à deux sphères passe par un centre d'homothétie (externe ou interne) et tout plan tangent à trois sphères passe par un de leurs axes d'homothétie.*

(Tout cela dérive de ce qui a été dit dans le livre III, page 235.)

Figures inverses d'une sphère.

Théorème I. — *La figure inverse d'une sphère O par rapport à un point P pris sur sa surface est un plan pp. à la droite PO.*

Théorème II. — *La figure inverse d'une sphère O par rapport à un point extérieur ou intérieur à la sphère est une sphère, le pôle d'inversion étant le centre d'homothétie des deux sphères.*

Théorème III. — *Deux sphères données peuvent toujours être regardées comme inverses l'une de l'autre, et de deux manières différentes.* [*Un plan et une sphère aussi.*]

Voir les figures inverses en géométrie plane (page 386).

---

§ 7. — Problèmes de construction d'une sphère.

Construire une sphère :

1° passant par quatre points;
2° tangente à quatre plans;
3° tangente à un plan et passant par trois points.

PROBLÈME I. — *Trouver le centre d'une sphère passant par quatre points.*

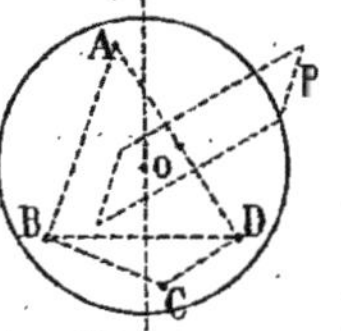

Fig. 897.

Le centre O étant à égale distance des trois points B, C, D est quelque part sur le lieu géométrique connu des points également distant des trois points, c'est-à-dire sur la pp. X*y* menée au plan BCD par le centre du cercle circonscrit au Δ BCD.

Il est ensuite sur le plan pp. P mené en son milieu à la droite AD.

Donc à leur intersection O.

DISCUSSION. — Si les quatre points forment une pyramide, c'est-à-dire ne sont pas dans le même plan, le plan P coupe toujours la droite Xy [car si P était plle à Xy, DA étant pp. à P serait pp. à Xy, donc serait situé dans le plan DBC, ce qui n'est pas]. Le problème a donc toujours une solution, et une seule.

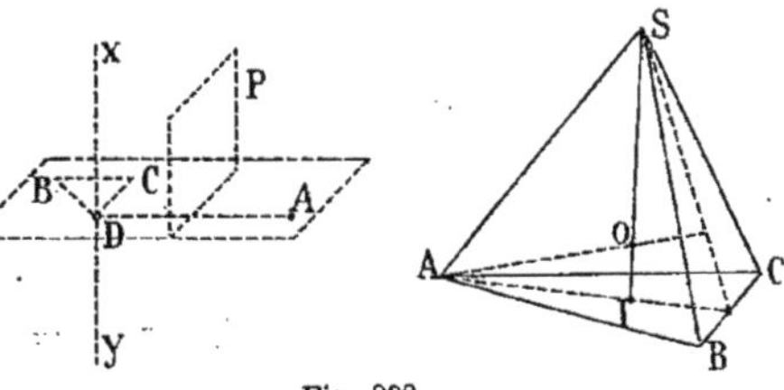

Fig. 898.

COROLLAIRE I. — Le centre de la sphère circonscrite à un tétraèdre régulier SABC est situé sur la hauteur SI et au quart de cette hauteur à partir de la base.

Si donc on appelle a l'arête et R le rayon, on aura :

$$R = \frac{3}{4} SI = \frac{3a\sqrt{2}}{4\sqrt{3}}$$

$$\left(\text{car :} \quad a = AI\sqrt{3}; \quad \text{d'où :} \quad AI = \frac{a}{\sqrt{3}} \text{ et } SI = \frac{a\sqrt{2}}{\sqrt{3}} \right).$$

COROLLAIRE II. — Pour inscrire dans une sphère un tétraèdre régulier on prolonge le rayon SO d'une quantité OI égale à son tiers, on mène le petit cercle correspondant et on y place un Δ équilatéral BCA, d'où le tétraèdre régulier SABC.

PROBLÈME II. — *Construire une sphère tangente à quatre plans donnés.*

Le centre cherché devant être à égale distance des deux plans ABC et BCD est sur l'un des deux plans bissecteurs menés par BC. Et de même sur l'un des plans bissecteurs passant par CD et BD.

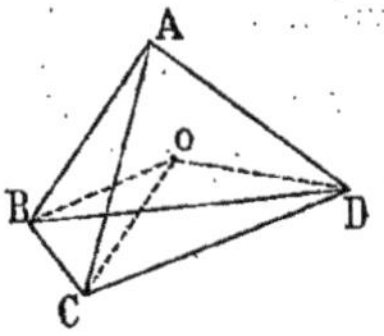

Si l'on considère les trois plans bissecteurs intérieurs qui se coupent en O, on a en O le centre d'une sphère tangente intérieurement au tétraèdre ABCD.

Fig. 899.

Si l'on considère les trois plans bissecteurs extérieurs au tétraèdre conduits par les trois arêtes BC, CD, DB, on a une sphère ex-inscrite située dans le trièdre A.

On en aurait de même trois autres ex-inscrites dans les trièdres B, C et D.

Total : 4 sphères ex-inscrites et 1 inscrite.

Pour calculer les rayons, nous prendrons l'artifice suivant :

Appelons d, d', d'', d''' les distances d'un point I (intérieur au tétraèdre) aux quatre faces, h, h', h'', h''' étant les hauteurs correspondantes dans le tétraèdre.

IBCD et ABCD ayant même base, on a :

$$\frac{\text{Volume IBCD}}{\text{Volume ABCD}} = \frac{v}{V} = \frac{d}{h};$$

de même : $\dfrac{\text{IABC}}{\text{DABC}} = \dfrac{v'''}{V} = \dfrac{d'''}{h'''}$ et $\dfrac{v'}{V} = \dfrac{d'}{h'}$ et $\dfrac{v''}{V} = \dfrac{d''}{h''}$.

On en tire, $v + v' + v'' + v'''$ étant égal à V :

$$V = V\left(\frac{d}{h} + \frac{d'}{h'} + \frac{d''}{h''} + \frac{d'''}{h'''}\right); \quad \text{d'où :} \quad \frac{d}{h} + \frac{d'}{h'} + \frac{d''}{h''} + \frac{d'''}{h'''} = 1.$$

On voit alors que si I est le centre de la sphère inscrite, d étant égal à d' et à d'' et à d''', on a en appelant r le rayon de la sphère inscrite :

$$r = \frac{1}{\dfrac{1}{h} + \dfrac{1}{h'} + \dfrac{1}{h''} + \dfrac{1}{h'''}}.$$

Remarque I. — Dans un tétraèdre régulier le rayon $r = \dfrac{h}{4}$.

Et réciproquement, pour circonscrire à une sphère un tétraèdre régulier, on prolonge le diamètre d'une fois sa longueur.

On calculera de façon analogue les rayons r', r'', r''', r'''' des quatre sphères ex-inscrites à la sphère, en remarquant que le volume :

$$O'.BCA + O'.CDB + O'.DAC - O'.BCD = \text{Volume A.BCD}$$

et on déduirait :

$$r' = \frac{1}{\dfrac{1}{h'} + \dfrac{1}{h''} + \dfrac{1}{h'''} - \dfrac{1}{h}}.$$

Remarque II. — Dans un tétraèdre régulier :

$$r' = r'' = r''' = r'''' = \frac{h}{2}.$$

PROBLÈME III. — *Construire une sphère tangente à un plan* P *et passant par trois points donnés* A, B, C.

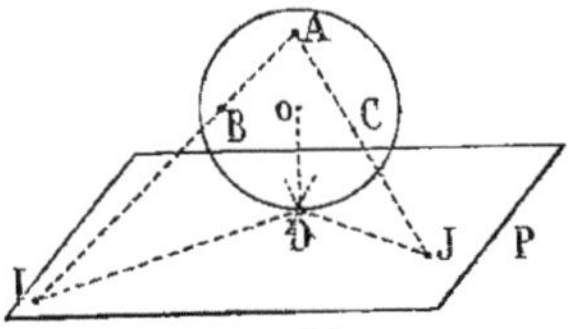

Supposons le problème résolu et soit D le point de contact inconnu.

Connaissant A et B, on connaît le point I où AB rencontre le plan tangent.

Or, ID étant une tangente à la sphère, on a : $IA \times IB = \overline{ID}^2$; donc ID est une moyenne géométrique facile à construire, et le point D se trouve sur un cercle décrit de I comme centre avec ID pour rayon.

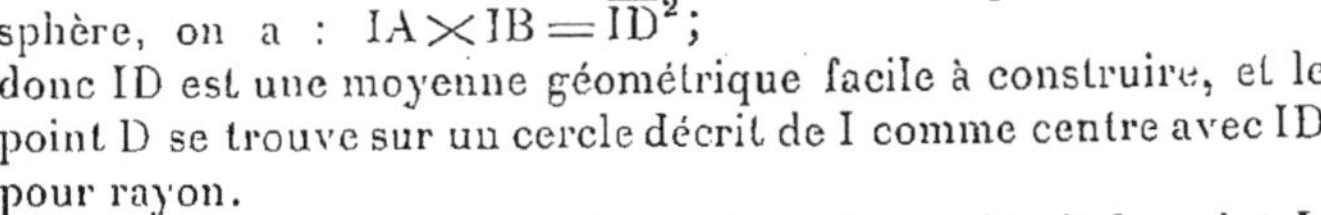

Fig. 900.

Mais D se trouve aussi sur le cercle analogue décrit du point J.
Donc construction facile.

---

§ 8. — Mesure de la surface de la sphère basée sur la théorie des surfaces engendrées.

Nous avons trouvé pour la surface latérale du cylindre, du cône et du tronc de cône trois expressions différentes, à savoir :

$$2\pi R h; \quad \pi R g; \quad \text{et} \quad \pi(R + r)g \quad \text{ou} \quad 2\pi\rho g.$$

Or il y a un moyen de les évaluer tous trois à l'aide d'une formule unique.

Considérons en effet la surface engendrée par une droite AB qui tourne autour d'un axe qu'elle ne coupe pas (la droite et l'axe étant dans un même plan). La surface engendrée par AB étant un tronc de cône, on a en appelant S le nombre qui mesure cette surface :

$$S = 2\pi\rho.g = 2\pi MI \times AB.$$

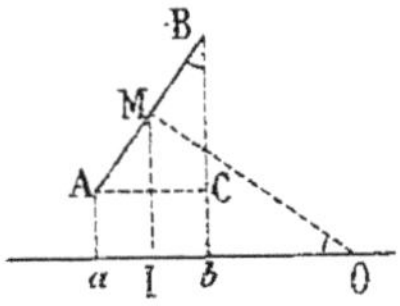

Fig. 901.

Mais si nous menons la pp. MO au milieu M de AB, puis la plle AC à l'axe, on a deux Δ semblables qui nous donnent :

$$\frac{MI}{AC} = \frac{MO}{AB}.$$

On a donc : $$S = 2\pi MO \times AC.$$

Ce qui nous apprend que le nombre S *s'obtient en multipliant la projection ab par la circonférence ayant pour rayon la pp. au milieu de AB, pp. limitée à l'axe.*

Le résultat précédent étant vrai, quelque près que le point A soit de l'axe, sera encore vrai quand AB coupe l'axe (sans le traverser), c'est-à-dire quand la droite décrit un cône.

Et ce résultat étant vrai, quelle que soit l'inclinaison α de la droite AB sur l'axe, sera encore vrai quand cet angle α est nul, c'est-à-dire quand la droite est parallèle à l'axe et décrit un cylindre.

La formule : $\boxed{S = 2\pi a \times p}$ est donc vraie dans les trois cas, du tronc de cône, du cône et du cylindre, p étant la projection de la droite mobile sur l'axe, a étant la pp. au milieu de la droite mobile, pp. limitée à l'axe. (Cette formule est très importante.)

La formule est encore vraie quand c'est une ligne brisée régulière qui tourne autour d'un diamètre (sans le traverser).

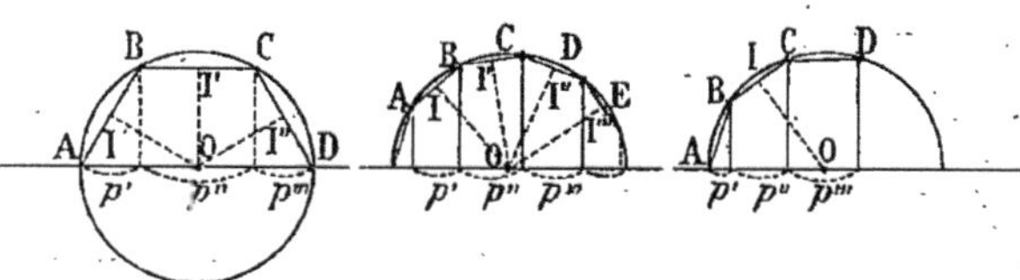

Fig. 902.

En effet, dans les trois cas de figure ci-dessus on a, en appelant p', p'', p''' ... les projections des éléments tournants :

$$S = 2\pi OI \times p' + 2\pi OI' \times p'' + 2\pi OI'' \times p''' + \dots$$
$$= 2\pi OI\,(p' + p'' + p''' + \dots) = 2\pi a.p.$$

Ce qui peut s'énoncer comme il suit :

Théorème. — *La surface engendrée par une ligne brisée régulière quelconque tournant autour d'un diamètre qu'elle ne traverse pas s'obtient numériquement en multipliant la projection de cette ligne brisée régulière par la circonférence inscrite complète.*

N. B. — Le théorème n'est plus vrai quand la ligne brisée régulière tourne autour d'une droite qui n'est pas un diamètre ou bien quand la ligne brisée traverse l'axe de rotation.

Exemple. — Calculer la surface engendrée par un hexagone régulier tournant :

1° Autour d'un diamètre ;
2° Autour de l'apothème ;
3° Autour d'un côté.

Si l'hexagone tourne autour du diamètre AOB, on a :

$$S = 2R \times 2\pi a = 4\pi Ra ;$$

avec $a = \dfrac{R\sqrt{3}}{2}.$

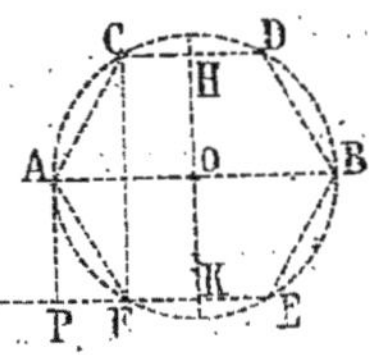

Fig. 903.

S'il tourne autour de l'apothème HOK, on a :

$$S = S. \text{ par } CAF + S. \text{ par } CH + S. \text{ par } FK,$$
$$= 2a \times 2\pi a + \pi\left(\frac{R}{2}\right)^2 + \pi\left(\frac{R}{2}\right)^2,$$
$$= 4\pi a^2 + \pi\frac{R^2}{2}.$$

S'il tourne autour de FE, il faudra calculer directement cette surface et dire :

$$S = S. \text{ par } CH + S. \text{ par } AC + S. \text{ par } AF,$$
$$= \text{cylindre} + \text{tronc de cône} + \text{cône},$$
$$= 2\pi Rh + \pi(R + r)g + \pi Rg,$$
$$= 2\pi.2a\,.\frac{R}{2} + \pi(2a + a)R + \pi aR.$$
$$= \dots$$

De cette formule des surfaces engendrées, il est facile de déduire la valeur numérique de la surface de la sphère en fonction de son rayon R.

En effet, si nous inscrivons dans la demi-circonférence O génératrice de la surface sphérique un demi-polygone régulier et qu'on double indéfiniment le nombre de ses côtés :

1° La surface engendrée par cette ligne brisée régulière est numériquement égale à $[2R \times 2\pi a]$, a étant la perpendiculaire au milieu de l'élément, c'est-à-dire l'apothème ;

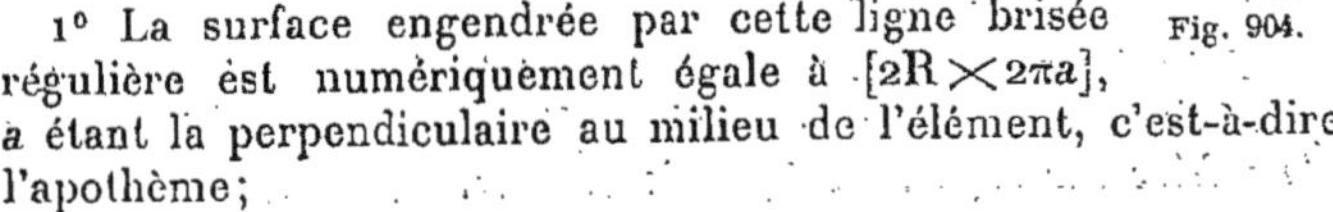

Fig. 904.

2° Cette expression $(2R \times 2\pi a)$ tend vers $2R \times 2\pi R$ puisque a tend vers le rayon R de la demi-circonférence.

Mais en même temps que l'apothème a tend vers le rayon R, la surface engendrée par la ligne brisée tend vers la surface engendrée par la demi-circonférence, c'est-à-dire vers la surface sphérique.

Donc comme on a toujours : S. engendrée $= 2R \times 2\pi a$, on aura :

$$\text{Limite de S. engendrée} = \text{lieu de } (2R \times 2\pi a);$$

c'est-à-dire : Surface sphérique $= 2R \times 2\pi R$,

$$= 4\pi R^2.$$

Donc :

Théorème. — *La surface d'une sphère s'obtient numériquement en prenant quatre fois la surface d'un grand cercle.*

Ce qui s'énonce en abrégé en disant que la surface sphérique est égale à quatre grands cercles.

Aire de la zone.

Quand on coupe une sphère par un plan, on appelle *calottes sphériques* ou *zones à une base*, les deux portions de surface sphérique ainsi formées.

Et on appelle *segments sphériques à une base* les portions du volume de la sphère ainsi formées.

Fig. 905.   Fig. 906.

Quand on coupe une sphère par deux plans parallèles, la portion de la surface sphérique limitée par les deux cercles de section se nomme *zone à deux bases*.

Et on appelle *segment sphérique à deux bases* la portion du volume de la sphère limitée par ces deux cercles d'une part, par la surface de la zone d'autre part.

La hauteur d'une zone à deux bases est la distance des deux plans plles, et la hauteur d'une calotte est la distance de sa base au plan tangent parallèle.

Théorème. — *L'aire d'une zone est égale numériquement au produit de sa hauteur par la circonférence d'un grand cercle de la sphère sur laquelle est placée la zone.*

Pour le démontrer, remarquons que la surface d'une zone (qu'elle soit à une base ou à deux bases) peut être regardée comme engendrée par un arc de grand cercle tournant de 360° autour d'un diamètre.

Inscrivons dans cet arc générateur AB une ligne brisée régulière AαβγB. On a, en appelant p, p', p'', p''' les projections des cordes Aα, αβ, βγ, γB sur le diamètre, et OI, OI', OI'', ... les distances du centre O à ces cordes égales :

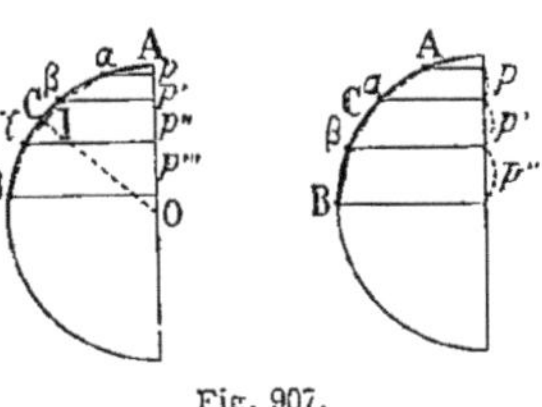

Fig. 907.

$$\text{Surf. par } A\alpha\beta\gamma B = \text{S. par } A\alpha + \text{S. par } \alpha\beta + \text{S. par } \beta\gamma + ...,$$
$$= p \times 2\pi OI + p' \times 2\pi OI' + p'' \times 2\pi OI'' + ...,$$
$$= 2\pi OI(p + p' + p'' + p'''),$$
$$= 2\pi OI \times \text{projection de l'arc ACB},$$
$$= 2\pi OI \times \text{hauteur } h \text{ de la zone.}$$

(Car on appelle encore *hauteur* d'une zone la projection de l'arc générateur.)

Cela posé, si on double le nombre des côtés de la ligne brisée régulière, OI tend vers le rayon R de la sphère, h ne change pas, la S. par la ligne brisée tend vers la surface engendrée par l'arc ACB.

Donc, comme on a :

Limite de la surface engendrée par la ligne brisée
$\equiv$ limite du produit $[2\pi OI \times h]$,

on aura :

Surface de zone $\equiv 2\pi R \times h$.

Ce qui nous montre que la surface d'une zone s'obtient numériquement en multipliant sa hauteur par une circonférence du grand cercle (de la sphère sur laquelle est placée cette zone).

C. Q. F. D.

D'où le théorème.

Nota. — On voit que pourvu que les hauteurs soient égales, qu'elles aient une base ou deux, les zones placées sur une même sphère sont équivalentes, c'est-à-dire ont même aire.

APPLICATION. — *Partager une sphère en cinq zones équivalentes.*

Il suffit de prendre un diamètre de la sphère, de le partager en cinq parties égales, et par les points de division de mener des plans perpendiculaires.

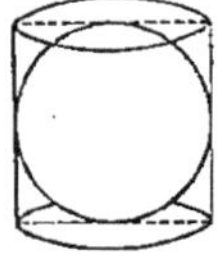

Fig. 903.

REMARQUE. — Archimède avait démontré que la surface d'une sphère était égale numériquement à celle du cylindre circonscrit (figure qui a été gravée sur le tombeau d'Archimède à Syracuse).

On peut résumer toute cette théorie des surfaces engendrées dans le tableau synoptique suivant :

Surface par AB = Trone = $2\pi\text{MI} \times \text{AB}$.

Or $\triangle$ ABC ∞ MIO : $\dfrac{\text{MI}}{\text{AC}} = \dfrac{\text{MO}}{\text{AB}}$;

d'où :   Surface par AB = $2\pi\text{MO} \times \text{AC} = 2\pi a \times p$.

Surface par AB = Cône.

Or théorème précédent vrai quelque près que soit A, donc vrai quand A est sur l'axe.

Donc :   Surface = $2\pi\text{MO.AC} = 2\pi a \times p$.

Surface par AB = Cylindre.

Or vrai pour AB quelle que soit l'inclinaison, donc encore vrai pour l'inclinaison nulle.

Donc :   Surface = $2\pi\text{MO} \times ab = 2\pi a \times p$.

Surface par ABCDE = S. par AB + S. par BC + S. par CD + … ;
$$= 2\pi\text{OI} \times p + 2\pi\text{OI}' \times p' + 2\pi\text{OI}'' \times p'' + … ;$$
$$= 2\pi\text{OI}(p + p' + p'' …) ;$$
$$= 2\pi\text{OI} \times \text{projection} ;$$
$$= 2\pi a \times p.$$

Surface par demi-circonférence = S. sphère.
Si ligne brisée inscrite : Surface par A$\alpha\beta$…B $= 2\pi a \times p = 2\pi a \times 2\text{R}$.
Et à la limite :
Surface sphérique $= 2\pi\text{R} \times 2\text{R} = 4\pi\text{R}^2 = 4$ grands cercles.

Surface par arc = Zone.
Si ligne brisée :
Surface engendrée $= 2\pi a \times h$,
à la limite :   Zone $= 2\pi\text{R}.h$.

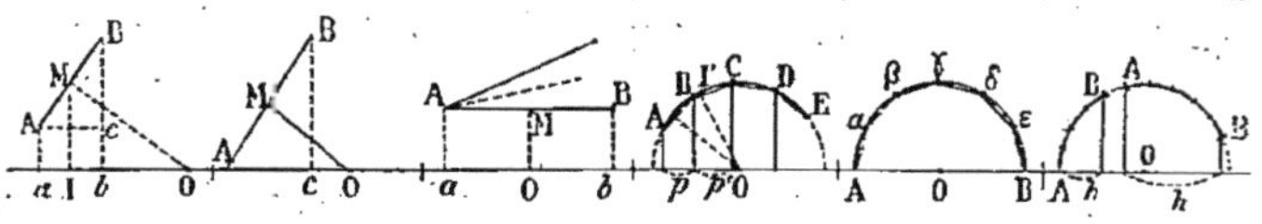

Fig. 909.

On a donc bien toujours :

Surface engendrée $= 2\pi a \times p$;
$$= \text{circonf.} \times \text{projection.}$$

Mesure du volume de la sphère, basée sur la théorie des volumes engendrés.

Quand un $\triangle$ ABC tourne autour d'un axe xy, situé dans son plan, qui ne traverse pas le $\triangle$, et qui passe au moins par un de ses sommets, trois cas principaux sont à considérer ainsi que le montre la figure suivante, selon que le $\triangle$ a deux sommets sur l'axe, ou un seul, le côté opposé étant non plle à l'axe ou plle.

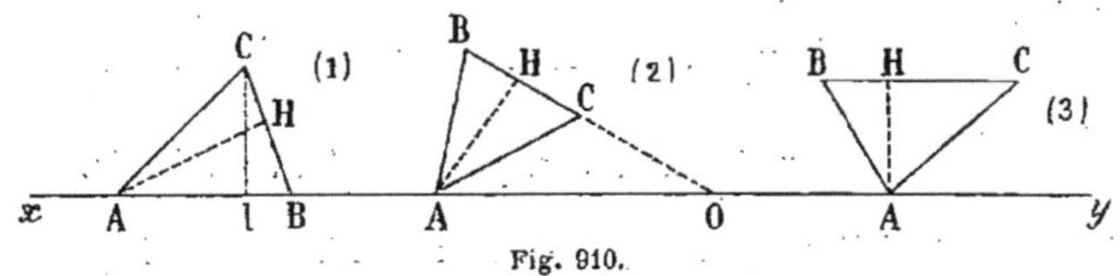

Fig. 910.

Je dis que dans les trois cas on a toujours :

$$\text{Volume engendré par ABC} = \text{Surf. eng. par BC} \times \tfrac{1}{3}\,\text{AH}$$

Prenons le premier cas :

Le volume engendré est la somme de deux cônes. Donc on a :

$$\text{Volume engendré} = \pi\overline{\text{CI}}^2 \times \frac{\text{AI}}{3} + \pi\overline{\text{CI}}^2 \times \frac{\text{IB}}{3};$$

$$= \pi\overline{\text{CI}}^2 \times \frac{\text{AB}}{3}.$$

Mais $\text{CI} \times \text{AB} = \text{CB} \times \text{AH}$ (double de la surface du $\triangle$).

Donc : $\text{Volume engendré} = \dfrac{1}{3}\pi\text{CI} \times \text{CI} \times \text{AB};$

$$= \frac{1}{3}\pi\text{CI} \times \text{CB} \times \text{AH};$$

$$= \frac{\text{AH}}{3} \times \pi\text{CI} \times \text{CB}.$$

Mais $\pi\text{CI} \times \text{CB}$ est le $\pi \text{R} g$ d'un cône, c'est-à-dire S. par BC.

Donc :   Vol. eng. $= \text{Surf. eng. par BC} \times \dfrac{1}{3}\text{AH}$.

C. Q. F. D.

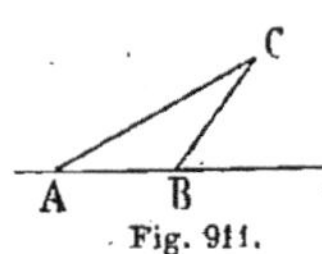

Fig. 911.

Nota. — Si le Δ avait un angle obtus en B, le volume engendré eût été la différence de deux cônes, et la démonstration eût été identique.

Dans le cas de la figure (2) prolongeons BC en O. On a :

V. eng. par ABC $\equiv$ V. eng. par ABO — V. eng. par ACO ;

$$\equiv \text{S. eng. par BO} \times \frac{1}{3} AH - \text{S. eng. par CO} \times \frac{1}{3} AH ;$$

$$\equiv \frac{1}{3} AH \, (\text{S. eng. par BO} - \text{S. eng. par CO}) ;$$

$$\equiv \frac{AH}{3} \cdot \text{S. eng. par BC.} \quad \text{C. Q. F. D.}$$

Dans le troisième cas (*fig.* 3), même résultat puisque le deuxième cas est vrai quelque petit que soit l'angle O, donc encore quand cet angle est nul.   C. Q. F. D.

Il est à remarquer que les volumes engendrés par les Δ précédents n'ont pas en général de noms. Ce sont des combinaisons de cônes et de cylindres, qu'on ajoute ou qu'on retranche de diverses façons.

Nous pouvons donc énoncer le théorème général suivant :

Théorème. — *Quand un Δ tourne de 400 grades autour d'un axe situé dans son plan, ne le traversant pas et passant au moins par un de ses sommets, le volume engendré s'obtient numériquement en multipliant la surface engendrée par le côté opposé à l'angle par le sommet duquel passe l'axe, par le tiers de la hauteur correspondant à ce côté.*

Et on a la formule générale :

$$\boxed{\text{Volume} = \text{Surface engendrée par BC} \times \frac{1}{3} h}$$

La formule précédente convient encore au cas du volume engendré par le secteur polygonal régulier OABCDE, tournant autour d'un diamètre Xy qui ne le traverse pas.

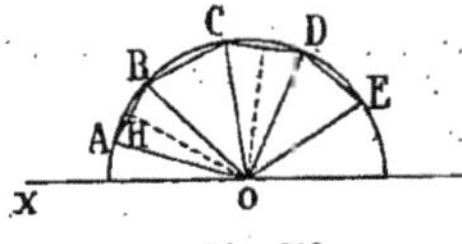

Fig. 912.

En effet, ce secteur polygonal est la somme de Δ égaux ayant tous même hauteur OH. On a donc :

V. eng. par OABCDE = V. eng. par OAB + V. par OBC + . .

$$= \text{S. par AB} \times \frac{\text{OH}}{3} + \text{S. p. BC} \times \frac{\text{OH}'}{3} + \text{S. p. CD} \times \frac{\text{OH}''}{3} + \ldots$$

$$= \frac{\text{OH}}{3}(\text{S. par ABCDE}).$$

C. Q. F. D.

Ce théorème permet d'évaluer rapidement le volume engendré par un polygone régulier tournant de 360° autour d'un diamètre ou d'un apothème, mais non autour d'un côté.

Par exemple, prenons l'hexagone régulier :

1° Si l'axe est le diamètre, on a :

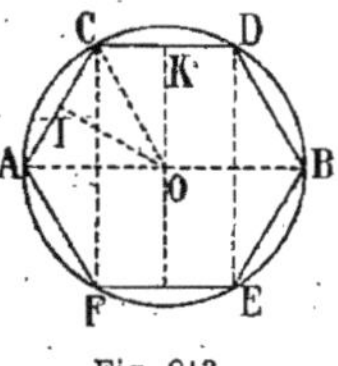

Fig. 913.

$$\text{Volume engendré} = \text{Surface par ABCD} \times \frac{\text{OI}}{3};$$

$$= (2\text{R} \times 2\pi a)\frac{a}{3};$$

2° Si l'axe est l'apothème OK, on a :

$$\text{Vol. engendré} = \text{Vol. par OCAF} + 2 \text{ Cônes};$$

$$= \text{Surf. par CAF} \times \frac{\text{OI}}{3} + 2\left[\pi\frac{\text{R}^2}{4}\cdot\frac{a}{3}\right];$$

$$= (2a \times 2\pi a)\frac{a}{3} + 2\pi\frac{\text{R}^2}{4}\cdot\frac{a}{3};$$

$$= \ldots$$

3° Si l'axe est le côté EF, il faut calculer directement ce volume, et dire :

$$\text{Vol. engendré} = \text{Cylindre CDEF} + 2 \text{ fois Vol. par CAF};$$

$$= \text{Cylindre} + 2\,[\text{Tronc de Cône} - \text{Cône}];$$

$$= \ldots$$

REMARQUE. — Quand le volume est engendré par un Δ tournant autour d'un axe qui ne le coupe pas et qui même le laisse tout entier d'un même côté, ce volume s'appelle un *tore triangulaire*, et on l'évalue à l'aide d'un théorème spécial dit *théorème de Guldin* (que l'on démontre en mécanique).

Volume de la sphère.

De cette formule des volumes engendrés, il est facile de déduire la valeur numérique du volume d'une sphère en fonction de son rayon R.

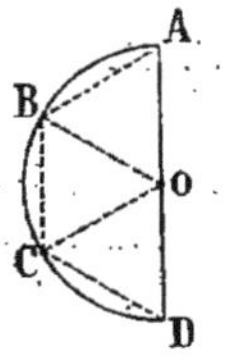
Fig. 914.

En effet, si nous inscrivons dans le demi-cercle O générateur du volume de la sphère un demi-polygone régulier et qu'on double indéfiniment le nombre de ses côtés :

1° Le volume engendré par la suite des Δ est numériquement égal à $\left[\dfrac{OH}{3} \times \text{Surface engendrée par}\right.$ ABCD].

2° Cette expression tend vers :

$$\left[\frac{R}{3} \times \text{Surface engendrée par } \frac{1}{2} \text{circonférence}\right] ;$$

c'est-à-dire, tend vers $\dfrac{R}{3} \times$ Surface sphérique.

Mais en même temps que l'apothème OH tend vers le rayon, le volume engendré par le secteur polygonal régulier tend vers le volume engendré par le demi-cercle, c'est-à-dire vers le volume de la sphère.

Donc de l'égalité :

$$\left[\text{Vol. eng. par secteur polyg.} = \frac{OH}{3} \times \text{Surf. par ABCD}\right] ;$$

on déduit :

Limite du Volume engendré par secteur polygonal

$$= \text{Limite de} \left[\frac{OH}{3} \times \text{Surf. par ABCD}\right] ;$$

c'est-à-dire : Vol. sphère $= \dfrac{R}{3} \times$ Surf. sphérique.

Donc :

Théorème. — *Le volume de la sphère s'obtient en multipliant le $\dfrac{1}{3}$ du rayon par la surface sphérique.*

La formule qui donne le volume de la sphère est donc :

$$\text{Vol.} = \frac{R}{3} \times 4\pi R^2 = \frac{4}{3}\pi R^3.$$

N. B. — Si on appelle D le nombre qui mesure le diamètre de la sphère, on aura évidemment :

$$\text{Vol.} = \frac{4}{3}\pi\left(\frac{D}{2}\right)^3 = \frac{4}{3}\pi\frac{D^3}{8} = \frac{1}{6}\pi D^3.$$

Volume du secteur sphérique.

On appelle *secteur sphérique* le volume engendré par un secteur circulaire tournant autour d'un diamètre qui ne le traverse pas.

En raisonnant comme on l'a fait pour la sphère, c'est-à-dire substituant au secteur une série de Δ ayant pour base les éléments d'une ligne brisée régulière inscrite AαβB, on trouverait successivement :

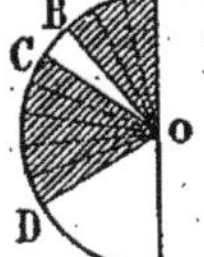

Fig. 915.

$$\text{Vol. eng. par } OA\alpha\beta B = \frac{OH}{3}.\,\text{Surf. par } A\alpha\beta B;$$

$$\text{Limite vol. eng. par } OA\alpha\beta B = \text{Limite de }\left[\frac{OH}{3}\times S.\text{ par } A\alpha\beta B\right];$$

$$\text{Vol. secteur sphérique} = \frac{R}{3}\times\text{Surf. par arc } A\alpha B.$$

$$= \frac{R}{3}\times \text{Zone AB.}$$

Donc :

Théorème. — *Le volume d'un secteur sphérique s'obtient en multipliant la zone qui le limite latéralement par le tiers du rayon.*

Et on a la formule :

$$V = \frac{R}{3}\times 2\pi R h,$$

h étant la hauteur de la zone.

PROBLÈME. — *Mener à un cercle une tangente AB telle que le volume engendré par le Δ mixtiligne ABC tournant autour du diamètre CD soit égal au volume de la sphère O.*

On dira :

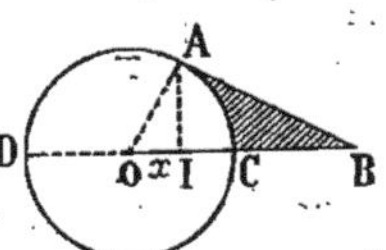

Fig. 916.

$$\text{Vol. eng. par le } \Delta \text{ mixtiligne}$$
$$= \text{Double cône } OAB - V. \text{ sect. sphér.}$$

$$= \pi\overline{AI}^2.\frac{OB}{3} - \text{Zone } AC\times\frac{R}{3}.$$

Donc en appelant x la distance OI, on devra avoir :

$$\frac{4}{3}\pi R^3 = \pi(R^2 - x^2)\frac{1}{3}\frac{R^2}{x} - 2\pi R(R - x)\frac{R}{3};$$

d'où en faisant les calculs :

$$x = 3R - R\sqrt{8}.$$

Construction facile.

———

On peut résumer toute cette théorie des volumes engendrés dans l'ordre suivant, qui montre bien la généralité de la formule :

$$\text{Volume} = \text{Surface engendrée} \times \tfrac{1}{3}\,\text{hauteur.}$$

Vol. par ABC $=$ Double Cône $= \pi\overline{\text{UI}}^2 \cdot \dfrac{\text{AB}}{3} = \dfrac{1}{3}\pi\text{CI} \times \text{CI} \times \text{AB}$:

Or : CI.AB $=$ CB.AH ;   donc :

Vol. eng. $= \dfrac{1}{3}\pi\text{CI.CB.AH} = \dfrac{\text{AH}}{3} \cdot \pi\text{CI.CB} = \dfrac{\text{AH}}{3} \cdot \text{S. Cône CIB} = \text{S. eng.} \times \tfrac{1}{3}\text{haut.}$

V. par ABC $=$ V. par BAO $-$ V. par ACO $=$ S. par BO $\cdot \dfrac{\text{AH}}{3} -$ S. par CO $\times \dfrac{\text{AH}}{3}$;

$- \dfrac{\text{AH}}{3} \cdot$ S. par BC $=$ Surf. ong. $\times \tfrac{1}{3}$ hauteur.

La formule précédente vraie quel que soit l'angle O, donc encore si l'angle O est nul, donc :

Vol. $=$ Surf. par BC $\times \dfrac{\text{AH}}{3} =$ Surf. eng. $\times \tfrac{1}{3}$ hauteur.

Volume secteur polygonal régulier, d'où :   V. OABCD $=$ V. OAB $+$ V. OBC $+ \dots$;

$= \dfrac{\text{OH}}{3} \cdot$ S. par ABCD $=$ Surf. eng. $\times \tfrac{1}{3}$ hauteur.

Volume sphère. On passe à la limite, d'où :

Vol. $=$ Surf. sph. $\times \dfrac{1}{3}$ R $= \dfrac{4}{3}\pi R^3 = \dfrac{1}{6}\pi D^3.$

Volume secteur sphérique. On passe à la limite, d'où :

Vol. $=$ Zone $\times \dfrac{\text{R}}{3}.$

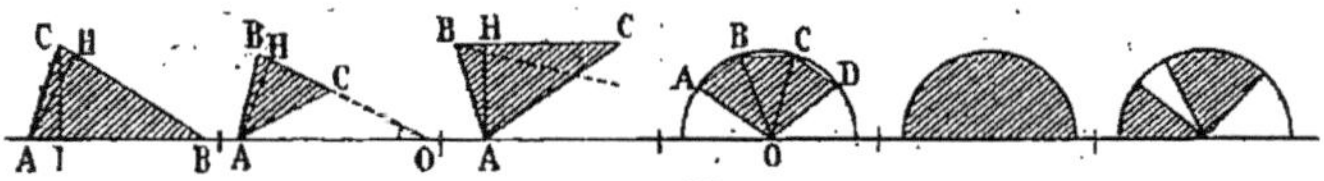

Fig. 917.

Trois applications des volumes engendrés.

1° *Volume de l'anneau sphérique;*
2° *Volume du segment sphérique à deux bases;*
3° *Volume du segment sphérique à une base.*

I. ANNEAU SPHÉRIQUE. — On appelle *anneau sphérique* le volume engendré par un segment de cercle tournant autour d'un diamètre qui ne le traverse pas. (Ce volume a la forme d'un anneau bombé à sa surface extérieure.)

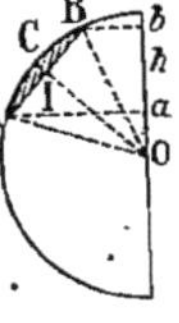

Fig. 918.

Pour trouver le nombre qui le mesure, remarquons que le volume de cet anneau peut être regardé comme le volume engendré par un secteur circulaire OACB diminué du volume engendré par le Δ OAB.

On a donc, en appelant h la projection ab :

$$\text{Vol. anneau} = \text{Vol. eng. par secteur} - \text{Vol. eng. par } \Delta ;$$

$$= \text{S. par arc ACB} \times \frac{R}{3} - \text{S. par corde AB} \times \frac{OI}{3} ;$$

$$= (2\pi R h) \times \frac{R}{3} - (2\pi OI \times h) \times \frac{OI}{3} ;$$

$$= \frac{2}{3}\pi h \left(R^2 - \overline{OI}^2 \right) ;$$

$$= \frac{2}{3}\pi h \overline{AI}^2 ;$$

$$= \frac{2}{3}\pi h \left(\frac{AB}{2} \right)^2 ;$$

$$= \frac{1}{6}\pi \overline{AB}^2 \times h.$$

Donc :

Théorème. — *Le volume d'un anneau sphérique est égal numériquement au $\frac{1}{6}$ d'un cylindre ayant pour rayon la corde du segment générateur et pour hauteur la projection de cette corde sur l'axe de rotation.*

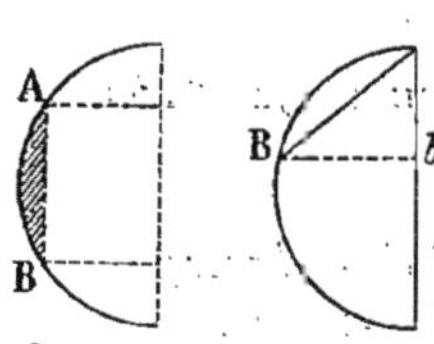

Fig. 919.

Nota. — Si la corde est plle à l'axe, on a :

$$\text{Volume} = \frac{1}{6}\,\pi\overline{AB}^3\,;$$

et, si la corde passe par l'extrémité de l'axe, on a :

$$\text{Volume} = \frac{1}{6}\,\pi\overline{AB}^2 \times A h.$$

II. Segment sphérique a deux bases. — On voit clairement que ce solide peut être regardé comme engendré par le trapèze mixtiligne ACBab, on a donc :

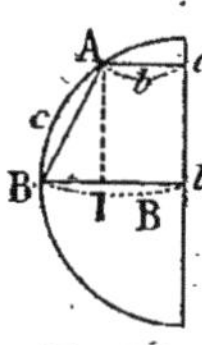

Fig. 920.

$$V = \text{Vol. par trapèze } AB a b + \text{Vol. par segment;}$$
$$= \text{Vol. tronc de cône} + \text{Vol. anneau sphérique;}$$
$$= \frac{\pi h}{3}(B^2 + b^2 + Bb) + \frac{1}{6}\pi\overline{AB}^2 \times h\,;$$

en appelant B et b les deux bases Bb et Aa du trapèze.

Donc :

$$V = \frac{\pi h}{3}(B^2 + b^2 + Bb) + \frac{1}{6}\pi.[h^2 + (B - b)^2]h\,;$$

$$= \frac{1}{6}\pi h^3 - \frac{\pi h}{6}[2B^2 + 2b^2 + 2Bb + B^2 + b^2 - 2Bb]\,;$$

$$= \frac{1}{6}\pi h^3 + \frac{\pi h}{6}(3B^2 + 3b^2)\,;$$

$$= \frac{1}{6}\pi h^3 + \frac{\pi h}{2}(B^2 + b^2)\,;$$

$$= \frac{1}{6}\pi h^3 + \pi B^2\frac{h}{2} + \pi b^2\frac{h}{2}.$$

Donc :

Théorème. — *Le volume d'un segment sphérique à deux bases est égal numériquement au volume d'une sphère ayant* *pour diamètre la hauteur du segment sphérique, augmenté de deux cylindres ayant tous deux pour hauteur la moitié de cette hauteur du segment sphérique et pour bases les deux bases de ce segment sphérique.*

Cela donne naissance à la figure ci-contre.

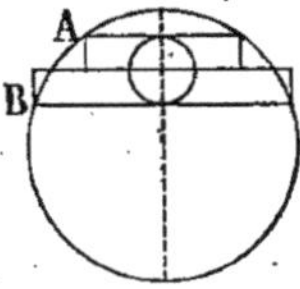

Fig. 921.

III. Volume du segment sphérique a une base. — Le résultat précédent étant vrai quelque petite que soit la petite base du segment sphérique à deux bases, est encore vrai quand cette petite base est nulle. On voit donc que le volume du segment sphérique à une base est égal à une sphère de hauteur h, plus un cylindre de hauteur h, et de base égale à celle du segment sphérique (d'où la figure ci-contre).

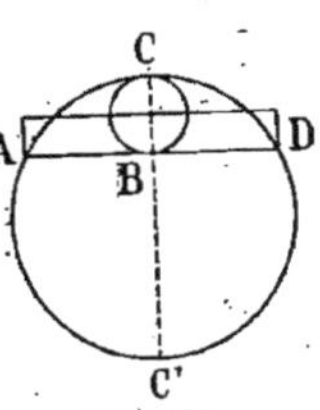

Fig. 922.

On a donc : $$V = \frac{1}{6}\pi h^3 + \pi B^2 \times \frac{h}{2};$$

mais, dans le $\triangle$ rectangle CAC′ reposant sur le diamètre, on a :

$$B^2 = h(2R - h).$$

Donc : $$V = \frac{1}{6}\pi h^3 + \frac{\pi h^2}{2}(2R - h);$$

$$= \frac{1}{6}\pi h^2(h + 6R - 3h);$$

$$= \frac{1}{6}\pi h^2(6R - 2h);$$

$$= \pi h^2\left(R - \frac{h}{3}\right).$$

(Il convient de savoir par cœur cette formule.)

     TRAITÉ DE GÉOMÉTRIE ÉLÉMENTAIRE.

On peut résumer dans un tableau synoptique ces trois applications, comme il suit :

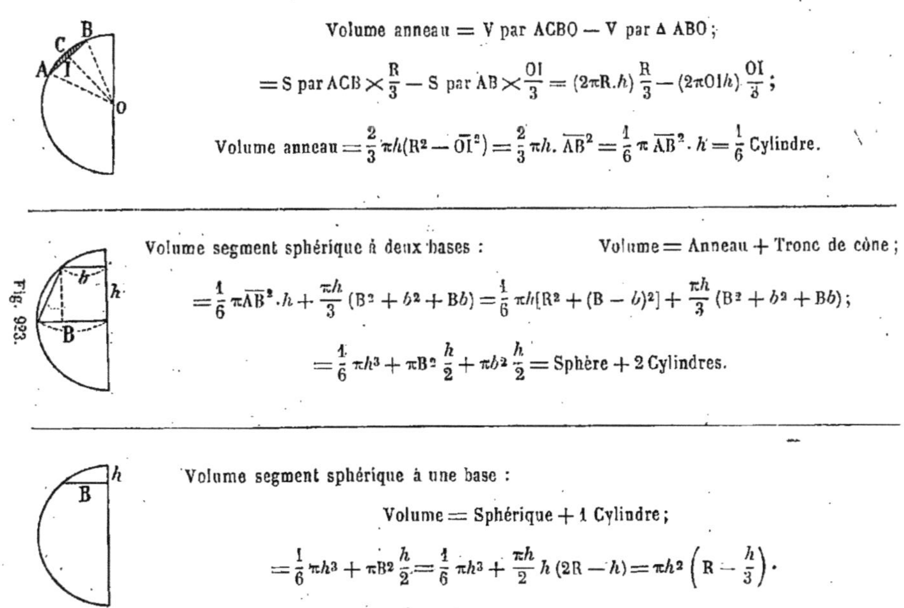

$$\text{Volume anneau} = \text{V par ACBO} - \text{V par } \Delta \text{ ABO};$$

$$= \text{S par ACB} \times \frac{R}{3} - \text{S par AB} \times \frac{OI}{3} = (2\pi R.h)\frac{R}{3} - (2\pi OIh)\frac{OI}{3};$$

$$\text{Volume anneau} = \frac{2}{3}\pi h(R^2 - \overline{OI}^2) = \frac{2}{3}\pi h.\overline{AB}^2 = \frac{1}{6}\pi \overline{AB}^2.h = \frac{1}{6}\text{ Cylindre.}$$

Volume segment sphérique à deux bases :   Volume $=$ Anneau $+$ Tronc de cône ;

$$= \frac{1}{6}\pi\overline{AB}^2.h + \frac{\pi h}{3}(B^2 + b^2 + Bb) = \frac{1}{6}\pi h[R^2 + (B - b)^2] + \frac{\pi h}{3}(B^2 + b^2 + Bb);$$

$$= \frac{1}{6}\pi h^3 + \pi B^2\frac{h}{2} + \pi b^2\frac{h}{2} = \text{Sphère} + 2\text{ Cylindres.}$$

Volume segment sphérique à une base :

Volume $=$ Sphérique $+$ 1 Cylindre ;

$$= \frac{1}{6}\pi h^3 + \pi B^2\frac{h}{2} = \frac{1}{6}\pi h^3 + \frac{\pi h}{2}h(2R - h) = \pi h^2\left(R - \frac{h}{3}\right).$$

Fig. 923.

PROBLÈME. — *On donne deux cercles de rayon R et r tangents extérieurement en A et on mène la tangente commune extérieure BC. Évaluer le volume engendré par le Δ mixtiligne ombré, quand la figure tourne autour de OAO'.*

Le volume engendré peut à volonté
être regardé comme égal au volume
engendré par le $\triangle$ rectangle BAC diminué de deux anneaux sphériques,
ou comme égal au volume du tronc de
cône BCHP diminué de deux segments
sphériques à une base chacun. Mais les
calculs sont plus simples en se plaçant
au premier point de vue.

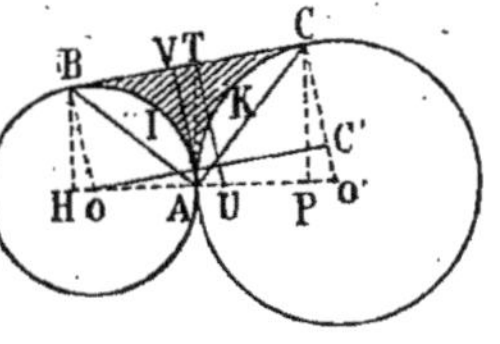

Fig. 924.

On a d'abord :

$$\text{Vol. eng. par } \triangle ABC = \text{Surface par } BC \times \tfrac{1}{3} AV ;$$

$$= (2\pi TU \times HP)\tfrac{1}{3} AV,$$

et ces expressions TU, HP, AV sont faciles à évaluer :

$$TU = \frac{R + r}{2};$$

$$HP = 2AH \left(\text{puisque la tang. } AT = TB = TC = \frac{BC}{2} = \frac{2\sqrt{Rr}}{2}\right)*;$$

$$= 2[r + OH].$$

Or les $\triangle$ semblables OBH et OC'O' donnent :

$$\frac{OH}{R - r} = \frac{r}{R + r}*;$$

Donc : $$HP = 2\left[r + \frac{r(R - r)}{R + r}\right] = \frac{4Rr}{R + r}.$$

Enfin : $$AV = \frac{2Rr}{R + r}*.$$

Donc : $$\text{Vol. eng. par } \triangle ABC = \frac{8}{3}\pi \cdot \frac{R^2 r^2}{R + r} \qquad (1).$$

On a ensuite :

$$\text{Vol. anneau ABI} + \text{V. ann. ACK} = \tfrac{1}{6}\pi AB^2 \times AH + \tfrac{1}{6}\pi \overline{AC}^2 \times AP.$$

---

* Voir le livre *Guide méthodique de résolution des problèmes de géométrie élémentaire* (Belin frères, édit.).

Mais :
$$AH = AP = \frac{HP}{2} = \frac{2Rr}{R+r}$$

(puisque T est le milieu de BC).

Donc la somme des volumes des deux anneaux

$$= \frac{1}{6}\pi AH(\overline{AB}^2 + \overline{AC}^2);$$

$$= \frac{1}{6}\pi AH \times \overline{BC}^2$$

(car le $\triangle$ ABC est rectangle en A, la médiane AT étant égale à la moitié du côté auquel elle aboutit)..

Donc cette somme des deux anneaux sphériques vaut :

$$\frac{1}{6}\pi \cdot \frac{2Rr}{R+r} \cdot 4Rr = \frac{4\pi R^2 r^2}{3(R+r)}.$$

Donc :   Vol. ombré $= \frac{8}{3}\pi \cdot \frac{R^3 r^3}{R+r} - \frac{4}{3}\pi \frac{R^2 r^2}{R+r};$

$$= \frac{4}{3}\pi \frac{R^2 r^2}{R+r}$$

(ce qui montre que le volume ombré est égal à la somme des volumes des deux anneaux sphériques ABI et ACK).

---

§ 9. — Projections stéréographiques.

On appelle *projection stéréographique* d'une figure F tracée sur une sphère la figure obtenue en joignant tous les points de F à un point V de cette sphère et prenant l'intersection de tous ces rayons avec le plan P menée par le centre O de la sphère perpendiculairement au rayon OV.

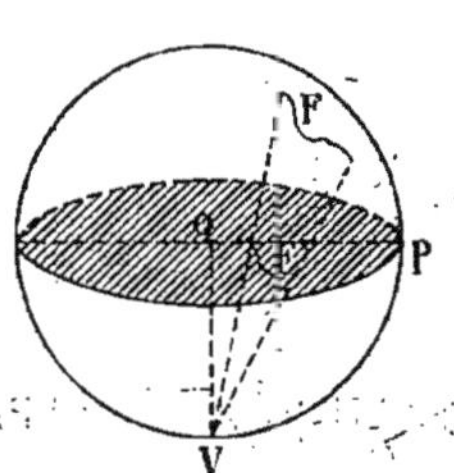

Fig. 925.

Ce point V s'appelle le point de vue et le plan P s'appelle le tableau.

(On voit que la projection stéréographique d'une figure est un cas particulier des projections coniques.)

Avant d'établir les propriétés des projections stéréographiques, nous allons établir le lemme suivant :

Lemme. — *Quand on coupe un cône oblique à base circulaire par une section antiparallèle à la base, on obtient une section circulaire.*

Étant donné un cône oblique à base circulaire, on appelle *section antiparallèle* la section obtenue en menant dans un plan SAB passant par l'axe oblique SO une droite CD antiparallèle au diamètre AB et faisant passer par cette droite CD un plan perpendiculaire au plan SAB.

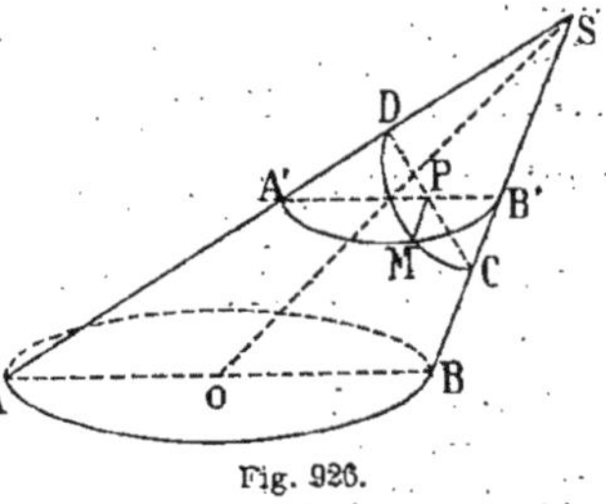

Fig. 926.

Il est facile de montrer que cette section est un cercle.

Pour cela il suffit de prouver que, si on mène la pp. MP sur CD, on a :

$$\overline{MP}^2 = PC \times PD.$$

A cet effet menons par MP le plan parallèle à la base. Il coupe SAB suivant une droite A'B' plle à AB et le cône suivant un cercle, on a donc :

$$\overline{MP}^2 = PA' \times PB'.$$

Mais les $\triangle$ PCB' et PDA' sont semblables (puisque $\hat{C} = \hat{A}'$), on a donc :

$$\frac{PB'}{PD} = \frac{PC}{PA'}.$$

Par conséquent $PC \times PD = PA' \times PB'$.

Donc on a bien : $\overline{MP}^2 = PC \times PD$

et la section antiparallèle est un cercle.

Ce lemme établi, on a les trois théorèmes suivants :

Théorème I. — *La projection stéréographique d'un cercle d'une sphère sur un plan passant par le centre est un cercle.*

Prenons en effet pour plan du tableau le plan passant par le rayon OV allant au point de vue V et le centre ω du cercle AB situé sur la sphère. La projection stéréographique du diamètre AB sera la droite *ab* située

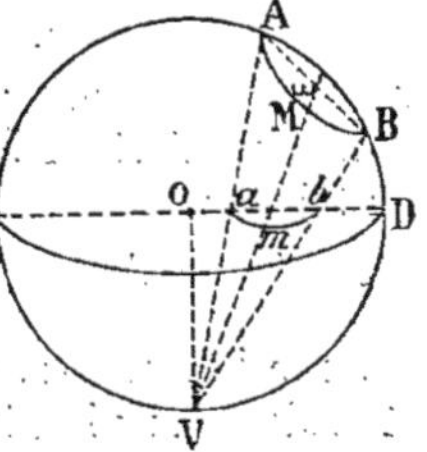

Fig. 927.

dans le plan du tableau et M se projettera en avant en m.

Je dis que la projection stéréographique amb de AMB est un cercle.

En effet, nous avons en VAB un cône oblique à base circulaire et amb est un plan antiparallèle (puisque l'angle abV ayant pour mesure $\frac{1}{2}$ arc CV $+\frac{1}{2}$ arc BD $=\frac{1}{2}$ 90° $+\frac{1}{2}$ arc BD est égal à l'angle VAB qui a pour mesure $\frac{1}{2}$ VDB, c'est-à-dire $\frac{1}{2}$ 90° $+\frac{1}{2}$ BD $\Big)$.

Donc amb est un cercle.   C. Q. F. D.

Théorème II. — *L'angle de deux courbes tracées sur une sphère est égal à l'angle de leurs projections stéréographiques.*

Soient les deux courbes AB et AC, ab et ac étant leurs projections stéréographiques.

Si nous menons les tangentes aux deux courbes en A, leurs

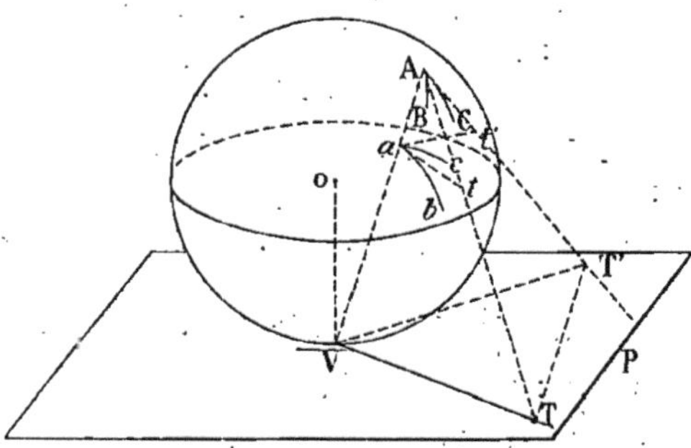

Fig. 928.

projections stéréographiques seront évidemment les droites at et at', t et t' étant les points où ces tangentes percent le plan du tableau.

Je dis que l'on a : $tAt' = tat'$.

Pour le montrer, menons en V le plan P tangent à la sphère, et prolongeons le plan tAt' jusqu'à sa rencontre avec le plan P, rencontre qui se fait suivant la droite TT' parallèle à tt'.

L'angle TVT' est égal à l'angle tat' (comme angles à côtés parallèles). Mais TAT' est aussi égal à l'angle TVT', les deux △

TAT' et TVT' étant égaux (puisque TT' est commun et que les droites AT et TV d'une part, AT' et T'V d'autre part sont égales comme appartenant aux cônes de sommets T et T' circonscrits à la sphère O).

Donc $tât'$ est aussi égal à $\widehat{tАt'}$.   C. Q. F. D.

Théorème III. — *Le centre du cercle projection stéréographique d'un cercle de la sphère est la projection stéréographique du sommet du cône circonscrit à la sphère suivant.*

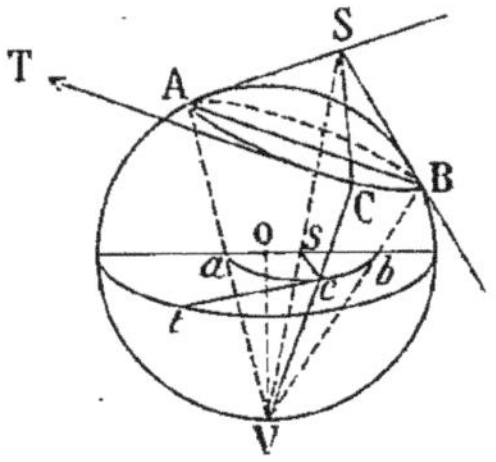

En effet, si je considère la génératrice SC du cône circonscrit, elle est pp. à la tangente CT au cercle AB.

Les angles se maintenant en projection, la projection sc est pp. à la tangente ct (puisque la projection d'une tangente est tangente à la projection de la courbe).

Fig. 929.

Mais alors on voit que toutes les droites telles que sc coupent le cercle s orthogonalement. Toutes ces droites sc sont donc des rayons du cercle ab.

Donc s est le centre.   C. Q. F. D.

N. B. — Le plan de projection étant la figure inverse de la sphère par rapport au point de vue V pour une puissance d'inversion convenablement choisie, on voit que la projection stéréographique est un cas particulier de l'inversion.

FIN DE LA GÉOMÉTRIE DANS L'ESPACE

LIVRE VIII

SECTIONS CONIQUES

(ELLIPSE, PARABOLE, HYPERBOLE)

On appelle *ellipse* une courbe telle que la somme des distances de l'un quelconque de ses points à deux points fixes appelés *foyers* est constante.

On appelle *parabole* une courbe telle que chacun de ses points est à égale distance d'une droite fixe appelée *directrice* et d'un point fixe appelé *foyer*.

On appelle *hyperbole* une courbe telle que la différence des distances de chacun de ses points à deux points fixes appelés *foyers* est constante.

Les distances d'un foyer aux divers points de la courbe s'appellent des *rayons vecteurs*.

Nous verrons un peu plus loin (à propos des théorèmes dits *théorèmes de Dandelin*) que ces trois courbes peuvent être obtenues en coupant un cône par un plan. D'où leur nom commun de *sections coniques*.

On les appelle encore quelquefois *courbes usuelles*.

Ellipse.

Sommaire :

§ 1er. — **Forme de l'ellipse. — Construction par points.**

§ 2. — **Équation de l'ellipse. — Théorème de la Hire.**

§ 3. — **Intersection d'une droite et d'une ellipse.**
— Tangentes à l'ellipse. — Normale.
— Podaire du foyer.

§ 4. — **Construction de tangentes. — Théorème**
de Poncelet.

§ 5. — **Ellipse projection de cercle.**

---

§ 1ᵉʳ. — Forme de l'ellipse. — Construction par points.

Commençons par chercher la forme de la courbe dénommée ellipse.

1° On peut la construire d'une façon continue à l'aide d'un fil ou d'une corde fixés à deux points F et F'; si ce fil de longueur invariable est constamment tendu dans différentes directions à l'aide d'une pointe, cette pointe tracera évidemment une ellipse (puisque la somme $MF + MF'$ est toujours égale à la longueur du fil).

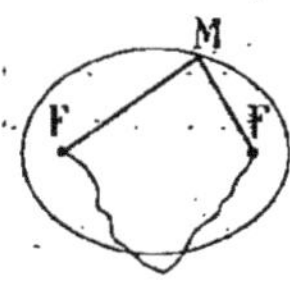

Fig. 930.

2° On peut la construire par points à l'aide de la règle et du compas.

Appelons $2c$ la distance FF'. Appelons $2a$ la longueur constante donnée à laquelle doit être égale la somme des deux rayons MF et MF', rayons appelés *rayons vecteurs*. Si de part et d'autre du milieu O de *la distance focale* FF', on porte deux longueurs OA et OA' égales à la moitié a de cette longueur $2a$, ces points A et A' seront évidemment des points de l'ellipse [car FA = F'A' comme différence des deux longueurs égales a et c, par conséquent on a $AF' + AF = AF' + A'F' = AA' = 2a$].

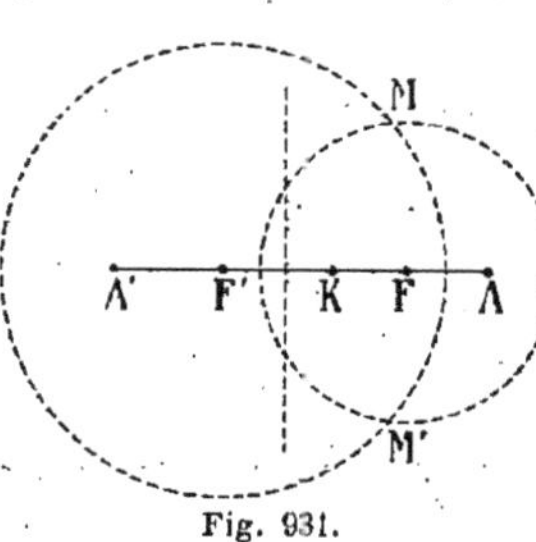

Fig. 931.

1° Cela posé, prenons un point K sur AA' entre F et F', puis de F' comme centre avec A'K pour rayon décrivons un cercle et coupons-le par un second cercle décrit de F comme centre avec l'autre partie AK comme rayon. Ces deux cercles se coupent en deux points M et M' [car la distance des centres FF' est plus petite que la somme des rayons et aussi plus grande que leur différence A'K — AK, puisque O étant le milieu de FF', cette différence vaut $a + OK — (a — OK)$, c'est-à-dire vaut $2OK$, longueur moindre que $2OF$, c'est-à-dire moindre que FF'].

Ce premier résultat nous montre, les points d'intersection obtenus M et M' étant symétriques par rapport à la ligne des centres FF', que la courbe dénommée ellipse est une courbe symétrique par rapport à la ligne focale FF'.

2° Si le point K est pris en F, les deux cercles seront tangents en A intérieurement.

3° Si le point K est pris sur FF' entre F et A, les deux cercles ne se couperont plus, la distance des centres étant alors inférieure à la différence des rayons. Celle-ci, A'K — AK, vaut en effet $a + OK — (a — OK)$, c'est-à-dire $2OC$, donc elle est plus grande que $2OF$, ou que FF'.

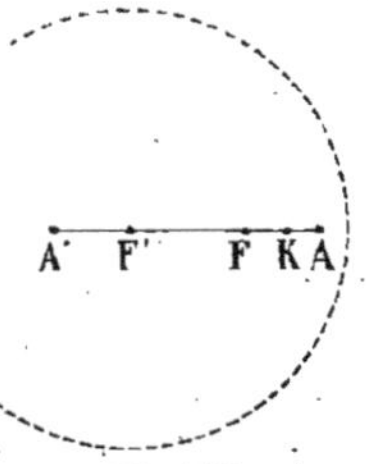

4° Si le point K est pris sur FF' en dehors de A'A, les deux cercles ne se couperont pas non plus.

Fig. 932.

Donc, en résumé, il n'y aura de points que si le point K est entre F et F'.

REMARQUE. — Il résulte de ce qui précède que, F'A étant le plus grand des rayons des cercles qui donnent des points de l'ellipse, tous les points de l'ellipse sont à l'intérieur du cercle de centre F' et de rayon F'A. Par conséquent l'ellipse est une courbe dont tous les points sont à distance finie (c'est-à-dire ce qu'on appelle une courbe fermée).

La courbe ellipse a un **deuxième axe de symétrie**. En effet, si de F et de F' comme centres avec un rayon égal à a, on décrit des arcs de cercle qui se coupent en B et B' (points B et B' qui sont des points de la courbe puisque $BF + BF' = a + a$), en prenant le symétrique M_1 de M par rapport à la droite BB',

on a :
$$F'M_1 = FM ;$$
$$FM_1 = F'M.$$

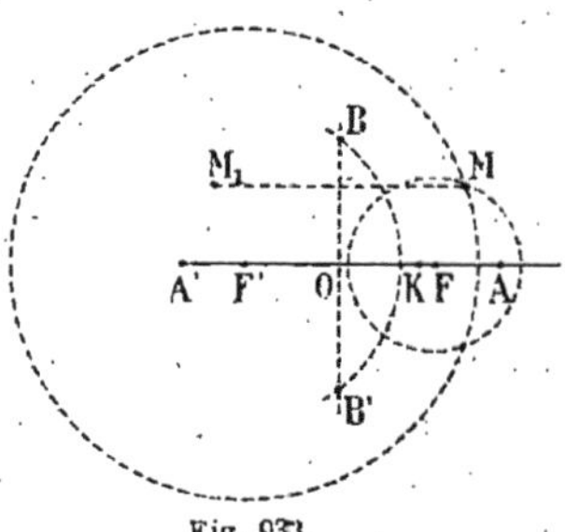

Fig. 933.

(Car il suffirait de replier.)
Donc :

$$F'M_1 + FM_1 = FM + F'M = 2a.$$

Donc BB' est un deuxième axe de symétrie de la courbe ellipse.

N. B. — Si on appelle b la distance OB, on a la relation :

$$b^2 = a^2 - c^2.$$

$2a$ s'appelle le *grand axe* de l'ellipse et $2b$ le *petit axe*. Les extrémités des deux axes s'appellent les *sommets* de l'ellipse.

On appelle *excentricité* le rapport $\dfrac{c}{a}$. Il est plus petit que 1.

REMARQUE. — Le centre d'une courbe étant un point qui divise en deux parties égales toutes les droites limitées à la courbe qui y passent, il est clair que le point O d'intersection des deux axes de symétrie AA' et BB' est un centre. La courbe ellipse a donc un centre et a la forme générale ci-contre.

Nouvelle propriété d'un point de l'ellipse (basée sur le cercle directeur). — On appelle *cercles directeurs* dans une ellipse les cercles décrits des foyers comme centres avec un rayon égal au grand axe $2a$.

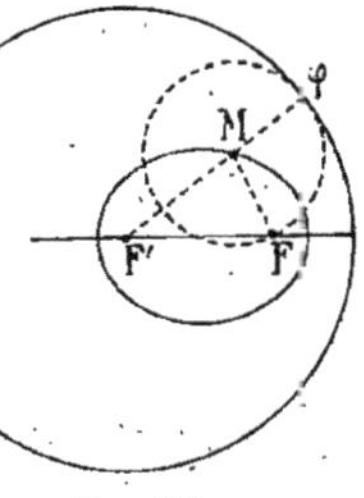

Fig. 934.

Théorème. — *Un point quelconque de l'ellipse est également distant d'un foyer et du cercle directeur relatif à l'autre foyer.*

En effet, si on prolonge F'M d'une longueur Mφ égale à MF, la droite F'Mφ a une longueur égale à $2a$, donc le point φ appartient au cercle directeur relatif au foyer F'.
Mais la distance du point M à ce cercle directeur, se mesurant sur le rayon F'M, n'est autre que Mφ. Donc on voit bien que tout point de l'ellipse est à égale distance d'un foyer et du cercle directeur relatif à l'autre foyer.

C. Q. F. D.

N. B. — *Tout point de l'ellipse est le centre d'un cercle passant par un foyer et tangent au cercle directeur relatif à l'autre foyer.*

Car, si de M comme centre on décrit un cercle passant par F, ce cercle passera par φ ; la distance des centres F'M étant alors égale à la différence des rayons 2a et MF, ces deux cercles seront tangents.

Théorème. — *Toute ellipse peut être regardée comme un lieu géométrique, le lieu des points tels que la somme de leurs distances à deux points fixes soit constante et égale à 2a.*

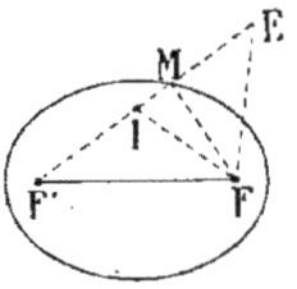

En effet : 1° un point quelconque de la courbe a cette propriété ;

2° pour un point intérieur I, la somme IF + IF' est inférieure à 2a.

Fig. 935.

Car, si on prolonge F'I en M, on a :

$$FI < IM + MF ;$$

d'où, en ajoutant aux deux membres F'I :

$$FI + F'I < IM + MF + F'I < 2a ;$$

3° pour un point extérieur E, la somme EF + EF' est supérieure à 2a.

Car la figure nous montre que :

$$MF < ME + EF ;$$

d'où : $$MF + MF' < ME + EF + MF' < EF + EF'.$$

Donc il n'y a que les points de l'ellipse qui ont cette propriété, et ils l'ont tous. Donc l'ellipse est un lieu géométrique.

RemARQUE. — Si on cherche le lieu des points également distants de deux cercles intérieurs, ce lieu est une ellipse ou plutôt ce lieu se compose de deux ellipses (car les points demandés peuvent être à égale distance de deux arcs tous deux concaves, ou l'un convexe et l'autre concave [1].

---

1. Voir le *Guide méthodique de résolution des problèmes de géométrie élémentaire*, page 195 (Belin frères, éditeurs).

§ 2. — Équation de l'ellipse.

On sait que l'équation d'une courbe définie géométriquement, c'est-à-dire définie à l'aide d'une propriété géométrique commune à tous ses points, est une relation constante entre l'abscisse et l'ordonnée d'un point quelconque de cette courbe.

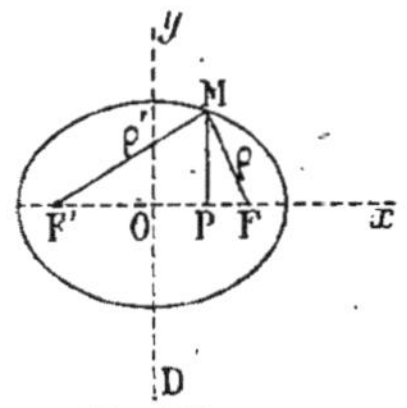

Prenons pour axes le grand axe et le petit axe de l'ellipse et désignons par ρ et ρ' les deux rayons vecteurs d'un point quelconque M.

Fig. 936.

On a :
$$\rho + \rho' = 2a ;$$

et :
$$\rho'^2 - \rho^2 = 4cx ;$$

d'où :
$$\rho' - \rho = 2\frac{c}{a}x.$$

On en tire, en ajoutant membre à membre :

$$\rho' = a + \frac{c}{a}x ;$$

$$\rho = a - \frac{c}{a}x.$$

Mais alors le Δ rectangle F′MP nous donnant :
$$\rho'^2 = y^2 + (c + x)^2,$$

on aura :
$$\left(a + \frac{c}{a}x\right)^2 = y^2 + (c + x)^2 ;$$

c'est-à-dire :
$$a^2 + \frac{c^2}{a^2}x^2 = y^2 + c^2 + x^2 ;$$

c'est-à-dire :
$$a^2 - c^2 = y^2 + x^2\left(1 - \frac{c^2}{a^2}\right) ;$$

c'est-à-dire :
$$b^2 = y^2 + \frac{x^2 b^2}{a^2} ;$$

ou enfin :
$$b^2 x^2 + a^2 y^2 = a^2 b^2$$

qu'on écrit ordinairement :
$$\frac{x^2}{a^2} + \frac{y^2}{b^2} = 1.$$

Toutes les fois qu'un point mobile décrit une courbe dont l'équation a la forme ci-dessus, on en déduit que le lieu de ces points est une ellipse. On peut déduire de là deux nouveaux modes de construction de l'ellipse, l'un par points, l'autre d'un mouvement continu.

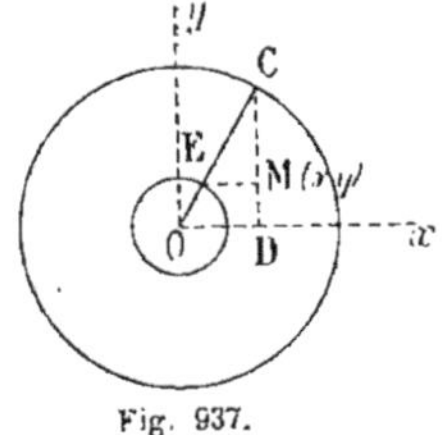

Fig. 937.

Prenons deux cercles concentriques de rayons a et b. Du centre O menons un rayon quelconque OC, puis traçons la pp. CD et la plle EM. Je dis que M est un point de l'ellipse d'axes $2a$ et $2b$.

En effet, on a :
$$\frac{OE}{OC} = \frac{MD}{CD} ;$$

c'est-à dire :
$$\frac{b}{a} = \frac{y}{\sqrt{a^2 - x^2}} ;$$

d'où :
$$y = \frac{b}{a}\sqrt{a^2 - x^2} ;$$

c'est-à-dire :
$$a^2 y^2 + b^2 x^2 = a^2 b^2 .$$

La relation entre l'x et l'y d'un point quelconque M étant l'équation d'une ellipse, le lieu des points M est une ellipse. Ce qui justifie notre construction par points.

PROBLÈME. — *Une droite de longueur invariable se mouvant entre deux droites rectangulaires Ox et Oy, trouver le lieu décrit par un point quelconque M de cette droite mobile.*

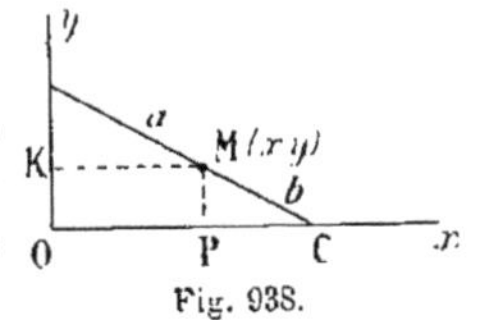

Fig. 938.

Appelons a et b les distances connues MD et MC, et désignons par x et y les coordonnées du point mobile M. Les Δ semblables nous donnent :
$$\frac{MP}{Ky} = \frac{b}{a} ;$$

c'est-à-dire :
$$\frac{y}{\sqrt{a^2 - x^2}} = \frac{b}{a} ;$$

c'est-à-dire :
$$a^2 y^2 = b^2(a^2 - x^2) ;$$

c'est-à-dire :
$$\frac{x^2}{a^2} + \frac{y^2}{b^2} = 1 .$$

Donc le lieu des points M est une ellipse.

On peut donner de ce théorème une démonstration purement géométrique. (Voir plus loin, page 639.)

N..B. — Ce problème peut être généralisé comme il suit :

Quand une droite de longueur constante se déplace entre deux droites fixes quelconques, tout point relié invariablement à la droite mobile décrit une ellipse (théorème de La Hire).

Soit αβ une droite de longueur l dont les extrémités glissent sur les deux droites fixes Ox et Oy, et M un point soudé à cette droite αβ, de façon à faire avec elle un Δ Mαβ de forme invariable.

Dans toutes ses positions, αβ forme avec le point O des Δ qui ont même cercle circonscrit (c'est le cercle du segment capable de xOy placé sur la longueur l).

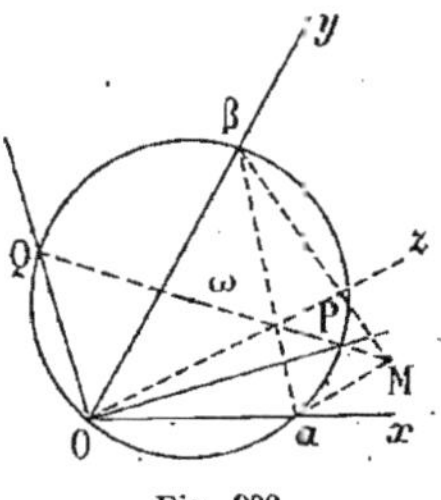

Fig. 939.

Nous pouvons donc regarder ce cercle comme soudé invariablement à la droite αβ, aussi bien que l'était le point M.

Mais alors si nous joignons M au centre ω de ce cercle, dans cette figure plane MαβO qui se déplace d'une seule pièce par rapport à Ox et Oy, les droites MP et MQ ont évidemment des longueurs qui ne changent point, l'arc αP non plus.

Cela posé, quand la droite αβ se déplace en entraînant avec elle et le cercle ω, et le point M, et la droite PQ, l'arc αP ayant toujours la même valeur, l'angle POα sera constant, ce qui montre que le point P parcourra la droite OP, et par suite le point Q parcourra aussi la droite OQ.

Et alors les deux droites OP et OQ étant rectangulaires, et PQ ayant toujours la même longueur, le point M devra décrire une ellipse (à cause du problème précédent).   C. Q. F. D.

Remarque. — Si le point donné M se trouvait être justement un point de la circonférence Oαβ, s'il était par exemple le point P, il décrirait une droite, mais ce serait une droite limitée. On aurait donc encore une ellipse, seulement cette ellipse serait infiniment aplatie.

---

§ 3. — Intersection d'une droite et d'une ellipse. — Tangentes à l'ellipse. — Normales. — Podaire du foyer.

Le problème que nous allons traiter est celui-ci : Étant donnés les deux foyers et le grand axe d'une ellipse, sans tracer cette ellipse, trouver, à l'aide de la règle et du compas, les points où une droite donnée Δ la rencontre.

1°. Nous allons d'abord étudier analytiquement la question (puisque nous connaissons l'équation de l'ellipse).

Soit $y = mx + p$ l'équation de la droite donnée.

L'ellipse ayant pour équation $\dfrac{x^2}{a^2} + \dfrac{y^2}{b^2} - 1 = 0$, si on appelle x et y les coordonnées d'un point de l'intersection, ces coordonnées doivent vérifier le système des deux équations :

$$(\text{I}) \qquad \begin{cases} y = mx + p; \\ \dfrac{x^2}{a^2} + \dfrac{y^2}{b^2} = 1. \end{cases}$$

Mais ce système est équivalent au suivant :

$$\begin{cases} y = mx + p; \\ \dfrac{x^2}{a^2} + \dfrac{(mx + p)^2}{b^2} = 1; \end{cases}$$

c'est-à-dire :

$$\left. \begin{array}{l} y = mx + p; \\ x^2(b^2 + a^2 m^2) + 2a^2 mpx + a^2 p^2 - a^2 b^2 = 0. \end{array} \right\}$$

L'abscisse x du point d'intersection étant donnée par une équation du second degré, on voit donc que nous trouvons, non pas une valeur, mais deux. Si donc nous les appelons x' et x'', on voit que l'on trouve comme solution du système (I), d'abord :

$$x = x' \quad \text{et} \quad y = mx' + p;$$

puis :

$$x = x'' \quad \text{et} \quad y = mx'' + p.$$

Donc on aura deux points pour l'intersection de la droite et de l'ellipse.

Remarque. — Comme il peut arriver que les valeurs x' et x'' soient confondues, ce qui se produira si le discriminant :

$$a^4 m^2 p^2 - (b^2 + a^2 m^2)(p^2 - b^2)a^2 = 0;$$

c'est-à-dire, si : $\quad\quad p^2 = a^2 m^2 + b^2,$

on voit que les droites $y = mx \pm \sqrt{a^2 m^2 + b^2}$ couperont chacune l'ellipse en deux points confondus; on appelle ces droites particulières des tangentes à l'ellipse.

N. B. — Quel que soit le nombre adopté pour m, la quantité placée sous le radical étant toujours positive, on voit qu'on peut toujours mener deux tangentes à l'ellipse parallèlement à n'importe quelle direction donnée m.

2° Nous allons maintenant étudier géométriquement la question. Faisons deux figures, l'une où le problème est supposé

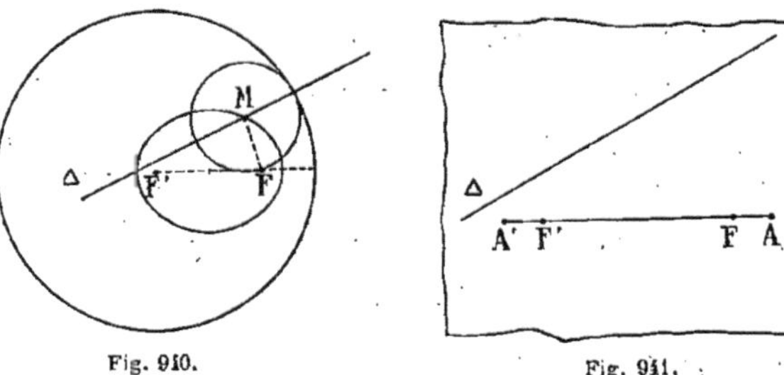

Fig. 910.   Fig. 911.

résolu en M, l'autre où le terrain est préparé pour y recevoir les constructions nécessaires.

M étant un des points où la droite Δ coupe l'ellipse, M est le

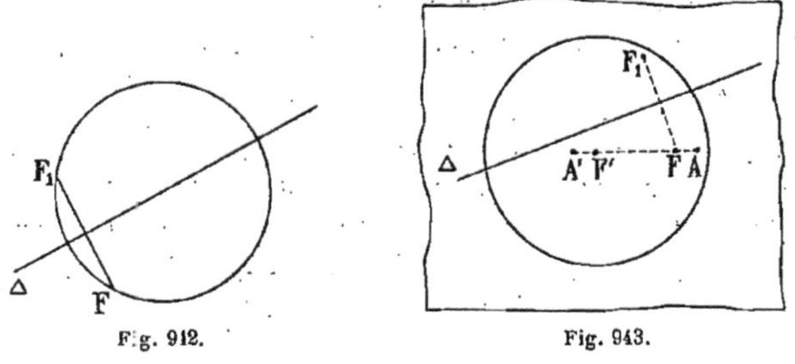

Fig. 912.   Fig. 913.

centre d'un cercle passant par F et tangent au cercle directeur.

Mais quand un cercle a son centre sur une droite Δ et qu'il passe par un point F, il passe aussi par le point F_1, symétrique de F par rapport à cette droite Δ.

Par conséquent, comme il est aisé de construire le cercle directeur de centre F' et de prendre le symétrique F_1, on voit que l'on est ramené pour trouver le point M à ce problème bien connu :

Par les deux points connus F et F_1 mener un cercle tangent au cercle directeur de centre F'.

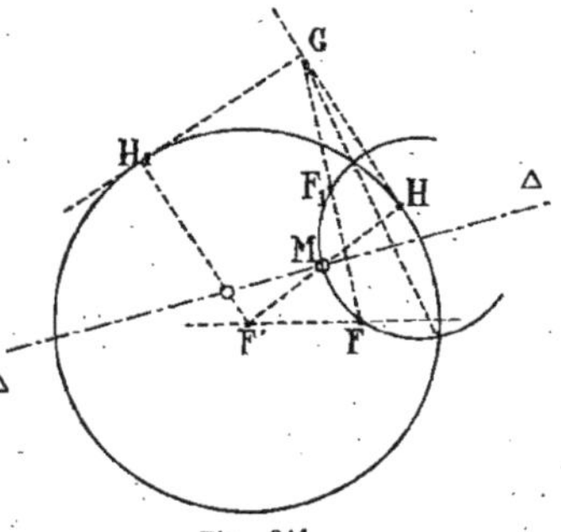

Fig. 914.

En faisant la construction à l'aide du cercle auxiliaire et de la tangente GH, on trouve le point cherché M sur la droite F'H.

On trouve même deux points M et M_1, puisque du point G partent deux tangentes au cercle F'.

Mais on n'en trouve pas davantage.

Donc :

Théorème. — *Une droite coupe une ellipse en deux points, et pas davantage.*

Ce qui prouve bien que l'ellipse n'est pas une courbe sinueuse, mais une courbe convexe. Et ainsi se trouve complètement étudiée la forme de la courbe dénommée ellipse.

DISCUSSION. — Considérons toutes les droites parallèles à la droite donnée Δ et cherchons quelles sont celles pour lesquelles il y a deux points d'intersection, ou un seul, ou aucun.

Pour qu'il y en ait deux, il faut avant tout que du point G on puisse mener les deux tangentes GH et GH_1. Il faut donc que le point G soit extérieur au cercle directeur F'. Mais on a vu (dans le livre III) que cela a toujours lieu quand les deux points F et F_1 sont tous les deux intérieurs ou tous les deux extérieurs au cercle F'.

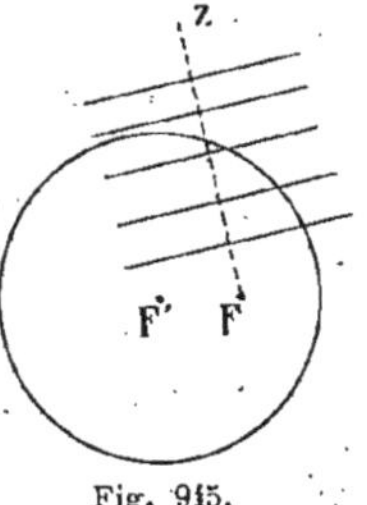

Fig. 915.

Donc, comme F est un point donné intérieur, il faut que le

symétrique F_1, symétrique qui est toujours sur la pp. z, soit au plus en φ (φ étant le point où z coupe le cercle directeur).

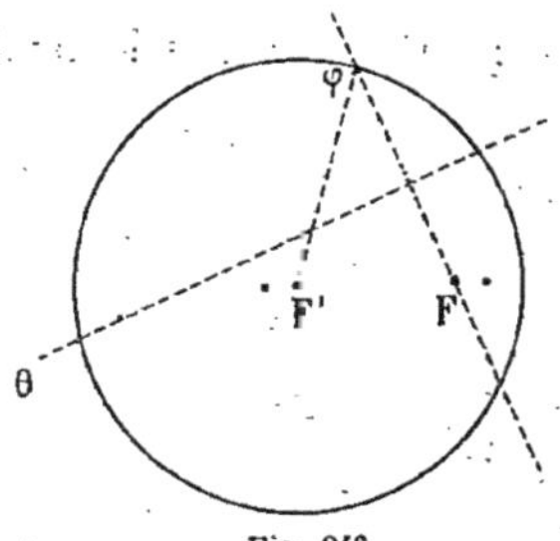

Fig. 946.

Quand le symétrique de F est en φ sur le cercle directeur, on a une position remarquable. Car alors la droite θ correspondante est une droite qui ne coupera plus l'ellipse en deux points, mais en un seul point (puisque G est alors confondu avec φ et que les deux tangentes GH et GH$_1$ se sont réduites à zéro, les points H et H$_1$ étant venus tous deux en φ).

Cette droite θ qui coupe l'ellipse en un seul point au lieu de deux, on l'appelle une *tangente à l'ellipse*.

On peut énoncer le théorème suivant :

Théorème I. — *Pour qu'une droite soit tangente à l'ellipse, il faut et cela suffit que le symétrique d'un foyer par rapport à cette droite soit sur le cercle directeur relatif à l'autre foyer.*

Nous venons de démontrer en effet que : 1° si le point φ symétrique de F' est à l'extérieur du cercle directeur relatif à F, la droite ne coupe pas l'ellipse.

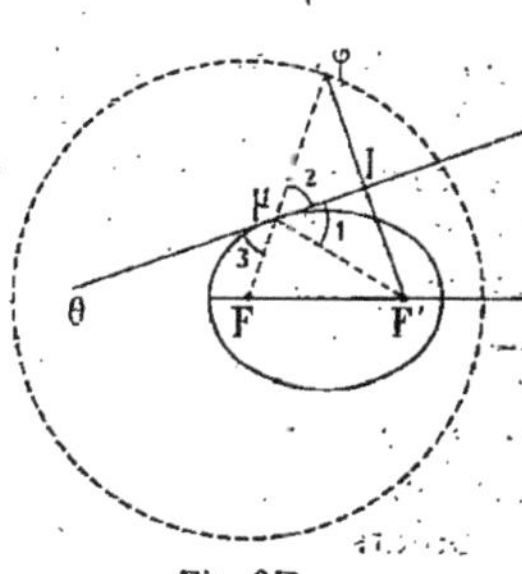

Fig. 947.

2° Si ce point φ est sur le cercle directeur F, la droite n'a qu'un point commun avec l'ellipse.

3° Si ce point φ est à l'intérieur du cercle directeur F, la droite est sécante.

Donc, si la droite est tangente, il faut que le point φ soit sur le cercle directeur (puisque sans cela la droite serait sécante ou extérieure).

La condition énoncée est donc bien à la fois nécessaire et suffisante. C. Q. F. D.

On peut déduire de là les théorèmes II et III qui suivent :

Théorème II. — *Si une droite est tangente à l'ellipse :* 1° *Le symétrique du foyer par rapport à cette tangente, le point de contact et l'autre foyer sont en ligne droite.*

2° *Les deux rayons vecteurs allant des foyers au point de contact sont également inclinés sur la tangente.*

En effet, la droite θ étant par hypothèse tangente, en vertu du théorème précédent, le symétrique φ de F′ est sur le cercle directeur F, mais alors, si on joint Fφ qui coupe θ en μ, on a :

$$F\mu + F'\mu = F\varphi = 2a;$$

donc μ est le point de contact (d'où la première partie du théorème). I étant le milieu de F′φ, dans le Δ F′μφ la hauteur μ est médiane, le Δ est donc isocèle. Donc $\hat{1} = \hat{2} = \hat{3}$.

D'où la seconde partie du théorème.

Ces propriétés sont nécessaires et suffisantes.

Théorème III. — *Si une droite passant par un point de l'ellipse fait des angles égaux avec les deux rayons vecteurs de ce point, elle est tangente à l'ellipse.*

En effet, supposons que l'ellipse soit définie par les deux foyers F, F′ et le point M, la droite MA étant également inclinée sur FM et F′M.

Prolongeons F′M d'une longueur MB égale à MF, on a :

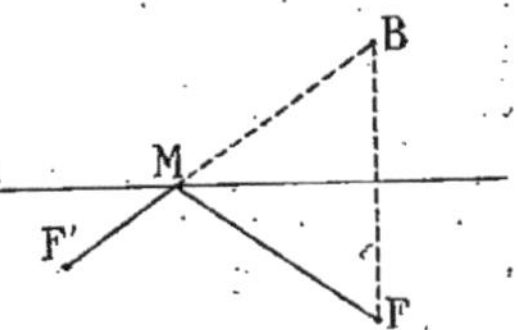

Fig. 948.

$$F'B = F'M + MF = 2a.$$

Donc B est sur le cercle directeur relatif à F′.

Mais B est le symétrique de F par rapport à AM (puisque dans le Δ isocèle BMF la droite AM, étant bissectrice, est hauteur et médiane),

Donc le symétrique de F par rapport à la droite MA étant sur le cercle directeur relatif à F′, la droite est tangente (en vertu du théorème précédent). C. Q. F. D.

———

N. B. — On sait que la tangente en un point M d'une courbe dont l'équation est $y = f(x)$ a pour coefficient angulaire la valeur que prend la dérivée de y par rapport à x quand on y fait x égal à l'abscisse du point.

Or on a :
$$y = \frac{b}{a}\sqrt{a^2 - x^2}.$$

On en tire :
$$y'_x = \frac{b}{a}\frac{-x}{\sqrt{a^2 - x^2}} = \frac{-bx}{a\sqrt{a^2 - x^2}} = \frac{-b^2 x}{a^2 y},$$

puisque le radical est égal à $\frac{ay}{b}$.

Donc, si on appelle m le coefficient angulaire de la tangente à l'ellipse au point de coordonnées x_1 et y_1, on a :

$$m = \frac{-b^2 x_1}{a^2 y_1}.$$

Normales à l'ellipse.

On appelle *normale en un point* M *d'une courbe* la pp. à la tangente en ce point. La tangente à l'ellipse faisant des angles égaux avec les deux rayons vecteurs, il est clair que la normale en M à l'ellipse est bissectrice de l'angle des deux rayons vecteurs allant en M.

Application. — Si une source de lumière est placée en F au foyer d'un ellipsoïde de révolution, tous les rayons viendront après réflexion passer par l'autre foyer F'.

Constructions d'ellipses[1].

Méthodes. — Dans tous les problèmes où on a à construire une tangente à l'ellipse, on cherche toujours à déterminer le point φ symétrique du foyer F par rapport à cette tangente inconnue.

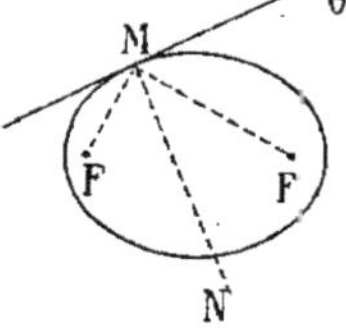

Fig. 949.

(Car, quand on connaît F et φ, il est clair que la tangente est facile à construire en menant la pp. au milieu de Fφ. Le point de contact est aussi connu, puisqu'il est en ligne droite avec le symétrique φ et l'autre foyer.)

De même, dans tous les théorèmes où on a à utiliser qu'une droite est tangente à l'ellipse, il est rare qu'on ne considère pas le symétrique φ.

De même encore, par extension d'idée, quand on aura à utiliser qu'un point donné est un point de l'ellipse, on s'appuiera sou-

---

1. Voir le *Guide méthodique de résolution des problèmes de géométrie élémentaire* (Belin frères, éditeurs).

vent sur ce que ce point est le centre d'un cercle passant par l'un des foyers et tangent au cercle directeur relatif à l'autre foyer.

Remarquons maintenant qu'une ellipse n'est déterminée que quand on connaît cinq conditions, de même qu'une circonférence ne l'est que quand on se donne trois conditions.

Une condition est simple ou double. Se donner un point ou une tangente équivaut à une condition simple, car, la courbe étant supposée tracée, il y a une infinité de façons de prendre ce point ou cette tangente. Mais se donner un foyer équivaut à une condition double, car, les courbes tracées, il n'y a pas une infinité de points qui puissent être pris pour foyer, et il n'y en a que deux.

EXEMPLE I. — *Construire une ellipse, connaissant un foyer* F, *le grand axe 2a, en grandeur, et deux tangentes.*

(Le foyer équivalant à une condition double, on voit qu'on s'est donné cinq conditions.)

On prendra les symétriques φ et φ' de F par rapport aux deux tangentes et on sera ramené à déterminer le centre d'un cercle de rayon 2a passant par les deux points φ et φ'. Ce centre sera le second foyer.

EXEMPLE II. — *Construire une ellipse, connaissant un foyer et trois tangentes.*

(On prendra les trois symétriques.)

EXEMPLE III. — *Construire une ellipse, connaissant un foyer* F, *un point* A *et deux tangentes.*

(On prendra les deux symétriques, puis de A comme centre avec AF pour rayon on décrira un cercle et on sera ramené à mener par deux points un cercle tangent à un cercle donné.)

Podaire du foyer dans l'ellipse.

On appelle *podaire d'un point par rapport à une courbe* le lieu des projections de ce point sur les tangentes à la courbe.

Soit l'ellipse des foyers F, F', et de grand axe 2a. Soit TT' une droite tangente en M à la courbe. Menons FP pp. à TT'.

Pour trouver le lieu des pieds P, remarquons que, si on prolonge FP d'une longueur égale, on obtient le symétrique φ, et que φF' est égal à 2a. Mais alors la droite PO qui joint P au centre O, est la droite des milieux dans le Δ FφF' et PO = a.

Donc tous les pieds ont cette nouvelle propriété : d'être à une distance constante du centre.

Donc tous ces pieds P sont sur la circonférence de centre O et de rayon a et nulle part ailleurs.

D'ailleurs un point quelconque P_1 pris sur ce cercle est le

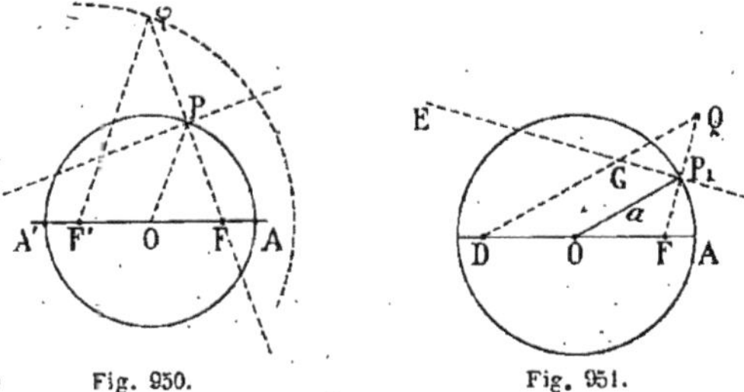

Fig. 950.   Fig. 951.

pied d'une pp. menée de F sur une tangente à l'ellipse. Car, si on joint P_1O, qu'on prolonge FP_1 d'une longueur égale P_1Q et que par Q on mène la plle QD à OP_1 et enfin si on mène la pp. P_1E, on a :

$$QD = 2a;$$
$$GF + DG = QG + GD = 2a.$$

Donc G est un point de l'ellipse de foyers F et D, et de grand axe 2a. De plus P_1E est une tangente, puisqu'elle fait des angles égaux avec les deux rayons vecteurs FG et DG.

Donc P_1 est un point du lieu.

La podaire est donc la circonférence O tout entière.

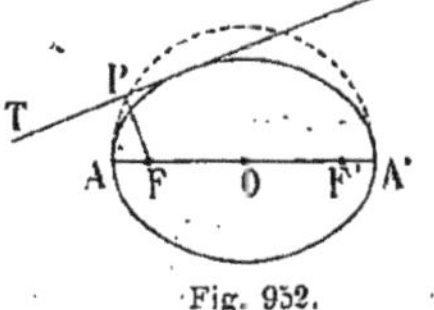

Fig. 952.

REMARQUE I. — Le cercle précédent qui a pour diamètre A'A' s'appelle le *cercle principal* de l'ellipse. Il permet de déterminer facilement la position des foyers dans une ellipse tracée. Il suffit en effet, après avoir mené une tangente quelconque, de mener par le point de rencontre P la pp. PF à cette tangente, F est le foyer.

Remarque II. — Quand on considère une ellipse comme engendrée par un point M d'une droite
mobile AB qui glisse sur deux droites
rectangulaires, il est facile de construire la tangente en ce point M à l'aide
du centre instantané de rotation.

On sait en effet que, si on mène les
normales aux deux courbes qui décrivent
les points A et B, IM est la normale à
la courbe que décrit le point M.

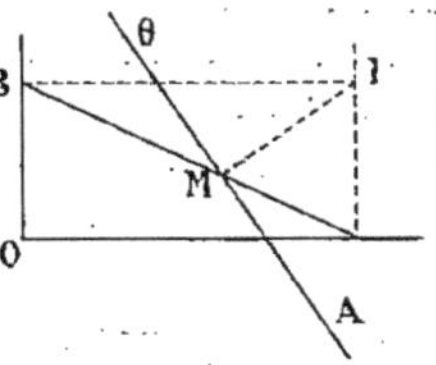

Fig. 953.

La tangente en M est donc la perpendiculaire Mθ à cette
droite IM.

§ 4. — Construction de tangentes à l'ellipse.

Problème I. — *Étant donnée une ellipse non construite et
définie par deux foyers F et F', et un point M, construire la
tangente en un point à l'ellipse.*

Il suffit évidemment de prolonger FM d'une longueur Mφ
égale à MF, de prendre φF et de relier le point M au milieu I
de la droite Fφ.

Car la droite ainsi obtenue faisant des angles égaux avec les
deux rayons vecteurs est une tangente
à l'ellipse.

Problème II. — *Étant donnée une
ellipse non dessinée, définie par ses
deux foyers et le grand axe 2a, construire la tangente passant par un point
donné P.*

Supposons le problème résolu et soit
Pθ la tangente cherchée. Elle sera connue si on connaît le symétrique φ de F
par rapport à cette tangente.

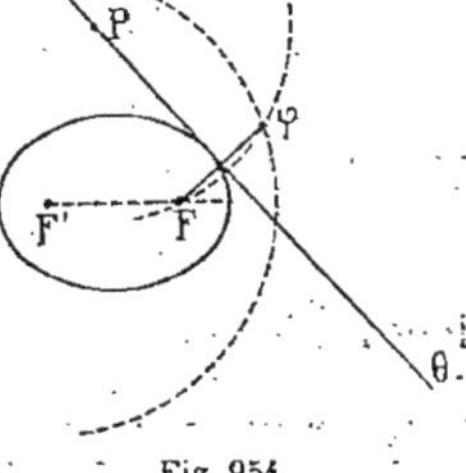

Fig. 954.

Or ce point φ est déjà sur le cercle directeur relatif au foyer F',
cercle directeur connu.

φ est aussi sur le cercle décrit de P comme centre avec PF
comme rayon (puisque Pφ = PF).

Donc le point φ sera à l'intersection des deux cercles précédents, qu'il est facile de construire.

Et comme deux cercles se coupent ordinairement en deux points, il est clair qu'il y aura en général deux points φ, donc deux tangentes issues de P.

(Les points de contact sont faciles à obtenir.)

DISCUSSION. — Le problème est-il toujours possible quelle que soit la position du point P?

Il faut pour cela que les deux cercles se coupent. Cela exige les trois conditions, nécessaires et suffisantes :

$$\begin{cases} F'P < 2a + P\varphi; \\ 2a < F'P + P\varphi; \\ P\varphi < 2a + PF'; \end{cases}$$

c'est-à-dire :
$$\begin{cases} F'P < 2a + PF; \\ 2a < F'P + PF; \\ PF < 2a + PF'. \end{cases}$$

La deuxième condition prouve que le point P doit être donné extérieur à l'ellipse.

Je dis que les deux autres conditions sont toujours forcément satisfaites.

En effet, si le point P n'est pas donné sur l'axe focal, le $\triangle$ PFF' existe et cela entraîne :

$$F'P < 2c + PF;$$
$$PF < 2c + PF';$$

donc *à fortiori* :
$$F'P < 2a + PF;$$
$$FP < 2a + PF';$$

(puisque $2a > 2c$).

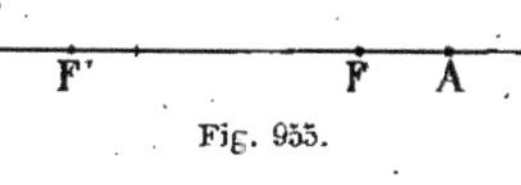

Fig. 955.

Si du reste le point P était donné sur l'axe focal, extérieurement à l'ellipse, s'il était par exemple à droite, on aurait :

$$F'P = 2c + FP; \quad \text{donc} : \quad < 2a + FP,$$

Mais $FP < F'P;$ donc $FP < F'P + 2a.$

Donc, de toutes façons, dès que la première condition :

$$FP + F'P > 2a$$

est remplie, les autres l'étant, le problème a deux solutions.

Si bien que d'un point extérieur on peut toujours mener deux tangentes à l'ellipse.

PROBLÈME III. — *Mener à une ellipse non dessinée, et définie par ses deux foyers et son grand axe, une tangente parallèle à une direction donnée.*

Supposons le problème résolu, et cherchons encore à déterminer le symétrique φ du foyer F :

1° φ est sur le cercle directeur relatif à F';
2° φ est sur la pp. menée de F sur la direction z.

Comme cette pp. passe par un point F intérieur au cercle directeur F', on voit que le problème a toujours deux solutions quelle que soit la direction z.

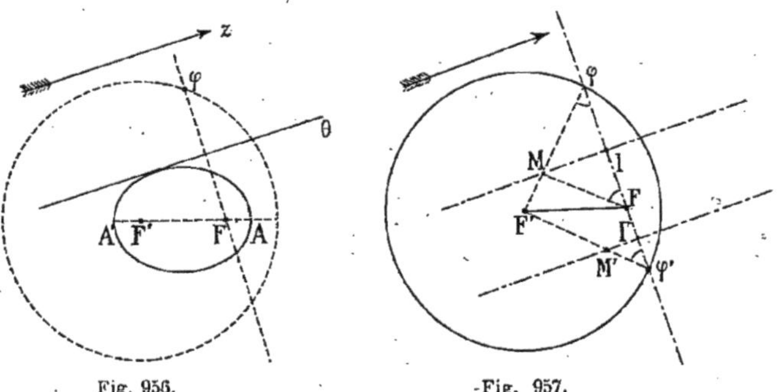

Fig. 956.   Fig. 957.

REMARQUE. — Les deux points de contact sont sur un même diamètre de l'ellipse.

En effet, si nous faisons la construction connue, la figure MFF'M' est un parallélogramme (car les angles φ' et φ sont égaux et l'angle φ est égal à l'angle IFM, donc $\widehat{IFM} = \varphi'$, donc FM est plle à F'φ').

Dès lors, MM' et FF' étant les diagonales du parallélogramme, MM' passe par le milieu de FF', c'est-à-dire par le centre de l'ellipse.

De quelques propriétés des tangentes à l'ellipse.

I. — Théorèmes de Poncelet.

II. — Lieu des points d'où on voit une ellipse sous un angle droit.

III. — Produit des distances des deux foyers à une tangente.

I. — Théorèmes de Poncelet.

Théorème I. — *Si d'un point P extérieur à une ellipse on mène les deux tangentes, les rayons vecteurs aboutissant au point d'où partent les tangentes sont également inclinés sur ces tangentes.*

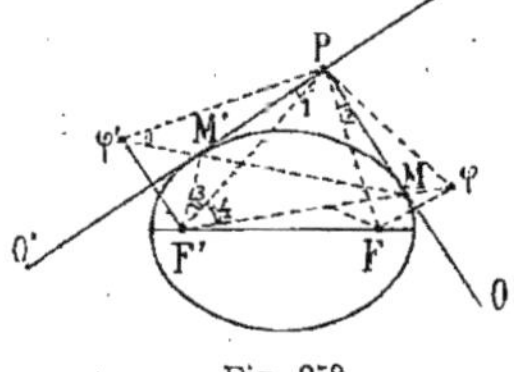

Fig. 958.

Pour le voir, prenons les symétriques φ de F et φ' de F'. Et joignons φF' et φ'F.

Les deux Δ formés Pφ'F et PφF' sont égaux comme ayant leurs trois côtés égaux deux à deux.

$$\varphi'P = PF';$$
$$PF = P\varphi;$$
$$\varphi'F = \varphi F'. \quad (\text{Car} = 2a.)$$

Donc :
$$\widehat{\varphi'PF} = \widehat{\varphi PF'}$$

et en retranchant la partie commune :

$$\widehat{\varphi'PF} = \widehat{\varphi PF}.$$

Donc :
$$\hat{1} = \hat{2}. \qquad \text{C. Q. F. D.}$$

Théorème II. — *Si d'un point extérieur P on mène les deux tangentes à l'ellipse, la droite qui va d'un foyer F' au point P est bissectrice de l'angle formé par les deux rayons vecteurs allant de ce foyer aux deux points de contact.*

En effet, si nous considérons les deux Δ égaux précédents, on en déduit que les angles $P\varphi'F$ et $PF'\varphi$ sont égaux.

Or :
$$\widehat{P\varphi'F} = \widehat{PF'M'}.$$

(Car en repliant autour de la tangente $P\theta'$, F' s'applique sur φ' et M' ne bouge pas.)

Donc :
$$\widehat{PF'M'} = \widehat{PF'M}. \qquad \text{C. Q. F. D.}$$

II. — Lieu des sommets des angles droits circonscrits à une ellipse.

Il est d'abord évident que, si on mène les tangentes aux quatre sommets A, A', B, B', le rectangle des axes ainsi formé nous donne quatre points du lieu.

Je dis que *le lieu cherché est le cercle circonscrit au rectangle des axes.*

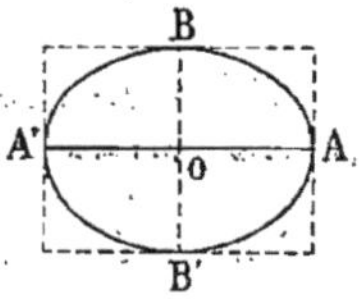

Pour cela nous allons montrer que, si P est le point de rencontre des deux tangentes rectangulaires θ et θ', on a :

$$\overline{PF}^2 + \overline{PF'}^2 = \text{Constante.}$$

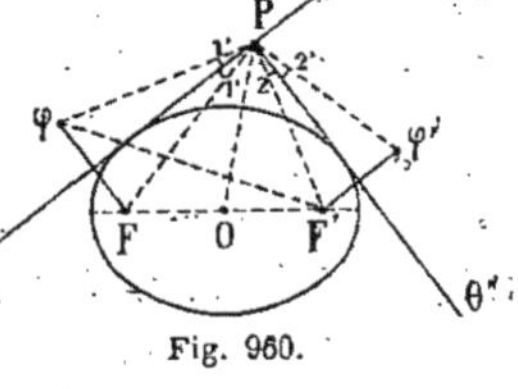

Fig. 959.

Les angles 1 et 2 étant égaux (d'après le théorème de Poncelet), 1 étant de plus égal à 1', il est évident que, si on imprime à l'angle droit $\theta'P\theta$ une rotation égale à l'angle 2, θ' viendra en PF' et θ viendra en $P\varphi$.

Fig. 960.

Donc l'angle $\varphi PF'$ sera droit. Mais alors, dans ce Δ rectangle $\varphi PF'$ où la droite $\varphi F'$ est égale à $2a$, on a la relation :

$$\overline{P\varphi}^2 + \overline{PF'}^2 = (2a)^2;$$

ce qui entraîne :
$$\overline{PF}^2 + \overline{PF'}^2 = 4a^2.$$

Or dans tout Δ ABC, on a la relation :

$$b^2 + c^2 = 2m^2 + \frac{a^2}{2}.$$

Donc on aura :
$$\overline{PF}^2 + \overline{PF'}^2 = 2\overline{PO}^2 + 2c^2;$$

c'est-à-dire :
$$2\overline{PO}^2 + 2c^2 = 4a^2;$$

ou :
$$\overline{PO}^2 = 2a^2 - c^2;$$
$$= a^2 + b^2.$$

Tous les sommets P sont donc sur un cercle décrit de O comme centre avec un rayon égal à la demi-diagonale du rectangle des axes.

D'ailleurs, tout point P_1 pris sur ce cercle est un point du lieu. Car de P_1 on peut mener une tangente TT′ à l'ellipse, on peut ensuite certainement lui mener une deuxième tangente pp. Le sommet de l'angle droit ainsi formé doit évidemment être sur TT′. Mais il doit être également sur le cercle. Donc il sera précisément au point P_1.

Le lieu cherché est donc bien le cercle circonscrit au rectangle des axes.   C. Q. F. D.

III. — Le produit des distances des deux foyers d'une ellipse à une tangente quelconque est constant.

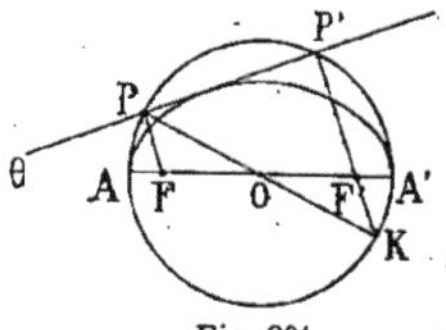

Fig. 961.

D'abord si ce produit est constant, il faut qu'il soit égal à b^2 (puisque nous pouvons considérer la tangente au sommet B).

Les pieds P et P′ des deux pp. FP et F′P′ à la tangente θ étant sur le cercle principal, construisons ce cercle, puis prolongeons F′P′ en F′K. Le $\triangle$ PP′K étant rectangle en P′, la droite PK est un diamètre — donc passe par le centre O — et alors les deux $\triangle$ FPO et F′KO étant égaux, on a :

$$F'K = FP.$$

Il en résulte que le produit :

$$FP \times F'P' = F'K \times F'P';$$

mais, dans le cercle, on a :

$$F'A' \times F'A = F'P' \times F'K.$$

Donc le produit :

$$FP.F'P' = (a - c)(a + c) = a^2 - c^2 = b^2 = \text{Constante}.$$

C. Q. F. D.

§ 5. — Étude de l'ellipse considérée comme projection d'un cercle.

Soit un cercle O de rayon a incliné sur le plan P et le coupant suivant le diamètre AA'. Projetons le diamètre perpendiculaire BB' en bb'.

Nous allons montrer que la projection du cercle est une

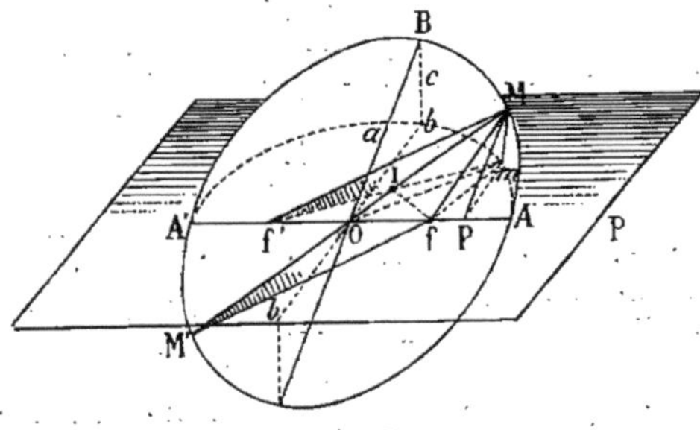

Fig. 982.

ellipse ayant pour grand axe $2a$ et pour petit axe bOb'. Et par conséquent la $\dfrac{1}{2}$ distance focale devra être égale à Bb.

Portons dès lors sur AA' à partir de O deux longueurs Of et Of' égales à la projetante Bb, longueurs que nous pouvons appeler c.

M étant un point du cercle qui se projette sur le plan P en m, nous allons montrer que $mf + mf'$ est égal à $2a$, ou, si l'on veut, est égal au diamètre MOM'. Et pour cela, ayant abaissé de f la pp. fI sur MM', nous allons prouver que l'on a :

$$mf = \text{MI} \quad \text{et} \quad mf' = \text{IM}'.$$

Au lieu de prouver que $mf = \text{MI}$, il suffira évidemment de prouver, les $\triangle$ rectangles Mmf et MIf ayant même hypoténuse Mf, que l'on a :

$$f\text{I} = \text{M}m.$$

Pour cela nous calculerons séparément fI et Mm par la méthode des $\triangle$ semblables.

Le $\triangle$ OIf est semblable au $\triangle$ OMP, MP étant la pp. menée de M sur AA'. On a donc :

$$\frac{fI}{MP} = \frac{Of}{OM} = \frac{c}{a} ;$$

d'où : $$fI = \frac{c}{a} MP \qquad (1).$$

D'un autre côté, les $\triangle$ MmP et BbO étant semblables, on a aussi :

$$\frac{Mm}{Bb} = \frac{MP}{OB} ;$$

c'est-à-dire : $$\frac{Mm}{c} = \frac{MP}{a} ;$$

d'où : $$Mm = \frac{c}{a} MP \qquad (2).$$

Ces résultats (1) et (2) nous montrent bien que $fI = Mm$ et par conséquent que :

$$mf = MI \qquad (3).$$

Pour montrer que $mf' = IM'$, faisons entrer ces deux longueurs dans les deux $\triangle$ mf'M et IM'F. Ces $\triangle$ sont rectangles.

Ils ont M$m = fI$ (puisqu'on vient de le démontrer). De plus Mf' est égal à fM' (car la figure MM'ff' est un parallélogramme, les diagonales se coupant mutuellement en leur milieu O). Donc on a :

$$mf' = IM' \qquad (4).$$

Ces résultats (3) et (4) nous montrent bien que le lieu des projections des points du cercle est une ellipse.

(Cette élégante démonstration géométrique est due à M. Courseules, ancien professeur au lycée Saint-Louis.)

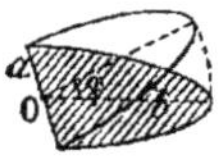

Il résulte de cette démonstration qu'une ellipse d'axes $2a$ et $2b$ peut toujours être regardée comme provenant de la projection d'un cercle de rayon a incliné d'un angle φ satisfaisant à la relation :

Fig. 963.

$$\cos \varphi = \frac{a}{b}.$$

N. B. — On aurait pu démontrer *algébriquement* que la projection d'un cercle est une ellipse, en cherchant (comme on l'a déjà fait plus haut) l'équation de cette projection et remarquant qu'elle est l'équation d'une ellipse.

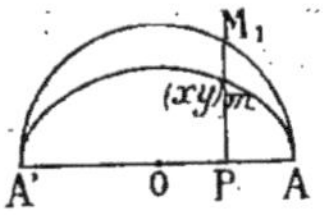

Soit AA'M, le rabattement du cercle générateur de l'ellipse sur le plan de projection. m étant la projection du point M de l'espace, on a évidemment :

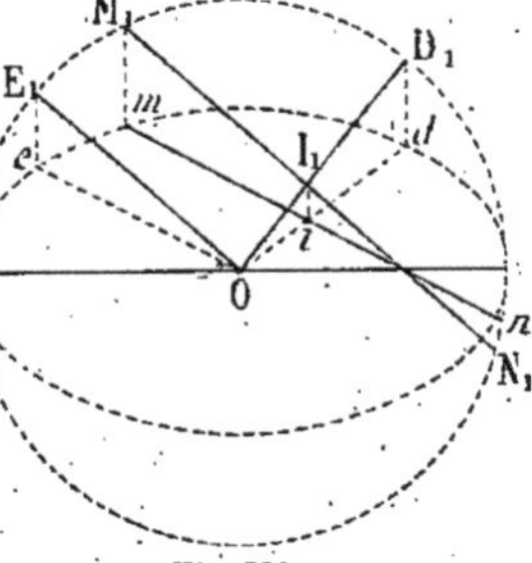

Fig. 964.

$$mP = MP \cos\varphi = M_1 P \times \frac{b}{a};$$

donc :

$$y = \frac{b}{a}\sqrt{a^2 - x^2};$$

donc la relation entre l'x et l'y d'un point quelconque de la projection est :

$$\frac{x^2}{a^2} + \frac{y^2}{b^2} = 1,$$

ce qu'on sait être l'équation d'une ellipse. (Voir page 616.)

Théorème I. — *Si sur le grand axe d'une ellipse on décrit un cercle, le rapport des ordonnées de l'ellipse et du cercle qui correspondent à une même abscisse est constant et égal au rapport $\frac{b}{a}$.*

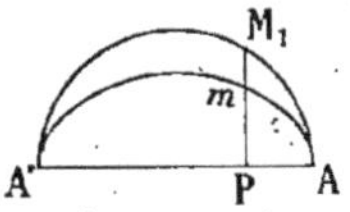

Fig. 965.

En effet, si on fait tourner ce cercle autour de AA' jusqu'à ce qu'il fasse un angle φ satisfaisant à la relation $\cos\varrho = \frac{b}{a}$, on sait qu'il se projette suivant l'ellipse. On a donc :

$$mP = MP \cos\varphi = MP \times \frac{b}{a} = M_1 P . \frac{b}{a}. \quad \text{C. Q. F. D.}$$

Théorème II. — *Deux diamètres rectangulaires du cercle de l'espace se projettent suivant deux diamètres conjugués de l'ellipse, c'est-à-dire suivant deux diamètres tels que l'un d'eux partage en deux parties égales les cordes plles à l'autre.*

Soient en effet OD$_1$ et OE, les rabattements de deux cordes rectangulaires du cercle de l'espace, Od et Oe étant leurs projections.

Fig. 966.

Si nous considérons une corde M_1N_1 plle à OE_1, son milieu I_1 se projette en i sur la droite Od, et la corde $M_1I_1N_1$ se projette sur la corde d'ellipse mn, plle à Oe, i étant le milieu de mn. Donc Od passe bien par le milieu de toutes les cordes mn plles à Oe. Donc Od est le diamètre conjugué de Oe.

C. Q. F. D.

Remarque. — La somme des carrés de deux diamètres conjugués de l'ellipse est égale à la somme des carrés des axes.

Appelons-les a' et b'. On a :

$$a'^2 + b'^2 = \overline{CH}^2 + \overline{OH}^2 + \overline{DK}^2 + \overline{OK}^2 = \frac{b^2}{a^2}\overline{C'H}^2 + \overline{OH}^2$$

$$+ \frac{b^2}{a^2}\overline{D'K}^2 + \overline{OK}^2.$$

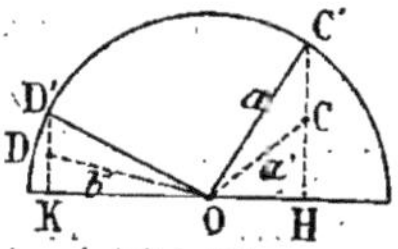

Mais : $\quad OK = C'H.$

Donc : $\quad a'^2 + b'^2 = a^2 + b^2.$

Fig. 967.

L'ellipse étant la projection d'un cercle, on peut en déduire un grand nombre de constructions géométriques et aussi de théorèmes, par exemple :

Trouver l'intersection d'une droite et d'une ellipse.
Mener à une ellipse une tangente par un point P.
Mener à une ellipse une tangente plle à une direction z.
Trouver la surface de l'ellipse.
Établir les théorèmes d'Apollonius.
Prouver que, si une droite glisse entre deux droites rectangulaires, tout point de cette droite décrit une ellipse.

Proposons-nous par exemple de chercher l'intersection de la droite d avec l'ellipse d'axes $2a$ et $2b$.

Cette droite d est la projection d'une droite D située dans le plan du cercle qui se projette suivant l'ellipse donnée, droite D dont il est facile de déterminer le rabattement D_1 quand le cercle générateur de l'ellipse a tourné autour de AA'. (Car le point I ne bouge pas et d'autre part si on mène au hasard la droite bK, comme la droite correspondante de l'espace vient se rabattre en B_1K, le point e de la droite d proviendra d'un point E qui viendra se rabattre en E_1. La droite D génératrice de d sera donc rabattue en IE_1D_1.)

Et maintenant le problème est fini.

Car cette droite D_1 coupant le cercle rabattu en M_1 et N_1, si on prend les points correspondants m et n, ces points m et n

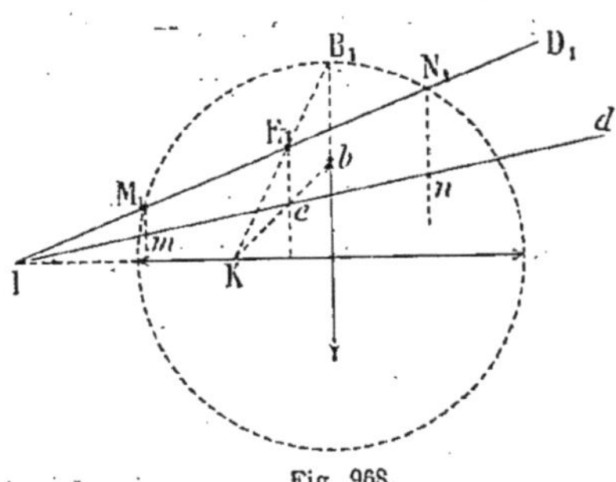

Fig. 968.

seront les projections des points M et N où la droite D coupe le cercle générateur de l'ellipse, c'est-à-dire les deux points où la droite d coupe l'ellipse.

Pour trouver la surface de l'ellipse, il suffit de remarquer que la *projection d'une surface est égale numériquement à cette surface multipliée par le cosinus de l'angle que son plan fait avec le plan de projection.*

Il résulte de là que l'on aura :

$$\text{Aire de l'ellipse} = \text{aire du cercle générateur} \times \text{Cos } \varphi ;$$

$$= \pi a^2 \times \frac{b}{a} ;$$

$$= \pi a b.$$

REMARQUE. — Il est facile de démontrer le théorème sur lequel nous nous sommes appuyés.

1° Quand on projette un Δ ABC reposant sur le plan de projection par un côté BC, on a :

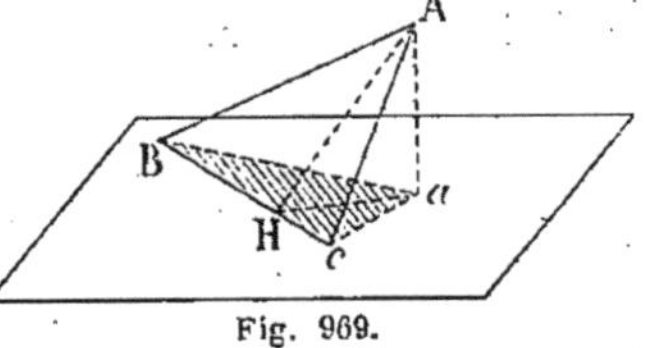

Fig. 969.

$$\text{Projection } a\text{BC} = \frac{1}{2}\, \text{BC} \times a\text{H} ;$$

$$= \frac{1}{2}\, \text{BC} \times \text{AH Cos } \varphi ;$$

$$= \text{Surface ABC} \times \text{Cos } \varphi.$$

2° Quand le Δ a seulement un sommet A en contact avec le plan sur lequel on le projette, on a :

$$\text{Projection } bc\text{A} = \text{Surface } b\text{IA} - \text{Surface } c\text{IA} ;$$
$$= \text{BIA Cos } \varphi - \text{CIA Cos} \varphi ;$$
$$= (\text{BIA} - \text{CIA}) \text{Cos } \varphi ;$$
$$= \text{BAC Cos } \varphi.$$

3° Quand le Δ n'a aucun sommet sur le plan et même quand

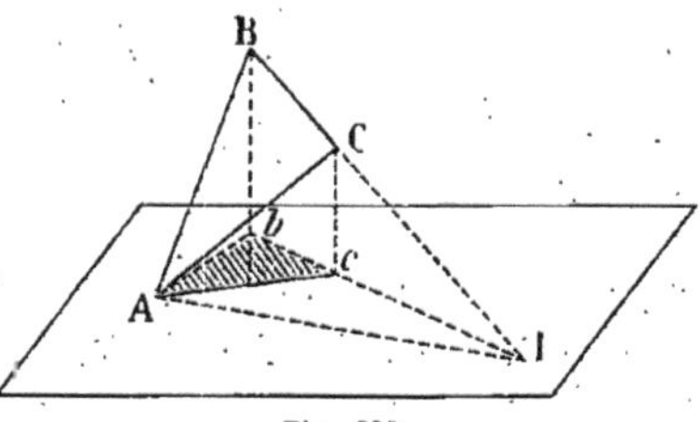

Fig. 970.

il le traverse, ces cas se ramènent aux précédents en remarquant que la projection est la même sur tous les plans parallèles.

4° Toute surface plane pouvant être regardée comme constituée par la limite d'une somme de rectangles et par conséquent d'une somme de triangles, on voit donc que la projection s de cette surface plane S, quelle que soit sa forme, sera numériquement égale à la limite de la somme des projections de tous ces triangles, et par conséquent, les plans de tous ces Δ faisant tous le même angle φ avec le plan de projection, la projection s de la surface plane sera égale à la surface S de l'espace multipliée par le cosinus de l'angle que son plan fait avec le plan de projection, d'où la formule générale :

$$s = \text{S Cos } \varphi.$$

REMARQUE. — Si on construit le parallélogramme sur deux diamètres conjugués quelconques de l'ellipse, ces deux diamètres conjugués étant les projections de deux diamètres rectangulaires du cercle principal, le parallélogramme est la projection du carré construit sur ces deux diamètres rectangulaires. Donc, si on appelle S la surface du parallélogramme, on a :

$$\text{S} = a^2 \times \frac{b}{a} = ab.$$

On appelle *théorèmes d'Apollonius* les deux théorèmes qui disent que :

$$a'^2 + b'^2 = a^2 + b^2 ;$$

$$a'b' \operatorname{Sin} \theta = ab,$$

θ étant l'angle des deux diamètres conjugués considérés.

Note. — Il est possible de construire une ellipse par points en s'appuyant sur ce que l'ellipse est la projection d'un cercle.

Prenons sur la corde $A'B_1$ un point quelconque D_1 extérieur et joignons AD_1 qui coupe le cercle en M_1.

Quand ce Δ se relève avec le cercle de façon à s'arrêter dans la position où le cercle O projeté donne l'ellipse, $A'B_1$ venant en $A'b$, le point D_1 vient se projeter en d, à l'intersection de D_1P et de $A'b$. La droite AM_1D_1 venant se projeter en Ad, le point M_1 vient se projeter en m, à l'intersection de Ad et de la pp. M_1Q.

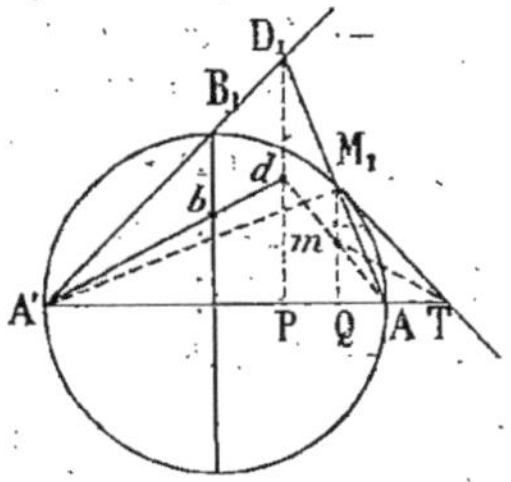

Donc m est un point de l'ellipse facile à construire.

Fig. 971.

En prenant d'autres points $D_1D_2D_3\ldots$ sur $A'B_1$ de même que des points extérieurs... sur la droite AB_1, on aura évidemment autant de points qu'on voudra de l'ellipse. Et même on aura aisément les tangentes en ces différents points m en menant la tangente M_1T au cercle, et joignant Tm.

Parabole.

Sommaire :

---

§ 1ᵉʳ. — Construction d'une parabole.

Construction d'un mouvement continu.

RÈGLE. — On applique une équerre AHB le long de la directrice donnée D. En A et en F sont fixées les extrémités d'un fil égal à la longueur du côté AH.

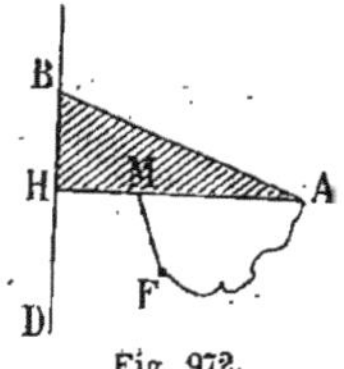

Fig. 972.

On tend ce fil, à l'aide d'une pointe, de façon à l'appliquer le long de AH. Quand l'équerre se déplace, la pointe M décrit un arc de parabole.

En effet, on a : $AM + MF =$ Longueur du fil ;

$$= AH ;$$
$$= AM + MH ;$$

d'où : $\qquad MF = MH.$

Construction de la parabole par points.

D'abord si du foyer F on mène la pp. FH sur la directrice D, le milieu S de cette pp. est un point du lieu.

Si ensuite nous cherchons le point de la parabole situé sur la pp. quelconque KZ à la directrice, il suffira évidemment de joindre le pied K au foyer F et de mener la pp. au milieu I de cette droite KF. On aura de la sorte le point M de la parabole, et on voit qu'il n'y a pas d'autre point de la parabole sur cette droite Z.

Nous voyons enfin que, si on prend la droite Z′ symétrique de Z par rapport à FH, le point M′ situé sur Z′ sera symétrique de M.

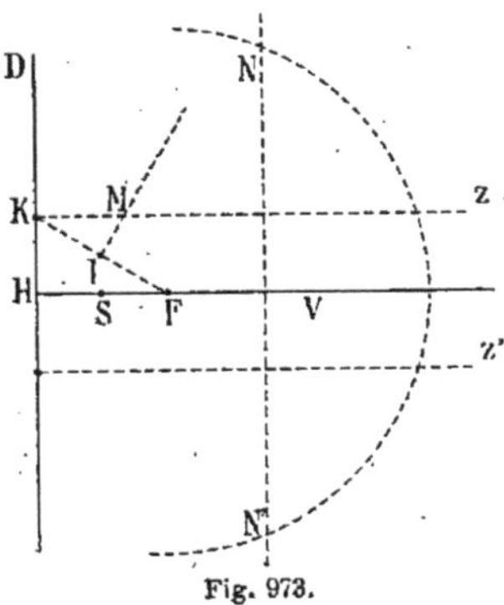

Fig. 973.

Donc nous voyons que la courbe appelée parabole est une courbe symétrique par rapport à la droite FH (qui pour cette raison s'appelle l'*axe* de la parabole).

Pour montrer que la parabole a des points à l'infini, cherchons les points de la parabole situés sur une pp. VV à l'axe. Ces points s'obtiendront évidemment en prenant l'intersection de la droite V avec la circonférence décrite de F comme centre avec un rayon égal à VH. Et il y aura toujours deux points N et N′ symétriques (puisque la distance FV de F à la droite V sera toujours plus petite que le rayon VH, quelque loin que la pp. V soit par rapport à la directrice, même quand cette droite V sera, comme on dit, à l'infini, pourvu toutefois que la droite V soit prise à droite de S, et non pas à gauche de S).

Donc, en résumé, ces constructions nous montrent clairement que la courbe appelée parabole se compose d'une seule branche de *courbe qui s'étend à la droite du sommet S, et qui est symétrique par rapport à l'axe* FH (figure qui a la forme ci-contre).

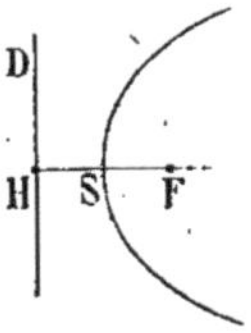

Le point S milieu de FH s'appelle pour cette raison le *sommet* de la parabole.

On appelle *points intérieurs* à la parabole les points I qui,

Fig. 974.

sur la pp. x à la directrice, sont du même côté de la courbe que le foyer F.

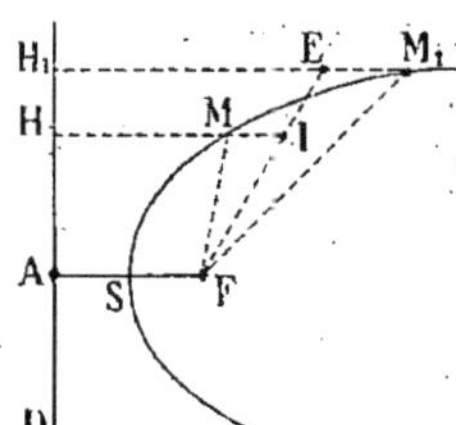

Fig. 975.

Pour ces points I, on a : IF $<$ IH.

En effet, M étant le point où x coupe la parabole, on a :

$$MH = MF.$$

Mais I étant à droite de M (puisque F est à droite de S), le $\triangle$ IFM nous donne :

$$IF < IM + MF ;$$

c'est-à-dire :
$$< IM + MH ;$$

$$< IH.$$

Si on appelle *points extérieurs à la parabole* les points E qui, sur la pp. x à la directrice, ne sont pas du même côté que le foyer, ces points extérieurs sont tous plus près de la directrice que du foyer.

En effet, on a : $FM_1 - M_1E < EF ;$

c'est-à-dire : $M_1H_1 - M_1E < EF ;$

c'est-à-dire : $EA_1 < EF.$

Il résulte de là, que la parabole est un lieu géométrique : le lieu des points également distant d'une droite D et d'un point F en dehors.

N. B. — On verrait facilement que la parabole est le lieu des points également distants d'un cercle et d'une droite.

(Voir le *Guide méthodique de résolution des problèmes de géométrie élémentaire*.)

§ 2. — Équation de la parabole.

Appelons p le paramètre d'une parabole, c'est-à-dire la distance FA du foyer F à la directrice D.

Si on prend pour axe des y la directrice et pour axe des x la pp. FA, on a :

$$MF = MH;$$

c'est-à-dire :
$$\sqrt{y^2 + (x - p)^2} = x;$$

c'est-à-dire :
$$\boxed{y^2 - 2px + p^2 = 0}$$

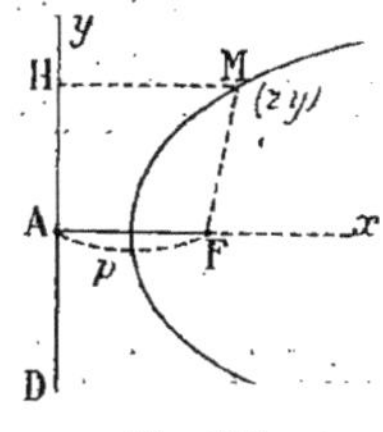

Fig. 976.

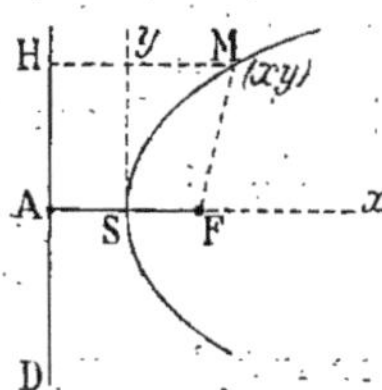

Fig. 977.

REMARQUE. — Si on prend pour axe des y la pp. à l'axe menée par le sommet S, l'axe des x étant la pp. FA, on a une autre équation; car la relation $MF = MH$ nous donne alors :

$$\sqrt{y^2 + (x - p)^2} = x + \frac{p}{2};$$

d'où :
$$\boxed{y^2 = 2px}$$

§ 3. — Intersection d'une droite et d'une parabole, et tangente à la parabole.

Pour achever de déterminer exactement la forme de la courbe appelée parabole, il nous reste à montrer que c'est une courbe convexe non sinueuse, ce qui se fera en prouvant qu'une droite ne peut jamais la couper en plus de deux points.

1° SOLUTION ALGÉBRIQUE. — Soit $y = mx + n$ l'équation de la droite donnée. $y^2 = 2px$ étant l'équation de la parabole, on voit que si on appelle x et y les coordonnées du point d'intersection, qu'il y en ait un ou plusieurs, x et y doivent rendre identiques à la fois les deux équations précédentes, c'est-à-dire vérifier le système :

$$y = mx + n;$$
$$y^2 = 2px.$$

Mais si on remplace y par $mx + n$, on doit avoir :

$$(mx + n)^2 = 2px;$$

c'est-à-dire : $\quad m^2x^2 + 2(mn - p) + n^2 = 0.$

Cette équation (dite équation aux abscisses des points d'intersection) étant du second degré, on voit qu'il y a en général non pas un, mais deux points d'intersection.

Dans le cas où le discriminant

$$(mn - p)^2 - m^2n^2$$

serait nul, c'est-à-dire dans le cas où on aurait :

$$p^2 - 2mnp = 0;$$

c'est-à-dire : $\quad n = \dfrac{p}{2m};$

on ne trouverait plus qu'un point d'intersection ou plutôt les deux points d'intersection seraient confondus. La droite correspondante dont l'équation est :

$$y = mx + \frac{p}{2m}$$

s'appellera une *tangente à la parabole*, puisqu'elle coupe la parabole en deux points confondus.

On verrait, comme on l'a fait pour l'ellipse, que le coefficient angulaire m d'une tangente à la parabole, en fonction des coordonnées $x_1 y_1$ du point de contact, satisfait à la relation :

$$m = \frac{p}{y_1}.$$

Car on a :
$$y = \sqrt{2px} \,;$$

d'où :
$$y'_x = \sqrt{2p}\,\frac{1}{2\sqrt{x}} = \frac{\sqrt{p}}{\sqrt{2x}} = \frac{p}{y}.$$

2° SOLUTION GÉOMÉTRIQUE. — Proposons-nous de chercher l'intersection de la parabole non tracée et définie par F et D avec une droite donnée Δ, inclinée sur l'axe.

Supposons le problème résolu et soit M l'un des points d'intersection. On sait que M est le centre d'un cercle passant par F et tangent à la directrice. Mais Δ étant un diamètre de ce cercle, le symétrique F_1 de F par rapport à Δ est un deuxième point, connu, du cercle.

On voit donc que le point M où la

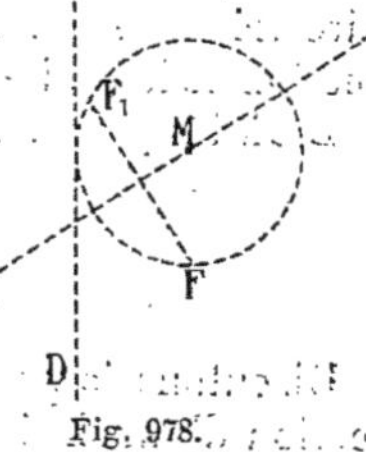

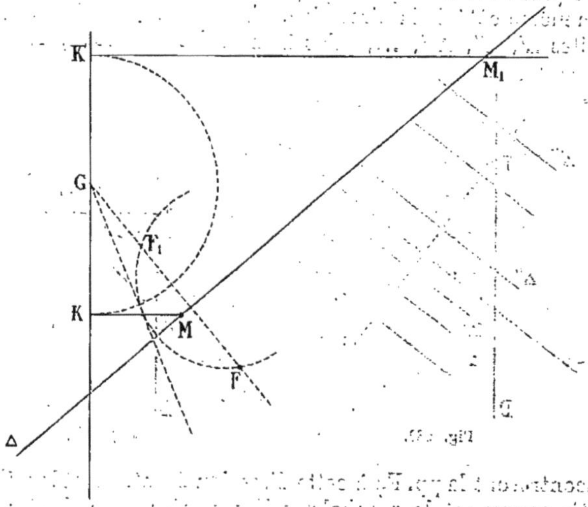

Fig. 978.

droite Δ coupe la parabole est le centre d'un cercle tangent à

Fig. 979.

la directrice et passant par les deux points connus F et F_1.

Or on sait construire ce cercle (Géométrie plane). On sait même qu'il y a généralement deux cercles qui répondent à la question.

Donc une droite ne peut jamais couper une parabole qu'en deux points. Donc la parabole est une courbe qui n'est pas sinueuse et qui est convexe.

La construction à faire pour trouver l'intersection de la droite Δ non plle à l'axe et de la parabole non tracée est la suivante (voir *fig.* 979), à savoir : prolonger FF_1 jusqu'à sa rencontre en G avec la directrice, par F et F_1 mener un cercle quelconque, mener de G la tangente à ce cercle, la rabattre sur la directrice en GK et GK', enfin prendre les deux points d'intersection de la droite Δ avec les deux perpendiculaires en K et K'.

D'où les points cherchés M et M'.

Tangente à la parabole.

Discutons le problème de construction précédent de l'intersection d'une droite et d'une parabole.

Le problème n'est possible que si les deux points F et F_1 sont d'un même côté de la directrice. Si donc on considère toutes les droites Δ', Δ'', Δ''', …, plles à la droite donnée Δ, celles qui

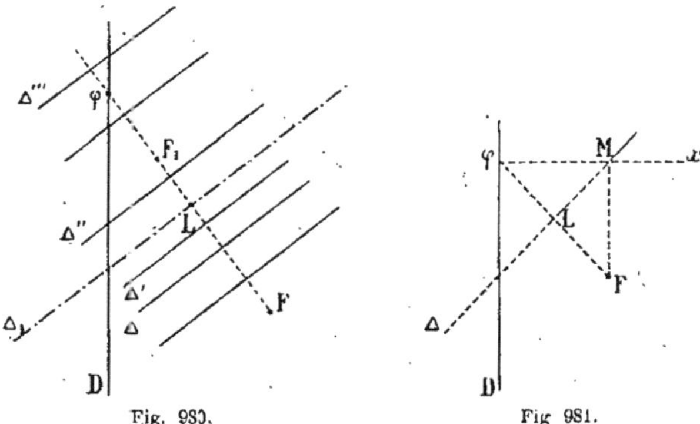

Fig. 980.   Fig. 981.

rencontreront la pp. Fφ à cette direction Δ entre F et le milieu L de Fφ couperont la parabole, celles situées entre L et φ ne la couperont pas, d'où deux régions, l'une entre F et L où les droites coupent, l'autre entre L et φ où elles ne coupent pas.

Si en particulier on considère la droite Δ_1 qui passe par le milieu L, celle-là ne coupera plus la parabole qu'en un seul point au lieu de deux. Car il n'y a qu'un seul cercle, tangent à la direction au point φ, et passant par F (problème du livre II qui se fait en menant la pp. φx et prenant son intersection M avec la droite Δ_1).

Cette droite particulière Δ s'appelle une *tangente* à la parabole. Car une tangente à la parabole est une droite qui la coupe en un seul point. On voit que le symétrique du foyer par rapport à cette tangente est sur la directrice et que le point de contact joint à ce symétrique donne une plle à l'axe.

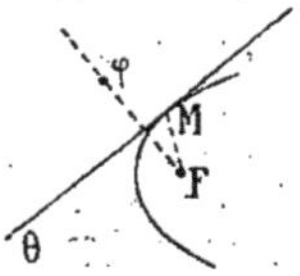

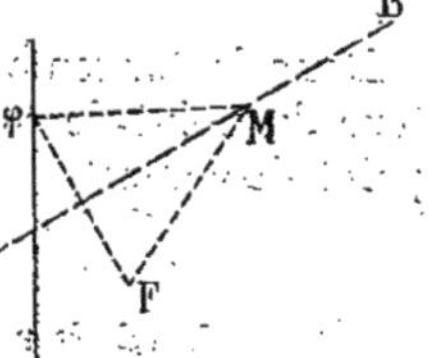
Fig. 982.

Il est évident que réciproquement si une droite est tangente à la parabole, c'est-à-dire n'a avec elle qu'un point commun, il faut que cette droite θ soit placée comme nous venons de le dire, car, sans cela, le symétrique serait, ou à droite de la directrice et alors la droite serait sécante, ou à gauche de la directrice, et alors la droite ne couperait plus.

Donc, nous pouvons énoncer les théorèmes suivants :

Théorème I. — *Pour qu'une droite soit tangente à la parabole, il faut et cela suffit que le symétrique du foyer par rapport à cette droite soit sur la directrice.*

N. B. — Nous désignerons toujours ce point symétrique du foyer par rapport à une tangente par la lettre φ, et dans tous les problèmes où on aura à construire une tangente à une parabole, de même que dans tous les théorèmes où on aura à utiliser qu'une droite est tangente à une parabole, interviendra toujours ce point symétrique φ (point qui est sur la directrice et qui joint au point de contact donne une plle à l'axe).

Théorème II. — *La tangente en un point d'une parabole est bissectrice de l'angle formé par le rayon vecteur du point de contact et la plle à l'axe.*

En effet, soit AB une droite tangente à la parabole. Cela veut dire, à cause du théorème précédent, que lo symétrique du foyer F par rapport à cette droite est sur la directrice. Appelons φ ce point symétrique,

Fig. 983.

On sait que le point de contact est en M sur la pp. φM à la directrice.

Mais alors si on joint MF, le $\triangle$ φMF étant isocèle, la hauteur AMB est bissectrice.

Donc la tangente à la parabole fait bien des angles égaux avec le rayon vecteur du point de contact et la parallèle à l'axe menée par ce point de contact.   C. Q. F. D.

On peut du reste démontrer directement cette propriété fondamentale comme il suit :

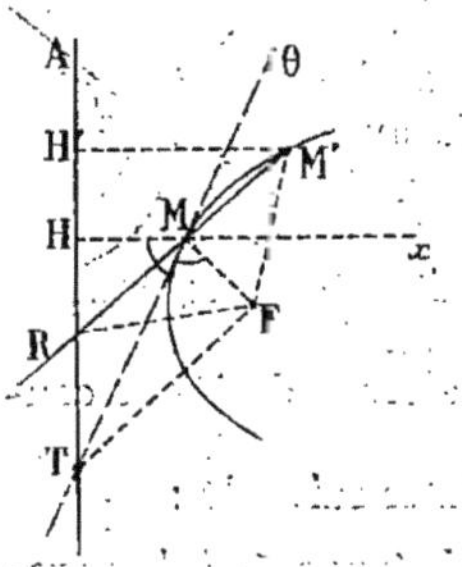

Appelons R le point où la sécante MM' coupe la directrice, on a :

$$\frac{RM}{RM'} = \frac{MH}{M'H'} = \frac{FM}{FM'}.$$

Donc la droite RF est bissectrice extérieure de l'angle du $\triangle$ MM'F et est perpendiculaire à la bissectrice intérieure.

Mais alors à la limite, quand M' est venu se confondre avec M et que la sécante est devenue la tangente MT, TF qui est toujours pp. à la bissectrice intérieure est pp. à FM (puisque le $\triangle$ s'est réduit à la droite FM).

De telle sorte que les deux $\triangle$ TFM et THM sont égaux.

Donc : $\widehat{TMF} = \widehat{TMH}$.

Donc, en considérant l'angle opposé par le sommet θMx, on a bien :

$$\widehat{TMF} = \widehat{\theta Mx}.$$

Donc la tangente fait des angles égaux avec le rayon vecteur du point de contact et la parallèle à l'axe menée par ce point de contact.

Fig. 984.

Podaire du foyer dans la parabole.

Cherchons le lieu des projections I du foyer F sur les tangentes à la parabole.

Soit θ une droite tangente à la parabole.

Le symétrique φ de F étant sur la directrice D, il est clair que la pp. FI sur la tangente passe par φ, et de plus que I est le milieu de Fφ.

Or le sommet S de la parabole est aussi le milieu de la pp. FH.

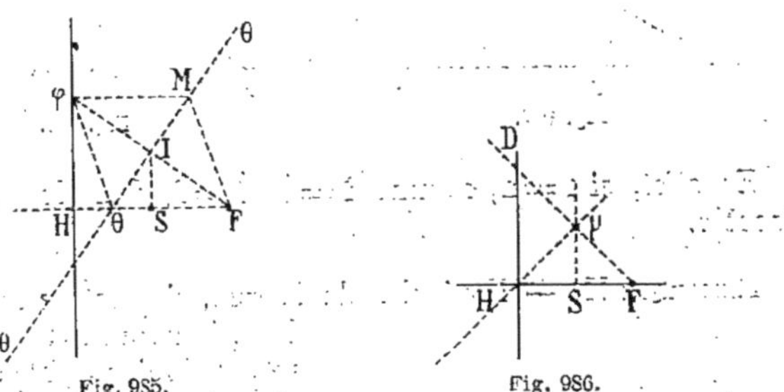

Fig. 985.   Fig. 986.

Donc la droite IS dans le Δ FHφ est la droite des milieux, et comme telle, est pp. à HF.

Donc les projections du foyer sur une tangente sont toutes sur la *tangente au sommet.*

D'ailleurs un point quelconque μ de cette tangente au sommet est la projection d'un foyer sur une tangente. Car si on joint Fμ et qu'on prolonge jusqu'à la directrice, et que par μ on mène la droite pp. à Fμ, cette droite est tangente (le symétrique de F étant sur D)*.

Donc :

Théorème III. — *Le lieu des projections du foyer d'une parabole sur les différentes tangentes est la tangente au sommet.*

---

§ 4. — Construction de tangentes à une parabole.

PROBLÈME I. — *Mener une tangente à la parabole par un point pris sur la courbe (la parabole étant définie par ce point, le foyer et la direction Fx de l'axe).*

RÈGLE. — Il suffira de mener par M la bissectrice MO de l'angle FMx' (*fig.* 989).

---

* Le point H n'est qu'accidentellement sur la directrice.

Remarque I. — On aurait pu se contenter de prendre sur l'axe FO = FM.

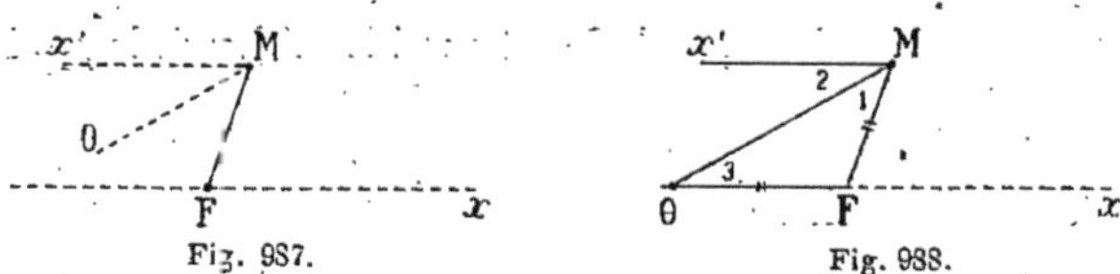

Fig. 987.   Fig. 988.

En effet, si $1 = 2$, comme $\hat{1} = \hat{3}$, $\hat{3} = \hat{2}$, donc le $\triangle$ FMO est isocèle.

Remarque II. — Il résulte de là que, si φ est le symétrique de F, la figure MF$\varphi\theta$ est un losange (puisque Mφ = MF et que MF = Fθ, ce qui nous donne deux côtés opposés plles et égaux).

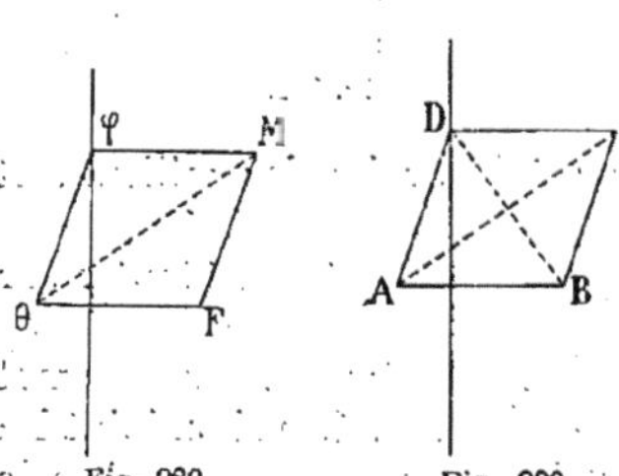

Fig. 989.   Fig. 990.

Remarque III. — Cette remarque II nous permet de construire exactement et rapidement les éléments constitutifs d'une parabole en fonction d'une tangente, en *construisant un losange* ABCD, et menant la pp. du point D.

En effet :

B sera le foyer;
La pp. menée de D sera la directrice;
C sera un point de la parabole;
CA sera la tangente en ce point.

(Et même la normale en C sera la plle à DB.)

Problème II. — *Mener à la parabole une tangente parallèlement à une direction donnée, la parabole étant définie par son foyer et sa directrice.*

Faisons deux figures, l'une 901 où nous supposons le problème résolu, la parabole étant tracée, θ étant la tangente cherchée plle à la direction z; l'autre 902 où le terrain est préparé pour y recevoir les constructions.

La tangente plle à z sera connue si on connaît le symétrique φ de F par rapport à cette tangente inconnue.

Or la figure nous montre que ce symétrique est : 1° sur la

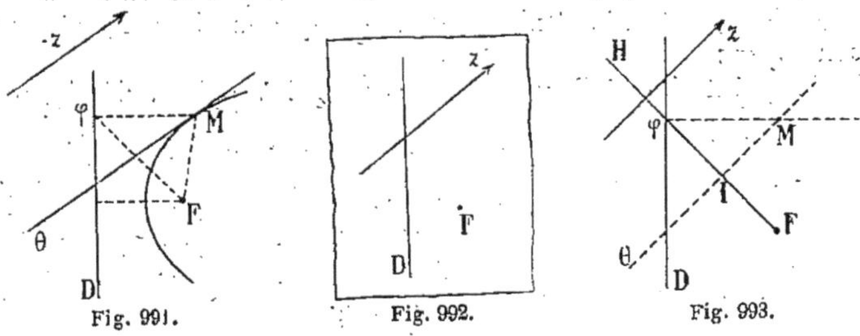

directrice ; 2° sur la pp. menée de F sur θ, c'est-à-dire sur z.

Donc :

CONSTRUCTION. — *De F on mène une pp. FH sur la direction z.
On prend l'intersection φ de FH avec la directrice D et par le
milieu I de Fφ on mène la pp. θ qui sera la tangente cherchée.*

Le point de contact sera en M à l'intersection de θ avec la pp.
menée de φ à la directrice.

Il n'y a pas lieu de discuter. Car, quelle que soit la direction z,
la pp. FH coupe toujours la directrice.

Donc on peut toujours mener une tangente
à la parabole dans n'importe quelle direction, et il n'y en a qu'une dans une direction
donnée.

REMARQUE. — Si la direction donnée z est plle
à la directrice, le point φ étant le point H où
l'axe perce la directrice, la tangente plle à D est
la tangente au sommet.

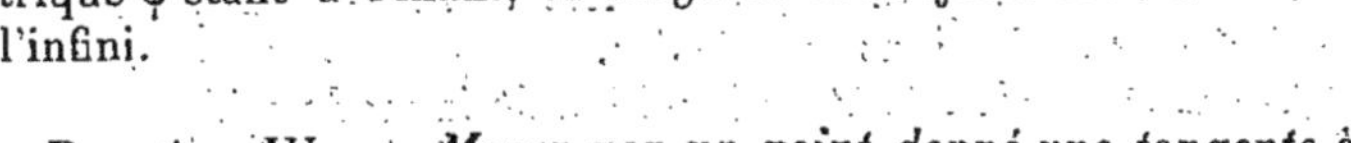

Si la direction donnée est plle à l'axe, le symétrique φ étant à l'infini, la tangente est rejetée tout entière à
l'infini.

PROBLÈME III. — *Mener par un point donné une tangente à
une parabole définie par sa directrice et son foyer.*

Supposons le problème résolu. Soit la parabole tracée et Pθ la
tangente demandée, passant par le point P.

Cherchons encore le symétrique φ du foyer F.

Il est sur la directrice.

Il est encore sur la circonférence décrite de P comme centre

avec un rayon égal à PF (puisque PF = Pφ comme obliques
également écartées). D'où la construction ci-contre où la parabole n'est pas tracée et n'est figurée que par sa directrice et par
son foyer :

Du point donné P avec un rayon égal à PF on décrit un

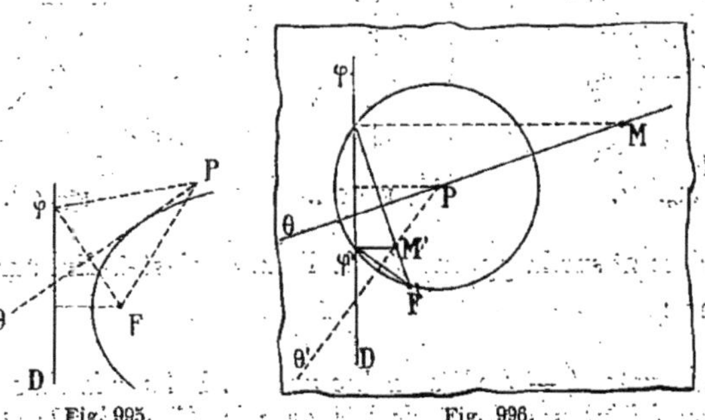

cercle, on prend ses points de rencontre φ et φ' avec la directrice,
on les joint au foyer et aux milieux des droites Fφ et Fφ' on
mène les pp. qui sont les tangentes cherchées.

Comme le cercle coupe en général la droite D en deux points,
il y a en général deux points φ, donc deux tangentes Pθ et Pθ'.

DISCUSSION. — Pour que le problème soit possible, le rayon PF
doit être plus grand que la distance de P à la directrice, ce qui
nous apprend que le point donné P doit être extérieur à la parabole.

Donc d'un point extérieur à la parabole, on peut toujours lui
mener deux tangentes, et d'un point intérieur, aucune.

REMARQUE. — 1° Si on projette sur la directrice les deux tangentes issues du point P, tangentes limitées aux points de
contact, ces projections sont égales.

(Car la projection de P est le milieu de la corde φφ'.)

2° Si on mène la corde de contact MM', le milieu de cette
corde est sur la parallèle à l'axe passant par le point P d'où on
a mené les deux tangentes.

(Car dans le trapèze MM'φφ', la base moyenne passe par P.)

CAS PARTICULIER OÙ LE POINT DONNÉ P EST SUR LA DIRECTRICE. —
En appliquant la construction précédente, la figure nous montre

que le cercle de rayon PF et de centre P a pour diamètre la directrice.

Dès lors l'angle $\varphi F \varphi'$ est droit. Donc dans le quadrilatère inscriptible PII'F l'angle IPI' est aussi droit. Ce qui montre que les tangentes issues d'un point de la directrice sont rectangulaires.

Si maintenant nous cherchons les points de contact M et M' de ces deux tangentes, il est facile de voir que la corde de contact MM' passe par le foyer.

En effet, si nous joignons MF, les deux $\triangle$ MPF et MPφ étant égaux, l'angle PFM est égal à l'angle PφM, donc est droit.

De même l'angle PFM' est droit. Donc les trois points M, F, M' sont en ligne droite.

Donc la corde de contact MM' passe bien par F.

De plus du reste cette droite MM' est pp. à PF.

Donc ;

Théorème. — *Si d'un point de la directrice on mène des tangentes à la parabole : 1° elles sont rectangulaires; 2° la corde de contact passe par le foyer; 3° cette corde de contact est pp. à la droite qui joint le point au foyer.*

REMARQUE. — Comme les tangentes menées d'un point extérieur à la parabole et non sur la directrice ne sont pas rectangulaires (l'angle $\theta P \theta'$ dans le quadrilatère inscriptible PIFI' étant le supplément de l'angle $\varphi F \varphi'$ qui n'est pas droit), comme d'autre part les tangentes menées d'un point quelconque de la directrice sont rectangulaires, on peut énoncer le théorème suivant :

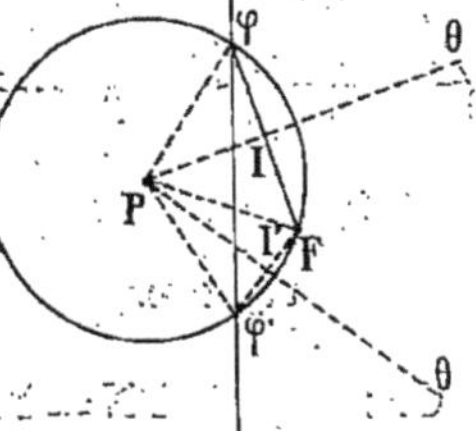

Fig. 998.

Théorème. — *Le lieu géométrique des points d'où on peut mener à la parabole deux tangentes rectangulaires est la directrice.*

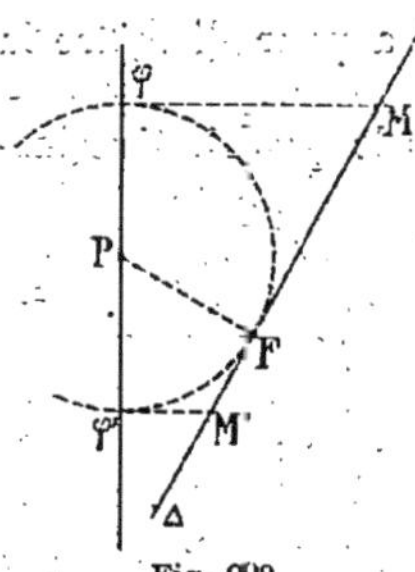

Fig. 999.

REMARQUE. — On peut très facilement trouver l'intersection d'une parabole avec une droite passant par le foyer, en assimilant cette droite à une corde de contact. La pp. FP donne alors en P le point d'où partent les deux tangentes ayant Δ pour corde de contact, d'où les deux points cherchés M et M' (qu'on peut obtenir soit par le cercle de rayon PF, soit par les deux bissectrices PM et PM' des angles formés autour du point P).

---

§ 5. — Propriétés de la sous-normale et de la sous-tangente dans la parabole.

Définition. — On appelle sous-normale et sous-tangente, en un point d'une courbe la portion de l'axe des x comprise entre cette normale ou cette tangente et l'ordonnée du point de contact.

Sous-normale et sous-tangente paraissent donc devoir varier avec les axes choisis.

Théorème I. — *Quand la parabole est rapportée à son axe et à la tangente au sommet, la sous-normale est constante et égale au paramètre, et la sous-tangente est le double de l'abscisse du point de contact.*

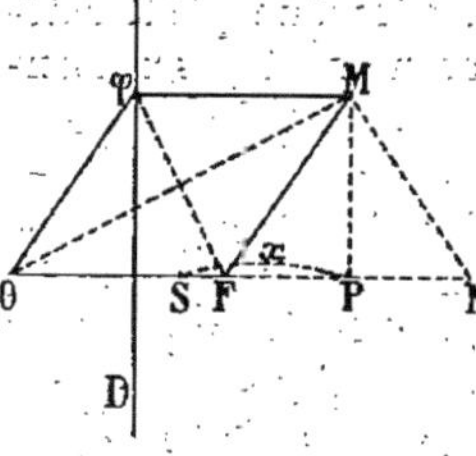

Fig. 1000.

Pour le démontrer, commençons par construire avec soin la figure, ce qui se fera (voir plus haut, page 651) en construisant un losange MFθφ.

La normale en M étant la pp. MN, la sous-normale est PN.

Or :   PN = FD (car Δ PNM = Δ FDφ).

Donc on a : $\boxed{S_n = p}$

en appelant S_n la sous-normale et v le paramètre.

D'autre part on a, la sous-tangente étant la droite Pθ (située au-dessous de la tangente Mθ) :

$$P\theta = 2x,$$

x désignant la distance PS.

En effet, on a : $P\theta = PF + FS + SD + D\theta$;

mais : $PF = D\theta$ (les deux $\triangle$ PFM et Dθφ étant égaux).

Donc : $\qquad P\theta = 2PF + 2FS.$
$$= 2(PS).$$

Donc : $\qquad \boxed{S_t = 2x}$

S_t désignant la sous-tangente.

Théorème II. — *Quand la parabole est rapportée à une tangente quelconque et à la plle à l'axe passant par le point de contact, la sous-normale n'est plus constante, mais la sous-tangente est toujours le double de l'abscisse du point de contact.*

Soit MP l'ordonnée du point M plle à la tangente Oy.

Je dis que la sous-tangente Pθ est égale à 2OP.

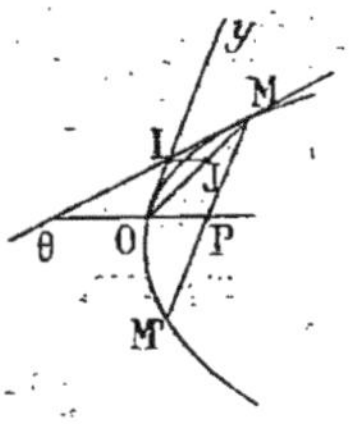

En effet, nous savons (page 653) que le lieu des milieux des cordes plles à une direction MM' est la plle à l'axe passant par le point de contact de la tangente plle à MM'. Donc, OP étant plle à l'axe, P est le milieu de MM'.

Fig. 1001.

Mais si on mène la tangente Mθ qui coupe Oy en I, la droite qui joint I au milieu J de la nouvelle corde OM est d'après un théorème connu plle à l'axe.

Donc la plle IO passe par le milieu de Pθ. On a donc bien
$$P\theta = 2OP;$$
c'est-à-dire encore : $\qquad S_t = 2x.$

Il en résulte que IJ est plle à Pθ. Donc I est le milieu de Mθ.

Il est aisé de déduire du théorème I une nouvelle façon d'établir l'équation de la parabole.

Car le $\triangle$ rectangle θMN nous donne :

$$\overline{MP}^2 = PN \times P\theta;$$
c'est-à-dire : $\qquad y^2 = p \times 2x;$
c'est-à-dire : $\qquad y^2 = 2px.$

On peut de cette équation déduire le théorème suivant :

Théorème III. — *Dans la parabole, le carré d'une corde perpendiculaire à l'axe est proportionnel à sa distance au sommet.*

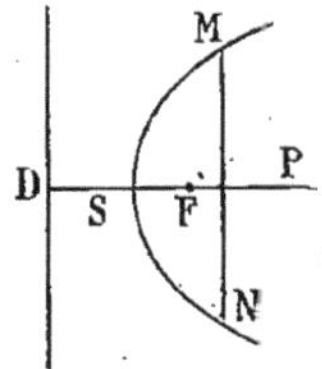

Fig. 1002.

En effet :
$$\overline{MN}^2 = 4y^2 \,;$$
$$= 8px \,;$$

d'où :
$$\frac{\overline{MN}^2}{PS} = 8p.$$

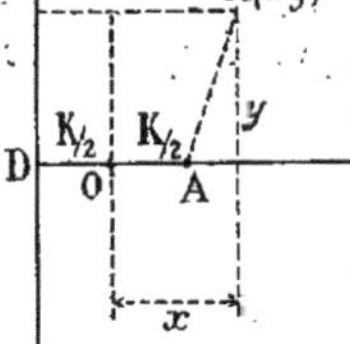

Fig. 1003.

N. B. — Cette propriété est caractéristique de la parabole, en ce sens que quand dans une courbe on a la relation :

$$(1) \qquad y^2 = 2Kx,$$

x étant la distance à un point fixe O pris sur l'axe et choisi pour origine de coordonnées, la courbe est une parabole.

En effet, la relation (1) peut s'écrire :

$$y^2 + \left(x - \frac{K}{2}\right)^2 = 2Kx + \left(x - \frac{K}{2}\right)^2,$$

$$= \left(x + \frac{K}{2}\right)^2 ;$$

ce qui montre bien que la distance d'un point de la courbe à un point fixe pris sur l'axe des x est égale à sa distance à une droite fixe pp. à cet axe. La courbe est donc bien une parabole ayant Ox pour axe de symétrie et pour directrice une parallèle à Oy.

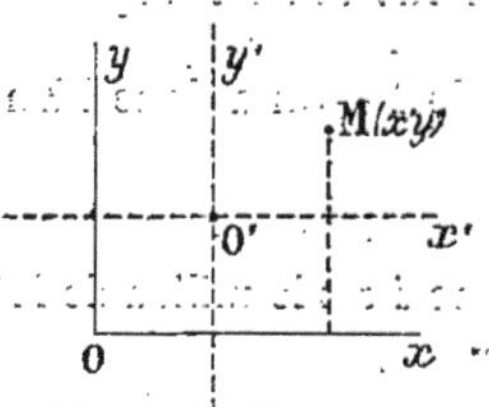

Fig. 1004.

On peut même généraliser la question et dire que, quand entre les coordonnées x et y d'un point M on a la relation du second degré :

$$(y - \beta)^2 = \lambda (x - \alpha),$$

la courbe est une parabole.

En effet, construisons les deux droites $x = \alpha$ et $y = \beta$ qui se coupent en O'. Puis, choisissons ces deux droites $o'x'$ et $o'y'$

comme nouveaux axes de coordonnées et appelons x' et y' les nouvelles coordonnées du point M prises par rapport à ces axes.

Comme on a :
$$\begin{cases} x = \alpha + x'; \\ y = \beta + y'; \end{cases}$$

c'est-à-dire :
$$\begin{cases} x - \alpha = x'; \\ y - \beta = y'; \end{cases}$$

on en déduira :
$$y'^2 = \lambda x';$$

ce qui prouve que les points M sont sur une parabole ayant pour axe de symétrie $O'x'$ et pour tangente au sommet $O'y'$.

$N.\,B.$ — Si on a : $y = ax^2 + bx + c,$
on a encore une parabole. Car, en complétant le carré, on trouve :

$$y = a\left[\left(x + \frac{b}{2a}\right)^2 - \frac{b^2}{4x^2} + \frac{c}{a}\right];$$

ce qui est de la forme :

$$(y - \mathrm{K}) = a\,(x - \alpha)^2,$$

équation d'une parabole.

---

§ 6. — Quadrature de la parabole.

Définition. — Evaluer l'étendue d'une surface, *c'est en faire la quadrature* (ce mot tient à ce que les anciens géomètres disaient qu'une surface était mesurée quand on pouvait construire un carré équivalent à cette surface).

Nous avons donné dans le livre IV une façon d'évaluer l'aire d'un triangle en le regardant comme la limite commune vers laquelle tendaient la somme des rectangles inscrits et la somme des rectangles ex-inscrits. Nous avons procédé de là même façon dans le livre VI pour l'évaluation du volume d'une pyramide triangulaire.

Proposons-nous de faire de la même façon ici la *quadrature de la parabole*, c'est-à-dire d'évaluer l'aire du segment de parabole limité : 1° par l'abscisse OB d'un point de la courbe ; 2° par l'ordonnée BA ; 3° par la courbe OA.

La parabole ayant pour axe la droite Oy et pour tangente au sommet la droite Ox, a pour équation, non pas $y^2 = 2px$,

mais : $\qquad x^2 = 2py$;

c'est-à-dire : $\qquad y = \dfrac{x^2}{2p}$.

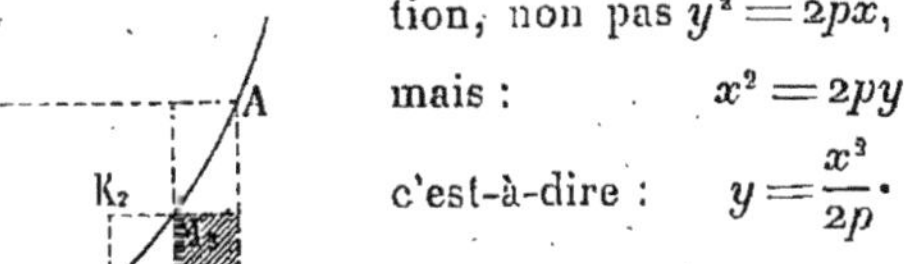

Fig. 1005.

Partageons l'abscisse OB du point A de coordonnées x et y en un nombre n de parties égales, ce qui donne les points P_1, P_2, P_3... Menons les ordonnées correspondantes et construisons chaque fois les rectangles analogues à $P_2P_3M_2$ et $P_2P_3K_2$.

Tous les $(n-1)$ rectangles inscrits ont pour bases $\dfrac{x}{n}$ et leurs hauteurs valent respectivement :

$$\frac{1}{2p}\left(\frac{x}{n}\right)^2, \quad \frac{1}{2p}\left(\frac{2x}{n}\right)^2, \quad \frac{1}{2p}\left(\frac{3x}{n}\right)^2 \dots \frac{1}{2p}\left[\frac{(n-1)x}{n}\right]^2.$$

La somme des aires de ces $(n-1)$ rectangles inscrits vaudra

donc : $\quad \dfrac{x}{n}\left[\dfrac{1}{2p}\dfrac{x^2}{n^2} + \dfrac{1}{2p}\dfrac{4x^2}{n^2} + \dots + \dfrac{1}{2p}\dfrac{(n-1)^2x^2}{n^2}\right]$;

c'est-à-dire :

$$\frac{x^3}{2pn^3}\left[1 + 2^2 + 3^2 + \dots + (n-1^2)\right];$$

c'est-à-dire : $\qquad \dfrac{x^3}{2pn^3}\dfrac{(n-1)n(2n-1)}{6}$;

c'est-à-dire : $\qquad \dfrac{x^3}{2p}\dfrac{\left(1-\dfrac{1}{n}\right)\left(2-\dfrac{1}{n}\right)}{6}$.

D'autre part si nous faisons la somme des n rectangles ex-inscrits, comme ces rectangles ex-inscrits sont équivalents aux rectangles inscrits adjacents, mais qu'il y en a un de plus, le dernier, le $n^{\text{ième}}$, la somme de ces n rectangles ex-inscrits vaudra :

$$\frac{x^3}{2pn^3}\frac{n(n+1)(2n+1)}{6};$$

c'est-à-dire : $\qquad \dfrac{x^3}{2p}\dfrac{\left(1+\dfrac{1}{n}\right)\left(2+\dfrac{1}{n}\right)}{6}$.

Mais la surface S du segment parabolique OAB est évidemment comprise entre les deux sommes précédentes, on a donc :

$$\frac{1}{6}\frac{x^3}{2p}\left(1-\frac{1}{n}\right)\left(2-\frac{1}{n}\right) < S < \frac{1}{6}\frac{x^3}{2p}\left(1+\frac{1}{n}\right)\left(2+\frac{1}{n}\right).$$

Or, quand le nombre n des divisions croît indéfiniment, $\frac{1}{n}$ décroît et tend vers o. Donc les deux nombres entre lesquels est compris S tendent vers la même valeur, à savoir :

$$\frac{1}{6}\frac{x^3}{2p}\times 2 = \frac{1}{3}\frac{x^3}{2p}.$$

Ce qui prouve que S est égale à cette valeur limite $\frac{1}{3}\frac{x^3}{2p}$.

Comme on peut l'écrire $\frac{1}{3}x\frac{x^2}{2p}$, c'est-à-dire $\frac{1}{3}xy$, on voit que *l'aire du segment parabolique est le tiers du rectangle construit sur l'abscisse et l'ordonnée du point final A.*

N. B. — Newton a donné une deuxième façon algébrique très élégante d'évaluer l'aire précédente, à l'aide des dérivées.

---

§ 7. — Toute parabole est la limite d'une ellipse dans laquelle un foyer et le sommet voisin sont fixes, le grand axe croissant indéfiniment.

Considérons les différentes demi-ellipses qui ont toutes pour foyer F et pour sommet A, le second foyer F' s'étant déplacé vers la droite, et proposons-nous de voir comment varient les points de ces ellipses situés sur la demi-droite fixe Pz. Dans chacune d'elles le point M est à égale distance du point fixe F et du cercle directeur relatif à l'autre foyer.

Or ces cercles directeurs, qui tous passent par le point D, tendent à devenir la droite DΔ pp. à l'axe focal. Donc il est clair que les points mobiles M tendent à se rapprocher de plus

en plus du point également distant de F et de la droite DΔ,
point μ qui appartient à la parabole de foyer F et de directrice DΔ.

Si nous prenons une autre droite Pz, mêmes résultats.

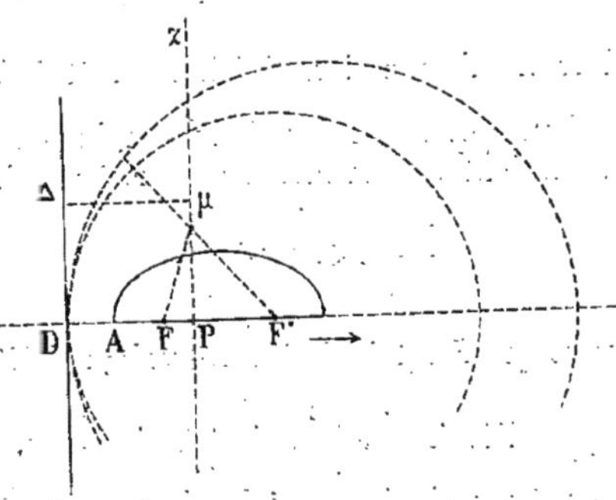

Fig. 1006.

Donc, en résumé, tous les points de la demi-ellipse tendent
vers les points correspondants de la parabole (F, Δ).

Ce qui prouve que la parabole de foyer F et de directrice DΔ
est la limite de ces ellipses.　　　　　　C. Q. F. D.

- - - - - - -

On aurait pu arriver aux mêmes conclusions en se servant des
équations connues de l'ellipse et de
la parabole, l'une et l'autre étant rap-
portées à l'axe Ax et à la tangente au
sommet A. Ces équations sont :

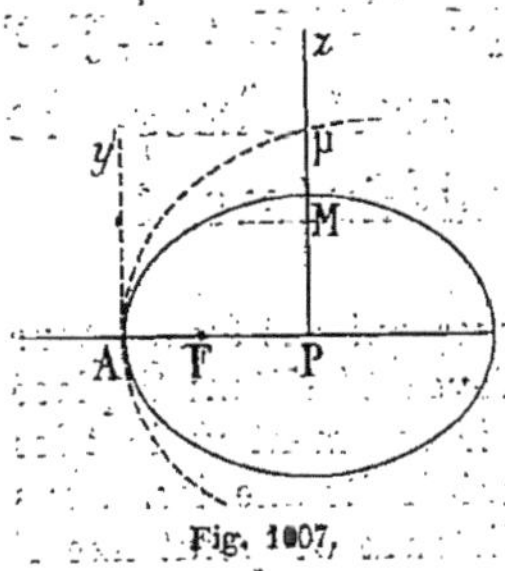

$$y^2 = 2px \quad \text{et} \quad \frac{(x-a)^2}{a^2} + \frac{y^2}{b^2} - 1 = 0;$$

c'est-à-dire :

$$\frac{x^2}{a^2} + \frac{y^2}{b^2} - \frac{2x}{a} = 0.$$

Fig. 1007.

Si nous prenons une abscisse AP = x, on tire de la seconde :

$$y^2 = \frac{2b^2 x}{a} - \frac{x^2 b^2}{a^2},$$

mais :
$$b^2 = a^2 - c^2 = (a - c)(a + c);$$

$$= \frac{p}{2}(a + c) = \frac{p}{2}\left(a + a - \frac{p}{2}\right) = \frac{p}{2}\left(2a - \frac{p}{2}\right);$$

d'où on tire :
$$\frac{b^2}{a} = \frac{p}{2}\left(2 - \frac{p}{2a}\right).$$

Ce qui montre que, quand a tend vers l'infini, $\dfrac{b^2}{a}$ tend vers p, de telle sorte que l'on a à la limite :

$$y^2 = 2px.$$

Comme, avant, on avait :

$$y^2 = 2px - \frac{px^2}{a},$$

on en conclut que les points où les différentes demi-ellipses coupent Pz sont tous situés au-dessous du point μ correspondant de la parabole de foyer F et de tangente au sommet Ay, et tendent vers ce point μ.

La demi-ellipse considérée tend donc bien vers la parabole.

Remarque. — Cette étude nous montre que l'on peut parfois étudier les questions de géométrie à l'aide d'une analyse algébrique. D'où le nom de géométrie analytique donné à cette étude de la géométrie par les procédés de l'algèbre.

La parabole étant la limite des ellipses, toutes les propriétés de l'ellipse peuvent être étendues à la parabole, ce qui constitue de nouveaux modes de démonstration indirects de nombreux théorèmes sur la parabole.

Exemple I. — *La tangente à l'ellipse étant également inclinée sur les deux rayons vecteurs allant au point de contact, dans la parabole la tangente fait des angles égaux d'une part avec la droite allant du point de contact au foyer, d'autre part avec la parallèle à l'axe menée par le point de contact (propriété fondamentale précédemment établie).*

Exemple II. — *Les deux tangentes menées à l'ellipse par un point P extérieur faisant des angles égaux avec les deux rayons vecteurs allant à ce point P, les deux tangentes menées d'un point extérieur P à la parabole font des angles égaux avec le rayon PF et la parallèle Px à l'axe.*

On peut du reste le démontrer directement, comme il suit :

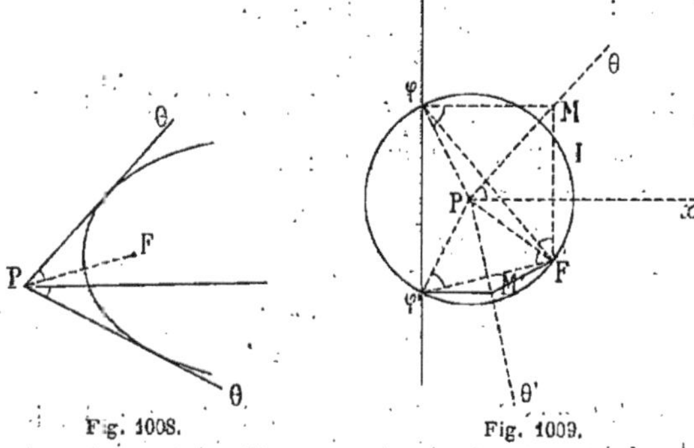

Fig. 1008.   Fig. 1009.

Faisons la construction connue qui sert à mener les deux tangentes θ et θ' du point P.

Ajoutons aux deux angles θPx et $\theta'PF$ l'angle FPx; nous allons montrer que :

$$\widehat{FP\theta} = \widehat{\theta'Px}.$$

D'abord $\widehat{\theta'Px}$ est égal à $\widehat{\varphi\varphi'x}$ (comme côtés pp.).

Donc :
$$\widehat{\theta'Px} = \frac{1}{2} \text{ arc } F\varphi.$$

Mais :
$$\widehat{\theta PF} = \text{ arc } FI = \frac{1}{2} \text{ arc } F\varphi.$$

Donc :
$$\widehat{\theta'Px} = \widehat{\theta PF},$$

d'où le théorème.

REMARQUE. — FP est la bissectrice de l'angle MFM'. Car l'égalité des $\triangle$ nous montre que :

$$\widehat{MFP} = \widehat{M\varphi P};$$
$$\widehat{M'FP} = \widehat{M'\varphi'P}.$$

Or par symétrie : $M\varphi P = M'\varphi'P.$

Le théorème de Poncelet établi pour l'ellipse est donc encore vrai tout entier pour la parabole.

Corollaire. — Quand une tangente mobile MN roule sur une parabole, la portion de cette tangente comprise entre deux tangentes fixes est vue du foyer sous un angle constant.

En effet : $\hat{1} = \hat{2}$, $\hat{3} = \hat{4}$. (Poncelet.)

Donc :

$$\hat{2} + \hat{3} = \frac{1}{2} \widehat{AFB} = \text{Constante.}$$

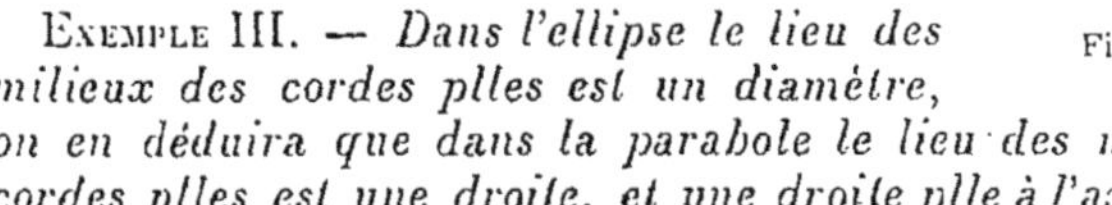

Fig. 1010.

Exemple III. — *Dans l'ellipse le lieu des milieux des cordes plles est un diamètre,* on en déduira que dans la parabole le lieu des milieux des cordes plles est une droite, et une droite plle à l'axe (puisque le centre O est rejeté à l'infini).

Ce diamètre dans l'ellipse passant par le point de contact des tangentes plles aux cordes, *idem* pour la parabole.

(Nous avons du reste démontré plus haut, directement, ces propriétés.)

§ 8. — Construction de paraboles.

Une parabole étant tracée, on peut facilement déterminer son foyer et sa directrice, en s'appuyant sur le théorème suivant :

Théorème I. — *Le lieu des foyers des paraboles tangentes à trois droites est le cercle circonscrit au Δ formé par ces trois tangentes.*

En effet, si du foyer on mène les pp. sur ces trois tangentes, les pieds I, I', I'' appartiennent à la tangente au sommet.

Donc le foyer étant un point tel que, si on le projette, sur les trois côtés du Δ formé par ces trois tangentes les pieds sont en ligne droite, ce foyer F appartient au cercle circonscrit au Δ (droite de Simson).

Ce théorème admis, on n'aura qu'à mener approximativement à la parabole supposée dessinée quatre tangentes, puis considérer deux des Δ qu'elles forment, circonscrire des cercles à ces deux Δ et prendre leur point d'intersection. Ce sera le foyer de la parabole, foyer entaché, bien entendu, des erreurs possibles de la pratique.

Ayant le foyer F et deux points de contact M et M', on n'aura plus qu'à décrire les cercles de centres M et M' et de rayons MF et M'F, la tangente commune sera approximativement la directrice de la parabole.

On aurait aussi pu construire en prenant deux tangentes et leurs points de contact. Pour le démontrer, nous allons nous appuyer sur le théorème suivant :

Théorème II. — *Si on joint le point de contours de deux tangentes au milieu de la corde de contact, cette droite est plle à l'axe de la parabole.*

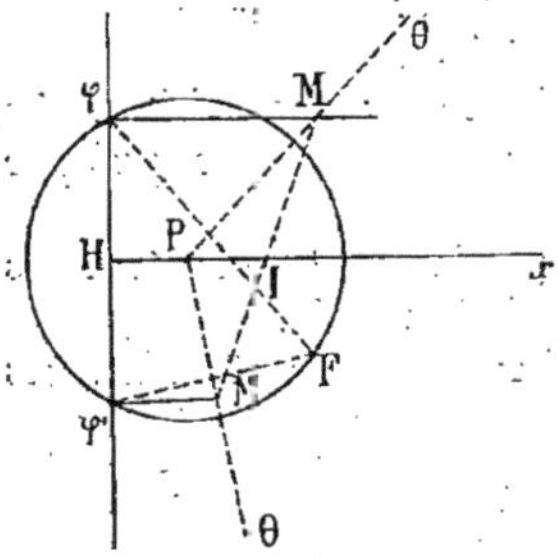

En effet, si nous nous reportons à la construction à faire pour mener les tangentes du point P, la figure nous montre que la plle à l'axe menée par P coupe la directrice en un point H milieu de $\varphi\varphi'$. Dès lors, MI = M'I.

Donc PI est plle à l'axe.

C. Q. F. D.

Fig. 1011.

Toutes les cordes plles à MM' devant avoir leurs milieux sur PI, on voit que quand M et M' sont confondus, le milieu devant, lui aussi, se confondre avec M et M', le point R où le diamètre PI coupe la parabole est le point de contact d'une tangente T plle à MM'.

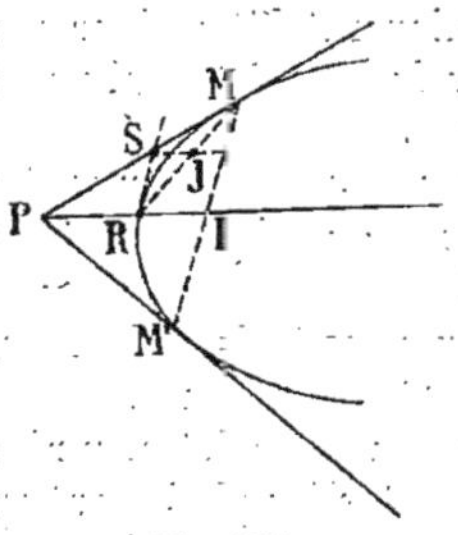

Et de plus RI = PR. Car si on joint RM et que par S on mène SJ plle à PI, J est le milieu de RM. Mais alors S est aussi le milieu de PM. Donc dans le △ PMI la plle SR passe par le milieu de PI. Ce qui prouve que R est le milieu de PI.

Fig. 1012.

Ce théorème II démontré, on voit qu'il est facile d'obtenir la direction de l'axe. Mais la tangente à P fait des angles égaux avec la plle à l'axe et le rayon vecteur allant du foyer au point de contact; on a donc deux droites contenant le foyer.

Il résulte des deux théorèmes précédents, qu'*une parabole est connue, quand on connaît quatre tangentes, ou bien deux tan-*

gentes et leurs points de contact (puisque l'on peut construire le foyer et la directrice).

Une parabole peut également se construire quand on se donne :

Un foyer et deux points;

Un foyer et deux tangentes;

La directrice et deux points;

La directrice et deux tangentes (car en menant par les points où elles coupent la directrice les droites perpendiculaires, on aura quatre tangentes);

Un foyer, une tangente et un point;

La directrice, une tangente et son point de contact;

La directrice, une tangente, un point, etc.[1].

Ces constructions nous montrent qu'il faut toujours, pour déterminer une parabole, se donner ou *quatre conditions simples* ou *une condition double et deux conditions simples* ou *deux conditions doubles;*

une condition étant dite *simple*, quand, la parabole étant tracée, il y a une infinité de façons d'en tenir compte (exemple : un point, une tangente);

la condition étant dite *double*, quand, la parabole étant tracée, il n'y a qu'une façon ou un nombre limité de façons de placer le point ou la droite (exemple : un foyer, une directrice, une tangente au sommet).

---

1. Voir le *Guide méthodique de résolution des problèmes de géométrie élémentaire* (Belin, frères).

Hyperbole.

Sommaire :

---

§ 1ᵉʳ. — Forme de l'hyperbole. Construction par points.

Nous avons appelé *hyperbole* la courbe telle que la différence des distances de ses points à deux points fixes F et F′ est constante et égale à 2a.

Il importe de remarquer que, dans cette définition, nous ne disons pas que les points M de la courbe doivent être plus près de F que de F′.

Par conséquent la courbe appelée hyperbole est telle que l'on doit avoir à la fois :

$$MF - MF' = 2a$$

et : $$MF' - MF = 2a.$$

Il est facile de voir que cette courbe doit d'après cela se composer de deux lignes distinctes.

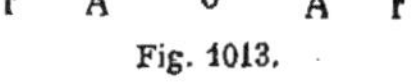

D'abord si nous prenons le milieu O de la distance focale FF′ et si de part et d'autre de O nous portons une longueur a, moitié de la différence donnée 2a, les deux points ainsi obtenus A et A′ font partie de la courbe. Car A′F′ = AF. Donc on a :

$$AF' - AF = AF' - A'F' = AA' = 2a.$$

et : $$A'F - A'F' = A'F - AF = AA' = 2a.$$

Fig. 1013.

De plus les points entre A et A' ne sauraient convenir à la courbe. Car, pour un pareil point α, on aurait (figure facile) :

$$\alpha F' - \alpha F = \alpha F' - \alpha A - A F = \alpha F' - \alpha A - A'F'$$
$$= \alpha A' - \alpha A < A A' < 2a.$$

Donc il n'y a pas de points de la courbe appelée hyperbole entre A et A'.

Il n'y en a pas non plus dans la région limitée par les deux pp. Az et A'z'.

En effet, soit β un point de cette région. Appelons, pour abréger l'écriture, ρ et ρ' les distances βF et βF', u et u' étant les longueurs des pp. βI et βI'.

Pour prouver que ρ' — ρ est inférieur à 2a, c'est-à-dire à $u' + u$, cherchons le signe de la différence. On a :

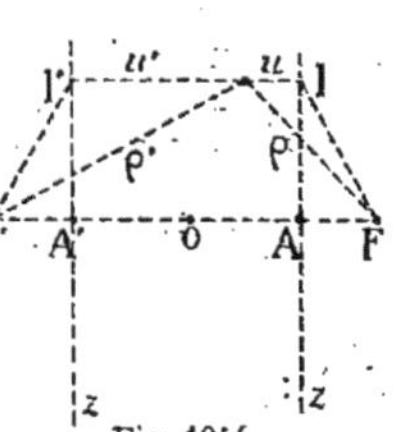
Fig. 1014.

$$\rho' - \rho - (u' + u) = (\rho' - u') - (\rho + u).$$

Mais : $\rho' - u'$ est inférieur à F'I' ;

$\rho + u$ est supérieur à FI.

Donc, comme F'I' = FI, la différence peut s'écrire :

$$FI - \varepsilon - (FI + \varepsilon') = - \varepsilon - \varepsilon',$$

quantité négative.

Donc, pour tous les points de la région ombrée, la différence des distances à F et à F' est moindre que 2a. Donc pas de points de l'hyperbole dans cette région.

Cherchons maintenant à construire (à l'aide de la règle et du compas) des points de cette courbe appelée hyperbole.

Prenons sur l'axe focal FF' un point K situé en dehors de FF', et à droite de F.

De F' comme centre décrivons un cercle de rayon A'K, et de F un cercle de rayon AK.

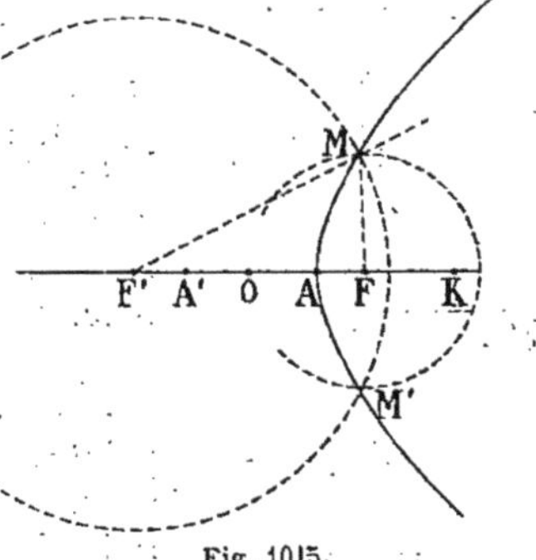
Fig. 1015.

Ces deux cercles se coupent, car la distance 2c des centres est plus grande que la différence des rayons (A'K — AK) et plus petite que leur somme (A'K + AK) [puisque cette différence vaut AA' et que la somme vaut $(a + OK) + (OK — a)$, O étant le milieu de AA', c'est-à-dire 2OK et que OK est supérieur à c].

Ce résultat nous montre que l'axe d'hyperbole (voisin de F) est symétrique par rapport à la droite AA'.

Il nous prouve ensuite que le point K peut être pris aussi loin qu'on veut à droite de F. De plus il y a toujours des points de la courbe à droite de F. En effet, pour le point M, on a :

$$\overline{F'M}^2 — \overline{FM}^2 = (F'M + FM)(F'M — FM) = 2OK \times 2a.$$

On a donc, d'après la relation métrique, dans les Δ :

$$2.2c \times p_1 = 4a.OK;$$

d'où :
$$p_1 = \frac{a.OK}{c}.$$

Donc la projection p_1 de la médiane OM croît indéfiniment avec OK. Donc la courbe s'étend à l'infini à droite de F et aussi à gauche de F'.

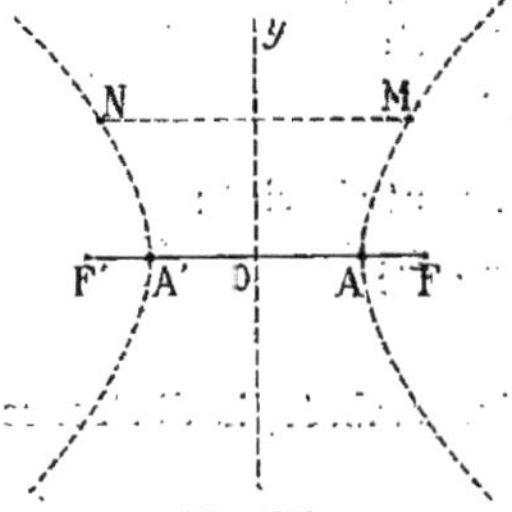

L'arc d'hyperbole voisin de F a donc la forme ci-contre.

Mais si on replie la figure autour de la pp. Oy, il est clair que les points N ainsi obtenus seront les points de l'arc d'hyperbole voisins de F'.

Donc la courbe appelée hyperbole doit se composer de deux branches infinies, nettement séparées, symétriques par rapport à l'axe focal et à la pp. Oy à cet axe focal.

La droite AA' s'appelle l'*axe transverse* de l'hyperbole et A et A' en sont *les sommets*. O est le centre de l'hyperbole.

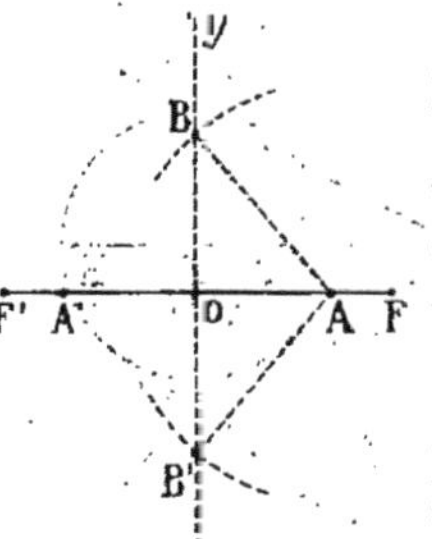

Fig. 1016.

Fig. 1017.

REMARQUE. — Bien qu'il n'y ait pas de points de l'hyperbole entre les deux branches, on a imaginé dans un but de généralisation de considérer sur la perpendiculaire Oy les points B et B' distants de A de la longueur c, et on a appelé b la distance OB. De telle sorte qu'on a pour ces deux points B et B′ la relation souvent utile :

$$a^2 + b^2 = c^2.$$

B et B′ s'appellent les sommets imaginaires de l'hyperbole et BB′ s'appelle l'axe non transverse. Au lieu de définir l'hyperbole par $2a$ et $2c$, on pourra donc, comme dans l'ellipse, la définir par ses deux axes $2a$ et $2b$.

On dit que *l'hyperbole est équilatère* quand $a = b$, auquel cas on a :

$$c = a\sqrt{2}.$$

Nous démontrerons un peu plus loin que l'hyperbole est une courbe non sinueuse, donc convexe, en prouvant qu'une droite ne peut la couper en plus de deux points.

Théorème. — *La courbe que nous venons de tracer est un lieu géométrique.*

Nous venons d'obtenir par un certain procédé une ligne dont tous les points ont une certaine propriété. Mais il n'est pas dit que par ce procédé certains points ne nous ont pas échappé, ce qui ne nous autoriserait pas à dire que l'H* renferme tous les points pour lesquels $\rho - \rho' = 2a^*$.

Je dis qu'il n'en est rien, et que la ligne que nous a donnée notre construction renferme tous les points pour lesquels $\rho - \rho' = 2a$.

En effet : 1° soit un point E situé entre les deux branches obtenues (point extérieur que nous appellerons E), EF coupe l'H en M. Je dis que l'on a :

$$EF' - EF < MF' - MF;$$

c'est-à-dire :

$$EF' - EM - MF < MF' - MF;$$

c'est-à-dire :

$$EF' - EM < MF';$$

ce qui est évident. (Il suffit alors de remonter.)

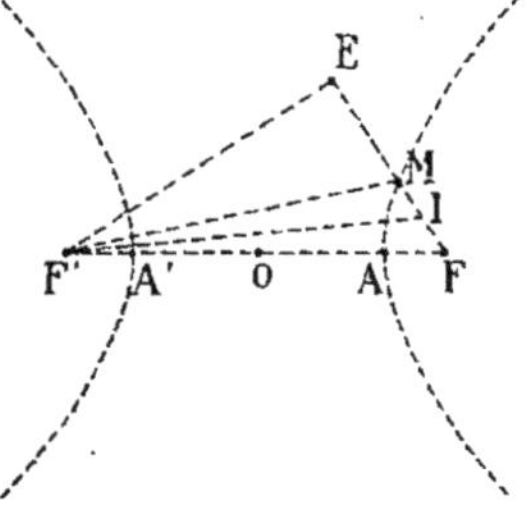

Fig. 1018.

2° Prenons un point I, dit intérieur (c'est-à-dire situé dans la

---

* Nous désignerons fréquemment par H le mot *hyperbole* et par ρ et ρ' les deux rayons vecteurs allant des foyers F et F′ au point M.

même région que le foyer F). Joignons IF qui coupe la branche renfermant I en M.

Je dis que l'on a :

$$IF' - IF > MF' - MF ;$$

c'est-à-dire : $IF' - (MF - MI) > MF' - MF ;$

c'est-à-dire : $IF' + MI > MF' ;$

ce qui est évident.

Donc il n'y a que les points de la courbe construite par notre procédé qui aient la propriété demandée :

$$\rho - \rho' = 2a.$$

Cette courbe est donc un lieu géométrique, le lieu des points pour lesquels la différence des distances à deux points fixes est constamment égale à une longueur donnée.

Nouvelle propriété des points de l'H (basée sur le cercle directeur).

On appelle **cercles directeurs** dans une H, les cercles

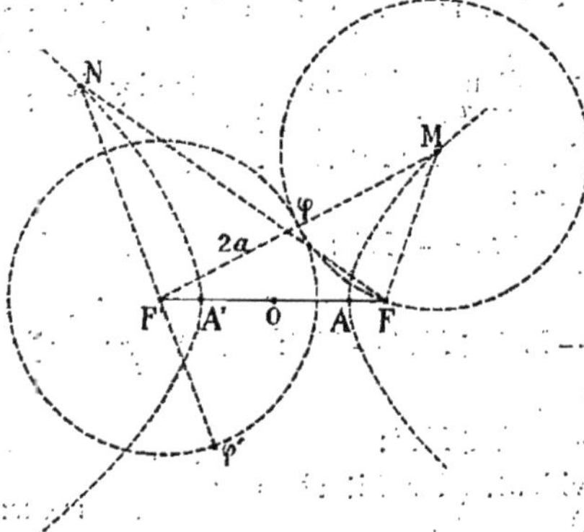

Fig. 1019.

décrits des foyers comme centres avec un rayon égal à l'axe transverse.

PROPRIÉTÉ. — *Un point quelconque de l'H est à égale distance d'un foyer et du cercle directeur relatif à l'autre foyer.*

En effet, si M est un point de l'hyperbole de foyers F et F' et d'axe transverse 2a, on a :

$$MF' - MF = 2a ;$$

on en tire :
$$MF' = 2a + MF ;$$

ce qui prouve que, si φ est le point où le cercle directeur F' de rayon 2a coupe MF'', on a :

$$M\varphi = MF.$$

Donc la distance du point M de l'H au cercle directeur F' est égale à sa distance au foyer F.

Il en est de même du point N de l'autre branche. Car la relation $NF - NF' = 2a$ nous donne :

$$NF = NF' + 2a ;$$
$$= NF' + F'\varphi' ;$$
$$= N\varphi'.$$

Il résulte de là que tout point de l'H est le centre d'un cercle passant par un foyer et tangent *extérieurement* ou *intérieurement* au cercle directeur relatif à l'autre foyer. (Il y a évidemment deux cercles directeurs.)

REMARQUE I. — Le lieu géométrique des points également distants de deux cercles extérieurs est une hyperbole[1].

REMARQUE II. — On peut construire par un mouvement mécanique continu un arc d'hyperbole.

Prenons une tige de longueur quelconque et portons-y de F en L la longueur donnée 2a. Puis prenons un fil dont la longueur soit égale à la partie restante FD de la règle et fixons ce fil d'une part au foyer F, d'autre part à l'extrémité D de la règle. Cette tige, faisons-la pivoter autour

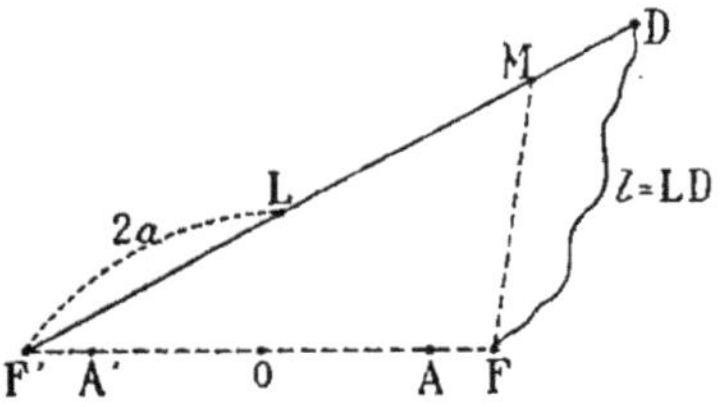

Fig. 1020.

---

1. Voir le *Guide méthodique de résolution des problèmes de géométrie.*

du foyer F′, puis, avec un crayon, pendant que la tige tourne, maintenons toujours le fil appuyé partiellement sur la tige, ce qui lui fait prendre par exemple la position DMF.

M est un point de l'hyperbole. Car :

$$MF' - MF = (F'D - DM) - MF = F'D - (DM + MF) = F'D - l$$
$$= (2a + l) - l = 2a.$$

Nota. — Il est clair que, si on fixait la même règle en F, la pointe du crayon tracerait l'arc d'hyperbole voisin de F′.

---

§ 2. — Equation de l'hyperbole.

Prenons pour axe des x l'axe transverse et pour axe des y la pp. à cet axe transverse passant par son milieu.

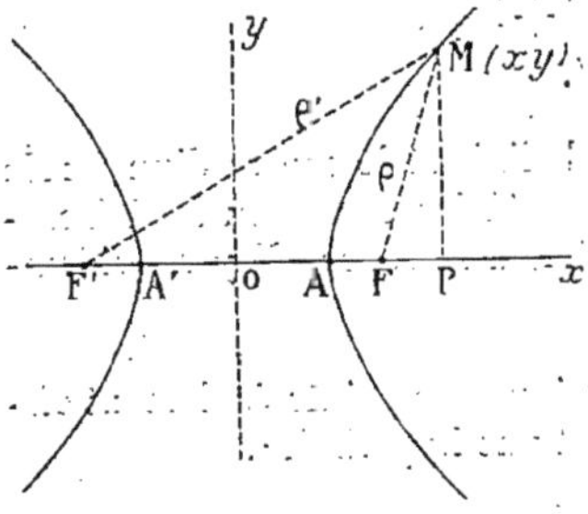

Soit 2c la distance focale connue FF′ et 2a l'axe transverse.

On a pour un point quelconque M de l'H :

$$\rho' - \rho = 2a \qquad (1)$$

et

$$\rho'^2 - \rho^2 = 4cx. \qquad (2)$$

On en tire :

$$\rho' + \rho = 2\frac{c}{a}x; \qquad (3)$$

Fig. 1021.

d'où :

$$\rho' = a + \frac{c}{a}x;$$

$$\rho = \frac{c}{a}x - a.$$

Mais alors le $\triangle$ rectangle FMP nous donne :

$$\rho^2 = y^2 + (x - c)^2;$$

c'est-à-dire :

$$\left(\frac{c}{a}x - a\right)^2 = y^2 + x^2 + c^2 - 2cx;$$

c'est-à-dire :

$$x^2\left(\frac{c^2}{a^2} - 1\right) - y^2 = c^2 - a^2;$$

ou :

$$x^2(c^2 - a^2) - a^2y^2 = (c^2 - a^2)a^2$$

et comme : $$a^2 + b^2 = c^2 \text{ (page 668)},$$

on a : $$b^2 x^2 - a^2 y^2 = a^2 b^2 ;$$

ou encore : $$\frac{x^2}{a^2} - \frac{y^2}{b^2} = 1.$$

Cette relation établie pour un point quelconque de la branche d'hyperbole voisine de F est évidemment encore vraie pour la branche voisine de F'. Car, à cause de la symétrie, les coordonnées du point N symétrique de M sont y_0 et $- x_0$, si x_0 et y_0 sont les coordonnées du point M, et la relation :

$$\frac{x_0{}^2}{a^2} - \frac{y_0{}^2}{b^2} = 1$$

peut s'écrire : $$\frac{(- x_0)^2}{a^2} - \frac{y_0{}^2}{b^2} = 1.$$

La relation $\frac{x^2}{a^2} - \frac{y^2}{b^2} = 1$ constitue donc l'équation de l'H tout entière.

REMARQUE I. — L'équation de l'H n'est autre que celle de l'ellipse où on a remplacé b^2 par $- b^2$.

REMARQUE II. — Comme on a :

$$y = \pm \frac{b}{a} \sqrt{x^2 - a^2},$$

on voit que, si x est infini, y l'est aussi.

Et cela précise la forme de la courbe hyperbole, en ce sens qu'elle a des points à l'infini, non seulement à droite et à gauche de Oy, mais encore au-dessus et au-dessous de l'axe transverse.

§ 3. — Intersection d'une droite et d'une hyperbole. — Application aux tangentes et aux asymptotes.

1° Solution algébrique.

Nous pouvons facilement traiter cette question par l'analyse algébrique comme il suit :

Soit $y = mx + p$ l'équation de la droite donnée Δ.
L'hyperbole ayant pour équation :

$$\frac{x^2}{a^2} - \frac{y^2}{b^2} = 1,$$

on voit que, si on appelle x et y les coordonnées d'un point quelconque de l'intersection, qu'il y en ait un ou plusieurs, ces coordonnées doivent vérifier le système des deux équations :

$$y = mx + p;$$
$$\frac{x^2}{a^2} - \frac{y^2}{b^2} = 1.$$

Mais ce système est équivalent au suivant :

$$y = mx + p;$$
$$\frac{x^2}{a^2} - \frac{(mx + p)^2}{b^2} = 1,$$

c'est-à-dire :
$$y = mx + p;$$
$$x^2(b^2 - a^2m^2) - 2a^2mpx - a^2(p^2 + b^2) = 0.$$

(Cette dernière équation, devant être vérifiée pour l'abscisse de l'un quelconque des points d'intersection de la droite Δ et de l'hyperbole, s'appelle l'*équation aux abscisses des points d'intersection*.)

Comme elle est du second degré, on voit que la droite Δ ne coupe l'hyperbole qu'en deux points, et il est très facile de connaître leurs abscisses et leurs ordonnées.

Remarque. — Il peut arriver que la droite $y = mx + p$ ne

coupe l'hyperbole qu'en un point au lieu de deux, auquel cas la droite est tangente.

Il suffit pour cela que l'équation aux abscisses ait une racine double, c'est-à-dire que l'on ait :

$$p = \pm \sqrt{a^2 m^2 - b^2}.$$

La droite tangente a alors pour équation :

$$y = mx + \sqrt{a^2 m^2 - b^2};$$

ou :
$$y = mx - \sqrt{a^2 m^2 - b^2},$$

et on voit qu'il y a deux droites tangentes, parallèles à la direction donnée.

N. B. — On voit que cette équation ne peut représenter une droite que si on a :

$$a^2 m^2 - b^2 > 0 ;$$

c'est-à-dire :
$$m \geq \frac{b}{a}$$

ou :
$$m \leq -\frac{b}{a}.$$

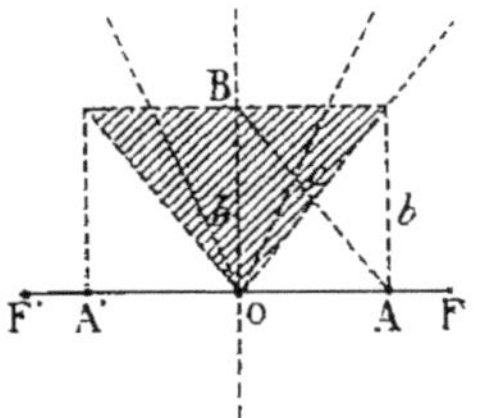

Fig. 1022.

Donc ne peuvent donner naissance à des tangentes plles que les droites qui, passant par l'origine O, sont situées dans la partie ombrée du rectangle des axes qui ne contient pas la courbe.

2' Solution géométrique.

Ce problème se traite comme dans le cas de l'ellipse. Chacun des points de l'intersection de la droite Δ et de l'H est le centre d'un cercle passant par F et par le symétrique F_1 de F par rapport à la droite donnée Δ, cercle qui en plus est tangent au cercle directeur relatif à l'autre foyer F'. On trouvera donc en général deux points et pas davantage.

Ce qui nous montre que l'H est une courbe non sinueuse, c'est-à-dire convexe.

Il nous reste à chercher comment les droites parallèles à la direction coupent l'H.

DISCUSSION. — La recherche des points d'intersection se ramenant à trouver les centres de cercles passant par F et le symétrique F_1 et tangents au cercle directeur F', il faut évidemment, le point F étant extérieur au cercle directeur F', que F_1 soit aussi extérieur.

Trois cas peuvent alors se présenter selon que la pp. Fz à Δ est extérieure au cercle directeur, sécante ou tangente.

1er CAS. — *Supposons que la droite Δ ait une direction telle que la perpendiculaire Fz à Δ soit* **extérieure** *au cercle F'.*

Si nous faisons passer par F et F_1 le cercle auxiliaire néces-

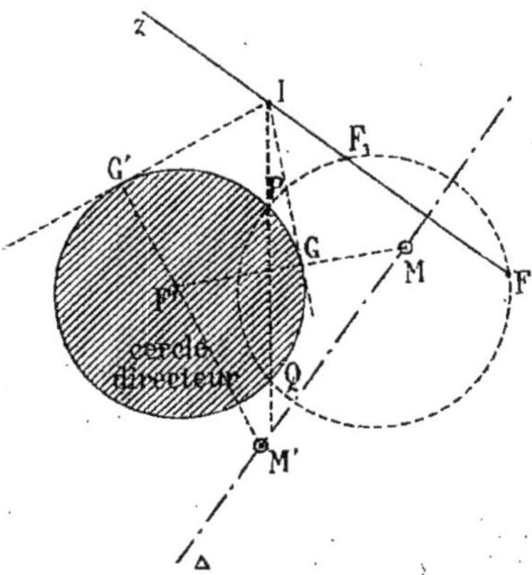

Fig 1023.

saire à la construction, l'intersection PQ coupera toujours la droite FF_1 en un point I extérieur au cercle F'. Donc on pourra toujours mener par I deux tangentes distinctes au cercle F', par conséquent on aura toujours deux points d'intersection distincts en M et M'.

Et l'un des points M sera plus près de F que de F' (puisque $MF = MG$, quantité $< MF'$).

Et l'autre M' sera plus près de F' que de F (puisque $M'F = M'G' > M'F'$).

Donc, dans ce premier cas, les droites parallèles à la direction Δ coupent, toutes sans exception, l'hyperbole en deux points situés : l'un sur une branche, l'autre sur l'autre.

C'est ce que montre du reste la figure ci-dessus.

2ᵉ Cᴀs. — *La droite donnée* Δ *a une direction telle que la pp.* Fz *coupe le cercle* F'.

φ et φ' étant les deux points où Fz coupe le cercle F', le symétrique F$_1$ de F est alors ou entre F et φ ou au delà de φ', d'où

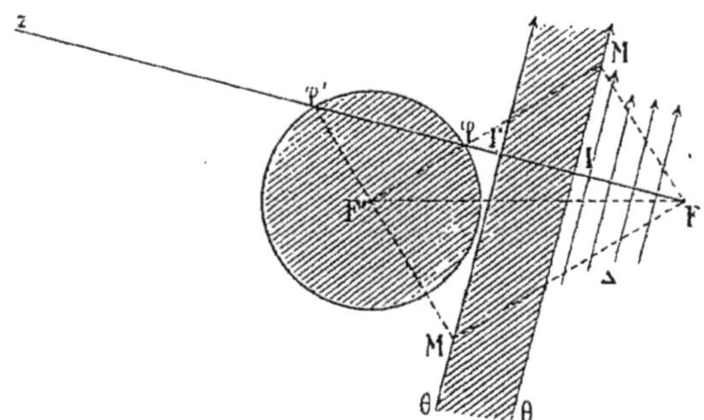

Fig. 1024.

résulte que les droites parallèles à Δ ne pourront couper l'II que si elles ne sont pas dans la région ombrée (1) limitée par les parallèles θ et θ' à Δ menées par les milieux I et I' de Fφ et de Fφ'.

Pour les droites en dehors de l'intervalle ombré $\theta\theta'$ on a toujours deux points d'intersection, points situés sur la même branche, puisque par deux points extérieurs à un cercle on peut toujours faire passer deux cercles tangents à ce cercle.

Donc, dans ce second cas, il y a toute une région où les droites parallèles à la direction Δ ne coupent pas l'hyperbole.

Quant aux droites qui coupent, elles coupent la courbe en deux points situés sur la même branche (facile à voir).

(C'est ce que montre clairement du reste la figure ci-contre.)

Si nous considérons en particulier les deux droites qui limitent la région

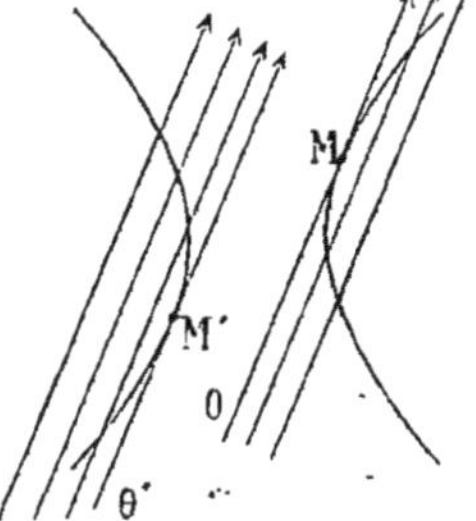

Fig. 1025.

dont nous venons de parler, ces deux droites θ et θ' ne coupent plus l'II qu'en un point au lieu de deux (car il n'y a plus qu'un seul cercle tangent au cercle directeur, à savoir le cercle tangent en φ ou en φ' et passant par F). Ces droites s'appellent naturellement des *tangentes à l'hyperbole*. La droite 0 est tangente à l'H en M à la branche de droite, la droite 0' est tangente à l'H en M' à la branche de gauche.

La figure nous montre du reste que *ces tangentes à l'hyperbole en M et en M' font des angles égaux avec les deux rayons vecteurs du point de contact* (propriété importante).

On pourrait même facilement démontrer que les deux points de contact M et M' sont aux extrémités d'un même diamètre de l'H.

3ᵉ CAS. — *La droite donnée Δ a une direction telle que la pp. Fz est tangente au cercle directeur F'.*

Dans ce cas, en premier lieu, si le symétrique F_1 n'est pas au point de contact G, il y a un cercle tangent extérieurement au cercle directeur F'.

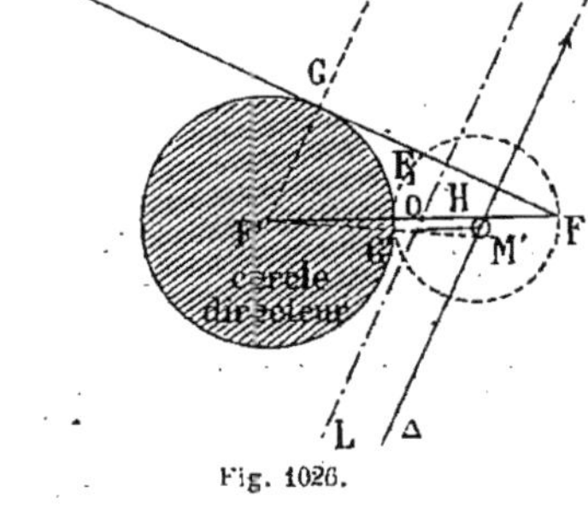

D'où un premier point M' d'intersection avec la droite Δ.

Mais comme le deuxième cercle (tangent au cercle F' et passant par F et F_1) se réduit à la droite Fz, on voit que le second point d'intersection avec Δ va à l'infini (puisqu'il est à l'intersection de Δ avec le rayon parallèle F'G). On a donc pour toutes ces droites un point à distance finie et un point à l'infini.

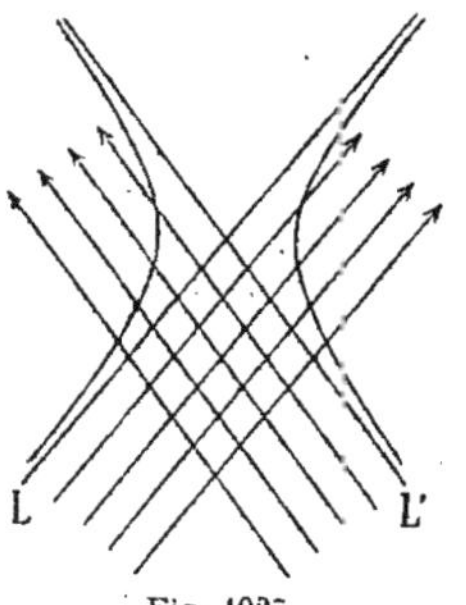

Fig. 1026.

Si maintenant, en second lieu, nous considérons la droite L pour laquelle le symétrique de F est juste au point de contact G, en fait de cercle passant par F et G et tangent au cercle F', il n'y en a pas et ce cercle est réduit à la droite tangente FG. On voit donc que cette droite L a un seul *point d'intersection* rejeté à l'infini.

On donne le nom d'*asymptote* à cette droite L (du grec ἀσύμπτωτος, qui ne se rencontre pas), et les autres droites, on les appelledes *droites*

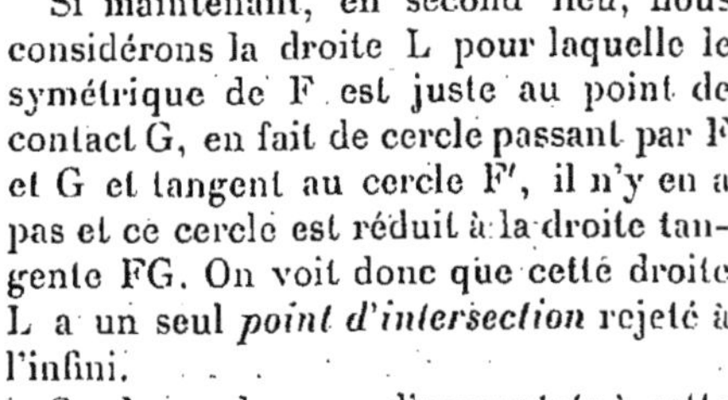

Fig. 1027.

asymptotiques, parce qu'elles coupent en un point à distance finie et un autre à l'infini.

C'est encore ce que montre la figure 1027.

En résumé, dans toute hyperbole il y a quatre catégories de droites sécantes :

1° Celles Δ_1 qui traversent les deux branches, en les coupant toutes deux ;

3° Celles Δ_2 qui coupent une seule branche (en deux points distincts ou confondus) ;

3° Celles Δ_3 qui ne coupent qu'en un seul point, l'autre point étant rejeté à l'infini (droites asymptotiques) ;

4° Deux droites appelées asymptotes qui coupent en deux points rejetés à l'infini.

REMARQUE. — Si nous considérons dans l'hyperbole les *deux* asymptotes L et L', la figure montre qu'elles passent par le centre O (car H étant le milieu de FG, la plle passe par le milieu de FF') (*fig.* 1028).

Ces asymptotes s'obtiendront donc *en menant d'un foyer des tangentes au cercle directeur relatif à l'autre foyer,* puis *les pp. à ces tangentes par le centre* O.

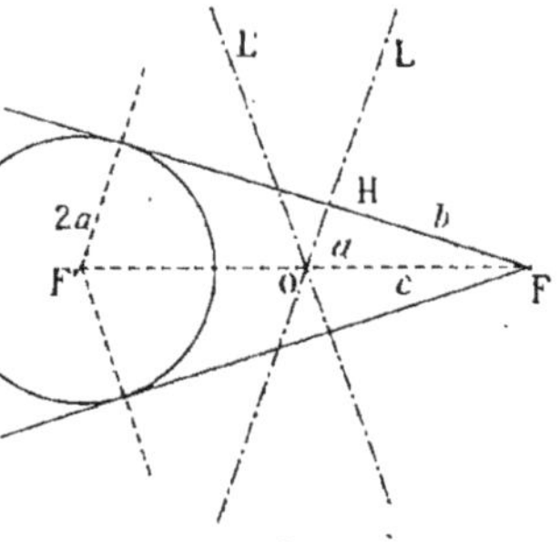

Fig. 1028.

N. B. — Il résulte de tout ce que nous avons dit que, si par le centre on mène des plles aux tangentes à l'hyperbole, elles sont toutes situées dans l'angle des asymptotes ; les asymptotes étant elles-mêmes des tangentes dont le point de contact est rejeté à l'infini.

Théorème. — *Dans toute H les asymptotes sont les diagonales du rectangle construit sur les axes.*

En effet, la figure précédente nous montre que l'angle de

l'asymptote L avec l'axe transverse appartient à un Δ rectangle
dont les côtés sont a, b, c et est l'angle de a
avec c. Or, si nous nous reportons à ce qui a été
dit de la construction du point imaginaire B (arc
de cercle de rayon c), on a en OAB un Δ ayant
pour côtés a, b, c, et on l'a aussi en OAD. Donc
l'angle de a avec c n'est autre que l'angle DOA.

Donc OD et OD′ sont les deux asymptotes de
l'hyperbole.

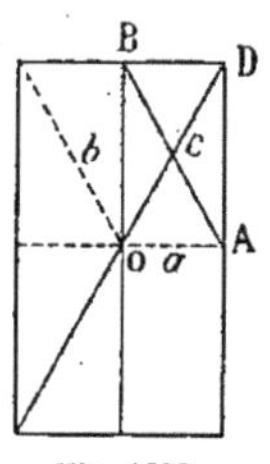

Fig. 1029.

§ 4. — Propriétés des tangentes à l'hyperbole.

Nous avons obtenu des tangentes à l'hyperbole en étudiant la
façon dont des droites parallèles à une direction donnée coupent
cette hyperbole.

Théorème I. — *Pour qu'une droite soit tangente à une
hyperbole, il faut, et cela suffit, que le symétrique d'un foyer
soit sur le cercle directeur relatif à l'autre foyer.*

En effet, l'étude que nous avons faite dans le deuxième cas
nous a montré clairement que, si le symétrique φ est sur le cercle
directeur, la droite θ correspondante ne coupe qu'en un seul
point; donc est tangente. Et ensuite que, si le symétrique φ n'est
pas sur le cercle directeur, la droite est sécante. Donc, quand
elle est tangente, il faut que le symétrique φ soit sur le cercle
directeur.   C. Q. F. D.

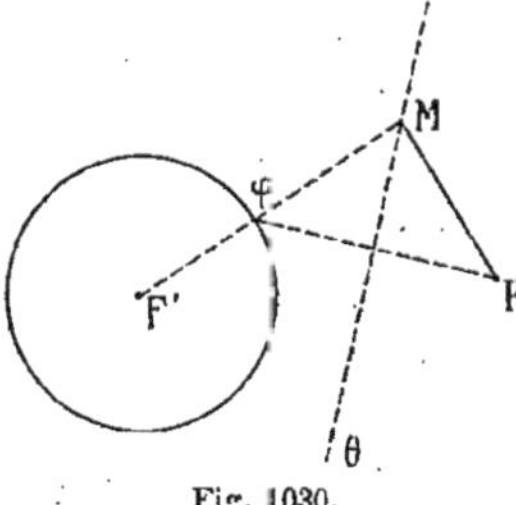

Fig. 1030.

Il résulte de là que, pour utiliser
qu'une droite D est tangente, il suffit
de dire que le symétrique de F par
rapport à D est sur le cercle directeur F′.

Théorème II. — *Quand une
droite est tangente à l'hyperbole, le
point de contact, le symétrique d'un
foyer et l'autre foyer sont en ligne
droite.*

Soit en effet θ une droite tangente. On sait (d'après le théorème 1) que le symétrique φ de F par rapport à θ est sur le cercle directeur F'.

Mais on sait également que tout point de l'hyperbole est le centre d'un cercle passant par F et tangent au cercle F'. Donc le point de contact de la tangente θ et de l'H. doit être le centre d'un cercle tangent en φ au cercle F'. Ce qui prouve qu'il est en M au point où F'φ coupe θ.

Donc les trois points M, φ, F' sont en ligne droite.

C. Q. F. D.

Théorème III. — *Quand une droite est tangente à l'hyperbole, cette tangente est bissectrice de l'angle des deux rayons vecteurs aboutissant au point de contact.*

En effet, la droite étant tangente, le symétrique φ de F est sur le cercle directeur — et de plus les trois points F', φ, M sont en ligne droite.

Il en résulte que, dans le Δ FMφ, θ est à la fois hauteur et médiane, donc bissectrice.   C. Q. F. D

On peut établir d'une autre façon directe ces propriétés de la

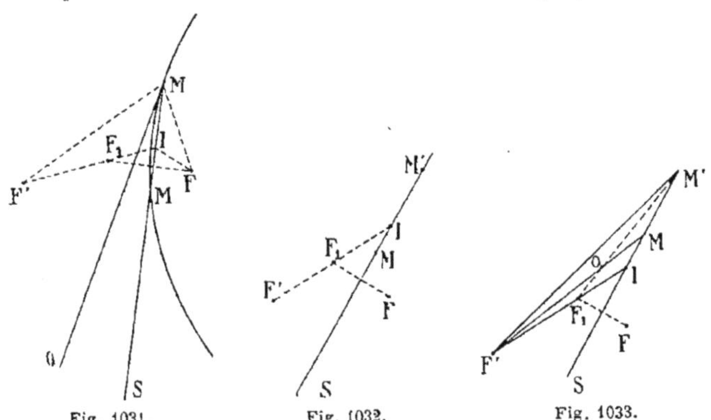

Fig. 1031.   Fig. 1032.   Fig. 1033.

tangente en regardant la tangente à l'H comme la limite d'une sécante.

Supposons que la sécante S coupe la même branche d'H en deux points M et M'.

Prenons le symétrique F_1 de F par rapport à S, joignons F'F_1 et prolongeons jusqu'au point I sur la sécante.

Je dis d'abord que I est un point intérieur, ce qui revient à prouver que la droite FF$_1$ est dans l'intérieur de l'angle MF'M'.

En effet, si F'F$_1$ était à l'extérieur, on aurait la figure 1033 qui nous donnerait :

$$M'F' < M'O + OF';$$

$$MF_1 < MO + OF_1;$$

d'où : $\qquad M'F' + MF_1 < M'F_1 + MF';$

c'est-à-dire : $\qquad M'F' - M'F_1 < MF' - MF_1;$

ce qui est impossible, les deux différences devant valoir $2a$.

Donc le point I est à l'intérieur.

Mais alors, quand la sécante tourne autour de M de façon que M' se rapproche de M, I se rapproche aussi de M. Mais ces rayons vecteurs du point I forment toujours des angles égaux avec la sécante, quelque près qu'elle soit de sa limite la tangente MO.

Donc cette propriété subsistant encore à la limite quand I est venu en M, et quand la sécante est devenue la tangente MO, on voit :

1° Que la tangente fait des angles égaux avec les deux rayons vecteurs du point de contact;

2° Que le symétrique du foyer F par rapport à la tangente, l'autre foyer F' et le point de contact M sont trois points en ligne droite. $\qquad$ C. Q. F. D.

---

§ 5. — Construction d'une hyperbole (définie par cinq conditions).

EXEMPLE I. — *Construire une H, connaissant un foyer F, une tangente et deux points.*

En prenant le symétrique φ de F par rapport à la tangente, et décrivant des deux points comme centres des cercles passant par F, on est ramené à trouver le centre d'un cercle passant par un point, et tangent à deux cercles extérieurement, si les deux points donnés appartiennent à la même branche voisine de F — intérieurement à l'un et extérieurement à l'autre si les deux points sont de part et d'autre de la tangente — intérieurement aux deux si les deux points sont donnés du côté de la tangente qui ne contient pas le foyer F.

EXEMPLE II. — *Construire une H, connaissant une asymptote, un point M et un foyer F.*

L'asymptote étant une tangente, on prendra encore le symétrique φ de F. De M on décrira le cercle de rayon MF. Le second foyer se trouvant sur la pp. φz à Fφ, on sera donc ramené à chercher le centre d'un cercle tangent à une droite en un point donné et tangent à un cercle donné (problème connu).

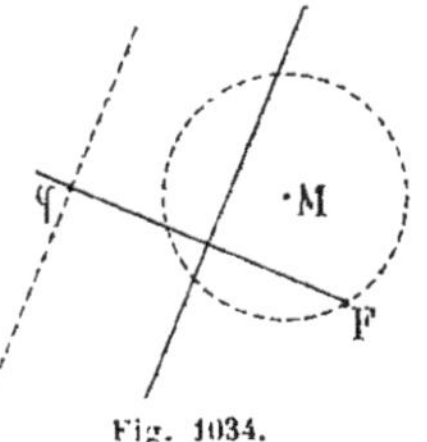

Fig. 1034.

Construction des tangentes à l'hyperbole.

PROBLÈME I. — *Étant donnée une hyperbole définie par ses deux foyers et un point M, mener la tangente en ce point à la courbe.*

RÈGLE. — *On mène les deux rayons vecteurs du point M et on construit la bissectrice de l'angle formé.*

Fig. 1035.

PROBLÈME II. — *Mener une tangente à l'H par un point donné P.*

Faisons deux figures, l'une où nous supposons le problème

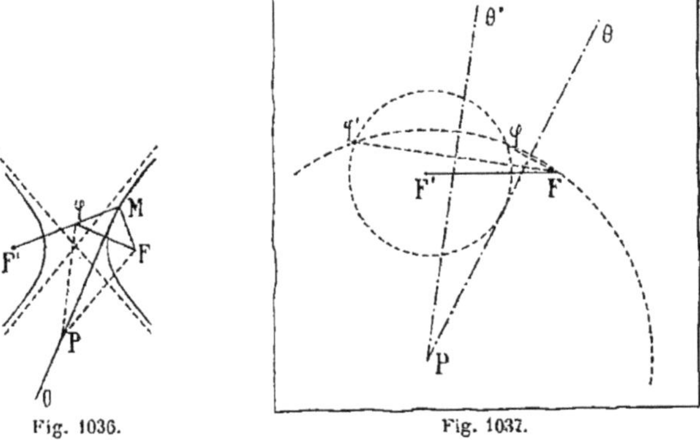

Fig. 1036.

Fig. 1037.

résolu en Mθ, l'autre où le terrain est préparé pour y recevoir les constructions.

Cherchons encore le symétrique φ du point F.

On a : $PF = P\varphi$.

Donc φ se trouve sur un cercle décrit de P comme centre avec un rayon égal à PF.

Mais φ doit être aussi sur le cercle directeur du centre F'. Donc φ sera à l'intersection de ces deux cercles. Et il y aura en général deux tangentes.

Discussion. — Les deux cercles doivent se couper. Cela exige :

$$PF' < 2a + PF;$$
$$2a < PF' + PF;$$
$$PF < 2a + PF'.$$

Les deuxièmes conditions extrêmes qui doivent être remplies, à savoir :

$$PF' - PF < 2a,$$
$$PF - PF' < 2a,$$

prouvent que le point donné P doit être extérieur à l'H.

La troisième condition $PF' + PF > 2a$ est toujours satisfaite d'elle-même si le point P n'est pas sur la droite FF'. Car le $\triangle$ PFF' existe alors, et on a :

$$PF + PF' > 2c; \quad a\ fortiori : > 2a.$$

On verrait aisément comme pour l'ellipse que les mêmes relations sont encore satisfaites quand le point P est donné sur 'axe transverse AA'.

Problème III. — *Mener une tangente à l'H parallèlement à une droite donnée z.*

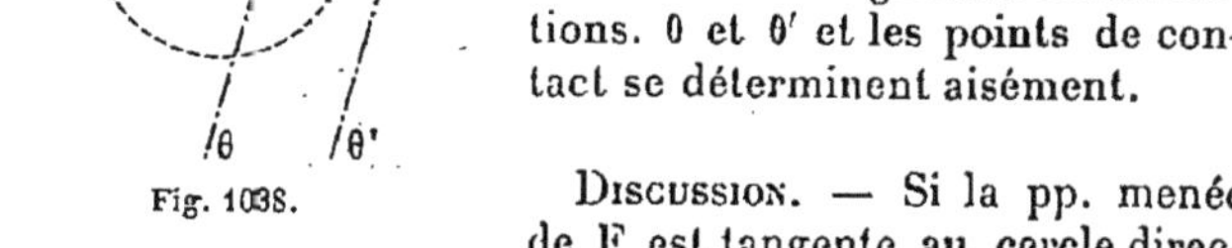

Cherchons encore le symétrique φ de F.

Il est sur le cercle directeur F'.

Il est aussi sur la pp. menée de F sur la direction z.

Donc on a en général deux solutions. θ et θ' et les points de contact se déterminent aisément.

Fig. 1038.

Discussion. — Si la pp. menée de F est tangente au cercle directeur F', le point de contact est rejeté à l'infini et on trouve la tangente particulière L que nous avons appelée *asymptote à la courbe*. Et il n'y a alors qu'une solution.

Comme il y a une deuxième asymptote symétrique L', on voit que le problème n'est possible que quand la direction donnée est plle à une droite située dans l'angle des asymptotes qui ne contient pas la courbe. (Les deux asymptotes passent par le centre O évidemment.)

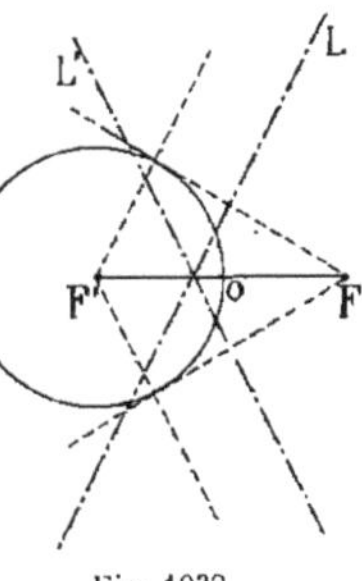

Fig. 1039.

Remarque générale.

Dans tous les problèmes où on a à construire une tangente à l'H., on cherche à connaître le symétrique φ de F.

Dans tous les théorèmes où on a à utiliser une tangente, on fait également intervenir ce symétrique φ.

C'est ainsi qu'on pourra établir les théorèmes suivants :

1° La podaire du foyer dans l'hyperbole est le cercle principal (c'est-à-dire le cercle placé sur l'axe transverse).

2° Le produit des distances des foyers d'une H. à une tangente quelconque est constant et égal à b^2.

3° Les tangentes menées d'un point à l'H. font des angles égaux avec les rayons vecteurs allant des foyers à ce point (Poncelet).

4° Le lieu des sommets des angles droits circonscrits à une H. est une circonférence ayant pour centre le centre de la courbe et pour rayon $\sqrt{a^2 - b^2}$ (ce qui prouve que ce lieu se réduit à un cercle point dans une hyperbole équilatère, et qu'il n'existe pas si on a : $b > a$).

Remarque finale.

Quand dans une hyperbole un foyer et le sommet voisin restent fixes, l'autre sommet s'éloignant à l'infini, l'hyperbole tend vers une parabole.

En effet, le point M situé sur la droite fixe Pz est à égale distance du foyer F et du cercle directeur F'. Mais, quand F' s'éloigne vers la gauche, le cercle directeur tend à devenir une droite : la droite DID' passant par le point I tel que IA = AF.

Donc le point M, qui doit être à égale distance de F et de tous
les cercles directeurs, tendra à se confondre avec le point μ également
distant de F et de cette droite DD', c'est-à-dire avec le
point de la parabole de foyer et de directrice DD' (point μ
qui est au-dessous de M, puisque MII est plus petit que Mφ)
(*fig.* 1040).   C. Q. F. D.

On arriverait aux mêmes conclusions à l'aide de l'algèbre.

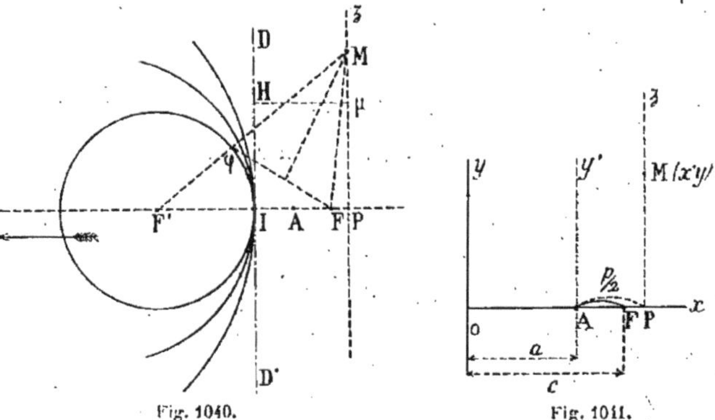

Fig. 1040.   Fig. 1011.

Car si nous prenons pour axe des y (*fig.* 1041), non plus l'axe
non transverse, mais la plle Ay' menée par le sommet fixe A,
l'équation de l'hyperbole deviendra (l'y restant le même) :

$$\frac{(x' + a)^2}{a^2} - \frac{y^2}{b^2} = 1 \, ;$$

c'est-à-dire :
$$\frac{x'^2}{a^2} - \frac{y^2}{b^2} + \frac{2x'}{a} = 0$$

et si nous prenons une abscisse AP $= x'$, on tire de là :

$$y^2 = \frac{2b^2 x'}{a} + \frac{b^2 x'^2}{a^2}.$$

Mais :
$$a^2 + b^2 = c^2 \, ;$$

d'où :
$$b^2 = c^2 - a^2 = (c - a)(c + a) = \frac{p}{2}(c + a) = \frac{p}{2}\left(2a + \frac{p}{2}\right);$$

d'où :
$$\frac{b^2}{a} = p + \frac{p^2}{4a}.$$

L'expression de $\dfrac{b^2}{a}$ pour a tendant vers l'infini tend donc vers p.

Donc $\dfrac{b^2}{a^2}$ tend vers o.

Ce qui montre que l'ordonnée y, qui correspond à la valeur fixe x', tend vers $\sqrt{2px'}$. c'est-à-dire vers l'ordonnée de la parabole de foyer F et de sommet A.

Donc la branche d'hyperbole voisine de F tend bien vers la parabole en question, pendant que l'autre branche va s'éloignant à l'infini.

Remarque. — Comme on avait pour le point M de l'hyperbole :

$$y^2 = 2p^2x' + \frac{p}{a}\,x'^2,$$

on voit que les points où les différentes hyperboles coupent Pz sont tous situés au-dessus du point μ de la parabole.

Théorèmes de Dandelin.

Les trois courbes ellipse, hyperbole, parabole s'appellent *sections coniques* ou simplement *coniques*, parce que ces trois sortes de courbes s'obtiennent quand on coupe un cône de révolution par un plan.

Nous allons démontrer que, quand le plan sécant rencontre toutes les génératrices sur une même nappe, la section est une ellipse;

Que quand le plan rencontre les deux nappes, la section est une hyperbole;

Enfin, que quand le plan est parallèle à un plan tangent, on a une parabole.

On peut encore dire que l'on a une E. quand le plan n'est plle à aucune génératrice, une H. quand il est plle à deux génératrices, une P. quand il est plle à une seule génératrice.

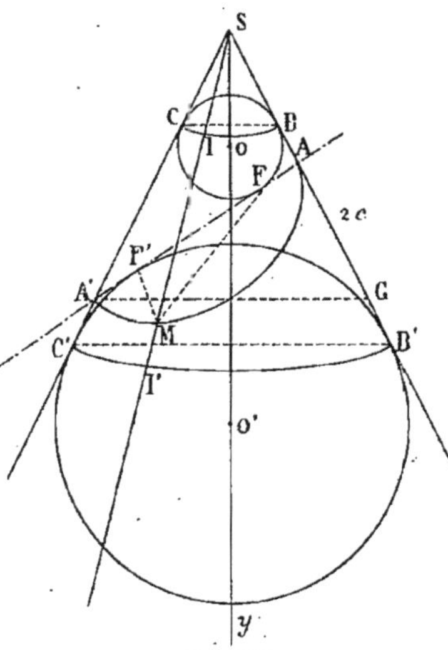

Fig. 1012.

1er Cas. — *Le plan sécant rencontre toutes les génératrices d'un même côté du sommet.*

Je dis que la section est une ellipse ayant pour grand axe l'intersection du plan sécant avec le plan mené par l'axe du cône perpendiculairement à ce plan sécant.

Pour le démontrer, menons par l'axe du cône un plan pp. au plan sécant (plan que nous appellerons *méridien spécial*).

Et prenons-le pour plan du tableau.

Ce plan principal coupera le cône suivant les deux génératrices SN et SN′ et le plan sécant suivant la droite AA′.

Ce plan sécant sera donc un plan debout.

Construisons le cercle O inscrit dans le $\triangle$ SAA′, ainsi que le cercle ex-inscrit O′. Quand la figure tourne autour de l'axe SY, les cercles engendrent des sphères inscrites dans le cône le long des parallèles BC et B′C′, et ces sphères sont aussi tangentes en F et F′ au plan sécant (puisque celui-ci est par hypothèse pp. au plan du tableau, donc à OF et à O′F′).

Cela posé, prenons un point M sur la section.

Par M passe une génératrice SM qui rencontre les deux plles de contact en I et I′.

Je dis que : $\qquad$ MF $+$ MF′ $=$ Constante.

D'abord FM est une droite tangente à la sphère O, MI aussi, donc FM $=$ MI (car ces droites font partie du cône de sommet M circonscrit à la sphère O).

Pour la même raison : MF′ $=$ MI′.

Donc : $\qquad$ FM $+$ F′M $=$ MI $+$ MI′ $=$ II′ $=$ BB′.

Mais BB′ est constant.

Donc la somme des deux rayons vecteurs du point M étant constante, le lieu des points M est une ellipse de foyers F et F′.

REMARQUE I. — L'axe focal FF′ perçant le cône aux points A et A′, AA′ est le grand axe. On a donc :

$$FM + F'M = AA'.$$

(Cela devait du reste être, puisque nous avons vu, dans le livre II de géométrie, que les tangentes communes intérieure et extérieure AA′ et BB′ sont égales.)

REMARQUE II. — Si par le sommet A′ nous menons A′G pp. à l'axe, la droite AG est égale à la distance focale FF′.

En effet :

$$AG = AB' - B'G \equiv AF' - A'C' \equiv AF' - A'F' \equiv AF' - AF$$

(d'après une propriété connue du livre II) $= FF' = 2c$.

2e CAS. — *Le plan sécant rencontre les deux nappes du cône.*

Menons encore par l'axe un plan pp. au plan sécant, c'est-à-dire le plan principal correspondant à ce plan sécant, et cons-

truisons encore les deux cercles O et O′ ex-inscrits au △ AA′S.
En tournant, ces cercles engendreront des sphères tangentes au plan sécant en F et F′ et tangentes au cône suivant les plles BC et B′C.

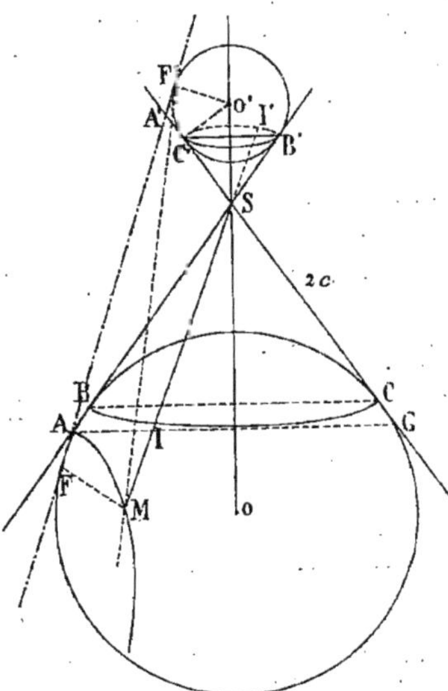

Fig. 1043.

Menons la génératrice SM passant par un point M de la section. Elle rencontre BC en I, en avant, et B′C′ en I′, en arrière.

On a, MF′ et MF étant des droites tangentes aux sphères :

$$MF' - MF = MI' - MI$$
$$= II' = BB' = \text{Constante.}$$

L'intersection est donc une hyperbole ayant pour foyer F et F′.

Remarque I. — L'axe focal FF′ perçant le cône aux points A et A′, AA″ est l'axe transverse de l'hyperbole.

(Il est facile de voir directement que AA′ = BB′. Car :
BB′ = AB′ — AB = AF′ — AB = AF′ — AF = AF′ — A′F′* = AA′.)

Remarque II. — Si on mène par le point A la pp. AG à SY, la longueur A′G = FF′.

En effet :

$$A'G = A'C' + C'G = A'F' + B'A = A'F' + AF'$$
$$= AF' + AF = FF' = 2c.$$

3e Cas. — *Le plan sécant est parallèle à un plan tangent au cône.*

---

*Nous avons AF = A′F′. Car :
$$AF = AB = p - s,$$
$$A'F' = A'C = p - s,$$
d'après une propriété connue des cercles ex-inscrits, 2p désignant le périmètre du △ A′AS et s le côté AA′.

Supposons que le plan sécant soit un plan pp. au plan de la figure, plan coupant le méridien principal suivant la droite AP, plle à la génératrice SH.

Je dis que la section est une parabole. Pour le prouver, cons-

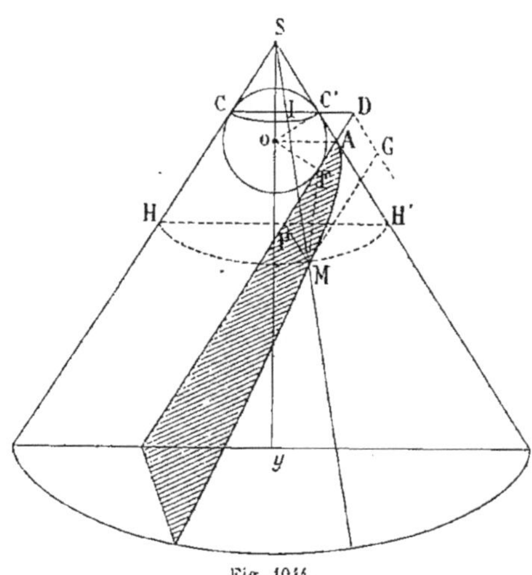

Fig. 1044.

truisons un cercle O tangent aux trois droites SH, SA et AP (ce qui se fera en menant de A la pp. AO sur l'axe).

En tournant, ce cercle engendre une sphère tangente au cône suivant la parallèle CC' et tangente au plan sécant en F.

Considérons la droite DG intersection du plan de ce plle et du plan sécant, droite DG pp. au plan du tableau (droite debout).

M étant un point quelconque de la section plane, je dis que MF = MG, MG étant la pp. sur la droite DG.

Si on mène MP pp. au plan du tableau (droite qui sera plle à DG), PD étant égal à MG, il suffira donc de prouver que :

$$MF = PD.$$

A cet effet menons la génératrice SM qui rencontre en I la plle CC'. Comme MF = MI = C'H', la question reviendra à prouver que C'H' = PD.

Ce qui sera facile.

(Car puisque $\hat{D} = \hat{C}$ qui est égal à C', les deux $\triangle$ C'AD et PAH sont isocèles, donc AD + AP = AC' + AH'.)

La section est donc bien une parabole ayant pour foyer le point F et pour directrice la droite DG.

COROLLAIRE. — L'axe de la parabole est la droite FA et le paramètre vaut FD.

Sections plans d'un cylindre de révolution.

Je dis que la section par un plan incliné sur l'axe est toujours une ellipse ayant pour petit axe le diamètre du cylindre et pour grand axe la droite d'intersection du plan sécant et du plan méridien principal.

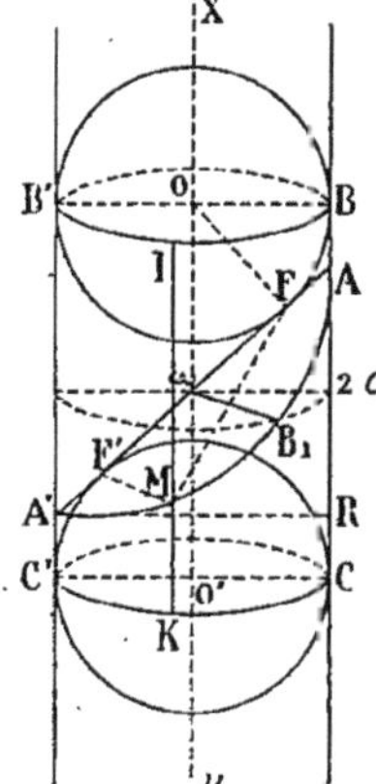

Prenons encore pour plan du tableau le plan principal, c'est-à-dire le plan mené par l'axe du cylindre perpendiculairement au plan sécant. Ce plan sécant sera alors un plan debout.

Soit AA′ la trace de ce plan sécant.

Construisons encore les cercles O et O′ tangents à AA′ et aux deux génératrices, cercles qui en tournant engendrent des sphères.

M étant un point de la section, on a :

$$MF = MI,$$
$$MF' = MK.$$

d'où : $MF + MF' = MI + MK = IK$
$$= BC = \text{Constante,}$$

Fig. 1015.

d'où ellipse ayant pour grand axe AA′.

Cette ellipse ayant son centre en ω au point où AA′ coupe l'axe xy, si par ω on mène le plan pp. à Xy, ce plan coupera le plan sécant AA′ suivant une droite ωB₁, qui sera pp. au plan du tableau, qui sera par conséquent le demi-petit axe de l'ellipse de section. Ce petit axe sera donc égal au diamètre du cylindre.

C. Q. F. D.

REMARQUE. — Si de A′ on mène la pp. à l'axe Xy, la distance :

$$AR = FF' = 2c.$$

Car :

$$AR = AC - CR = AF' - C'A' = AF' - A'F' = AF' - AF = FF'.$$

Problème. — *Peut-on placer sur un cône ou un cylindre de révolution donné n'importe quelle ellipse, hyperbole ou parabole?*

RÉPONSE. — *On peut sur un cylindre placer n'importe quelle ellipse pourvu que son petit axe soit le diamètre du cylindre.*

Et sur un cône on peut placer n'importe quelle ellipse et n'importe quelle parabole, mais on ne peut y placer que les hyperboles où l'angle des asymptotes est inférieur à l'angle d'ouverture du cône.

Pour traiter ces diverses questions, nous supposerons placés sur la surface un E, un H, un P, puis nous discuterons.

I. — *Peut-on placer une ellipse donnée sur un cylindre?*

Si nous prenons le cylindre et que nous y supposions tracée une ellipse, nous savons que, si AA' est le grand axe 2a, AK est la distance focale 2c.

Dès lors, il suffira, pour avoir une section égale à l'ellipse donnée de petit axe 2R, de prendre sur la génératrice du cylindre une longueur AK égale à 2c, de mener par K le plan pp. à l'axe, de prendre le point A' où ce plan rencontre la génératrice opposée à la première, puis de mener par la droite AA' ainsi obtenue un plan sécant pp. au plan des deux génératrices.

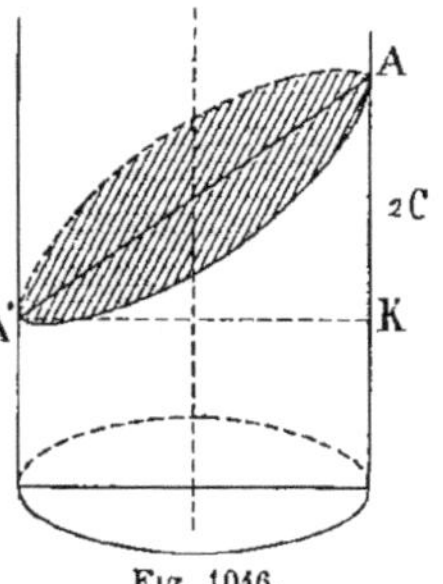

Fig. 1046.

Il est manifeste que l'on peut obtenir de la sorte n'importe quelle ellipse, pourvu que le petit axe soit égal à 2R.

II. — *Peut-on placer une ellipse donnée d'axes 2a et 2b sur un cône?*

RÉPONSE. — Oui.

Supposons le problème résolu, le tableau figurant un plan principal et AA' étant le grand axe d'une ellipse de section.

Il faut placer convenablement cette droite AA' et pour cela il faut arriver à connaître les longueurs SM et SN.

On y parviendra en remarquant que la pp. menée de A' sur l'axe du cône rencontre SA en un point C tel que AC = 2c.

Par conséquent, sur une feuille de papier on fera en C un angle égal au complément de l'angle d'ouverture du cône. Sur l'un des côtés on prendra une longueur AC égale à 2c, d'où le point A. De A comme centre avec 2a pour rayon, on déduira un

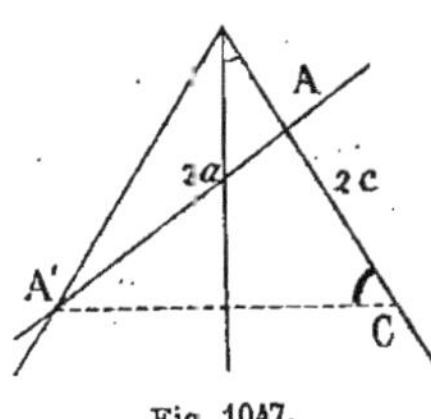

Fig. 1047.   Fig. 1048.

arc de cercle qui coupe l'autre côté de l'angle en A'. Il n'y aura
plus ensuite qu'à mener la pp. à AC et en son milieu I, d'où les
longueurs SA et SA'

Comme le Δ ACA' peut toujours être construit, quelles que
soient les longueurs 2c et 2a, on voit qu'il y a toujours moyen
de placer sur un cône n'importe quelle ellipse.

III. — *Peut-on placer sur un cône n'importe quelle hyperbole?*

Réponse. — Non.

Supposons le problème résolu et considérons la figure 1043

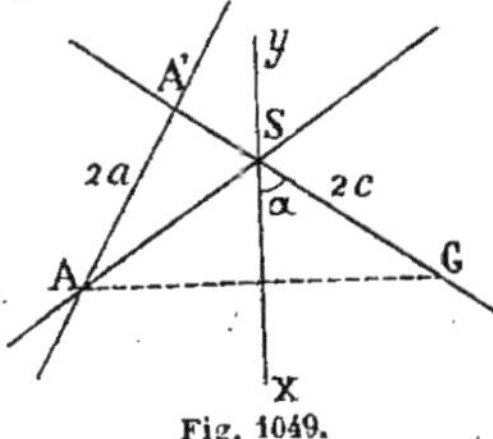
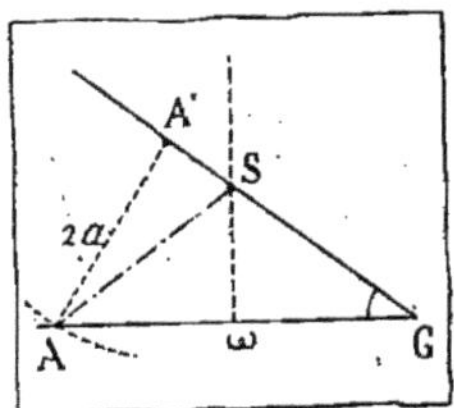

Fig. 1049.   Fig. 1050.

correspondante du théorème de Dandelin, AA' étant la trace du
plan de l'H. donnée sur le plan principal.

On sait que, si AA' est l'axe transverse 2a, la pp. AG à l'axe
est la distance focale.

On les connaît.

Dès lors on peut, sur une feuille de papier, construire le Δ
GAA' où :

$$A'G = 2c,$$
$$AA' = 2a,$$
$$G = 90° - \alpha ;$$

puis, menant la pp. au milieu ω, on peut déterminer SA et SA', et on saura alors comment couper le cône.

Mais ce Δ AA'G n'existera pas toujours. Il n'existera que si le cercle décrit de A' comme centre avec $2a$ comme rayon coupe GA, c'est-à-dire si on a :

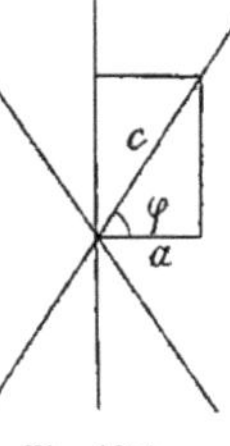

Fig. 1051.

$$2a \geqslant 2c \sin G \geqslant 2c \cos \alpha ;$$

c'est-à-dire si : $\dfrac{a}{c} \geqslant \cos \alpha.$

Or dans toute hyperbole si on appelle φ le demi-angle aigu des asymptotes, on sait que $\cos \varphi = \dfrac{a}{c}$. Donc le Δ n'existera que si on a : $$\cos \varphi \geqslant \cos \alpha ;$$
c'est-à-dire : $$\varphi \leqslant \alpha.$$

Donc on ne pourra placer une hyperbole sur un cône que si l'angle aigu des asymptotes est inférieur ou au plus égal au demi-angle d'ouverture du cône.   C. Q. F. D.

IV. — *Peut-on placer sur un cône n'importe quelle parabole?*

RÉPONSE. — Oui.

Supposons que le plan du tableau représente le plan principal de la section, la parabole y étant dessinée.

On a vu (*fig.* 1044) que si du sommet A de la parabole on mène la pp. AO à l'axe du cône, puis du point O la pp. OF sur la trace du plan sécant, F est le foyer de la parabole, AF est donc le demi-paramètre, longueur connue. Dès lors, dans ce Δ rectangle AOF, on connaîtra un côté AF et l'angle O qui est la moitié de l'angle d'ouverture totale du cône (angles à côtés perpendiculaires).

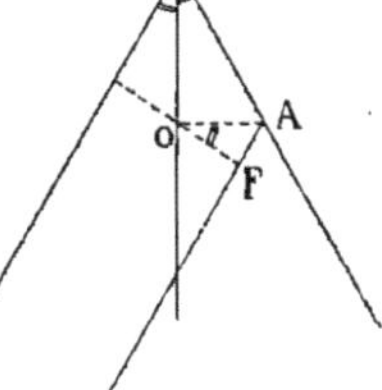

Fig. 1052.

On pourra donc, sur une feuille de papier, figurer l'angle d'ouverture du cône en BAC :

1° Prendre AF égal au demi-paramètre ;

2° Mener la pp. FO à AF ;

3° Faire en un point quelconque J un angle égal au demi-angle au sommet du cône et mener par A la parallèle AO ;

4° Mener de O la pp. OS jusqu'à sa rencontre avec AC prolongé.

SA est la longueur qu'il faudra prendre sur la génératrice SG et il n'y aura plus qu'à mener par A la plle à la génératrice opposée SG'.

Le plan mené par cette plle coupera le cône suivant la parabole demandée (*fig.* 1054).

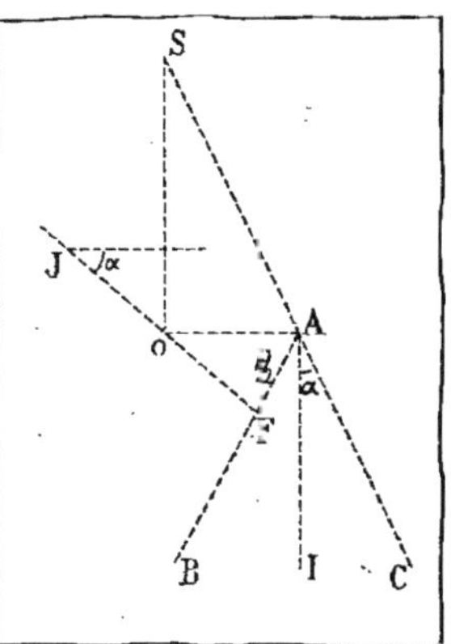

Fig. 1053.

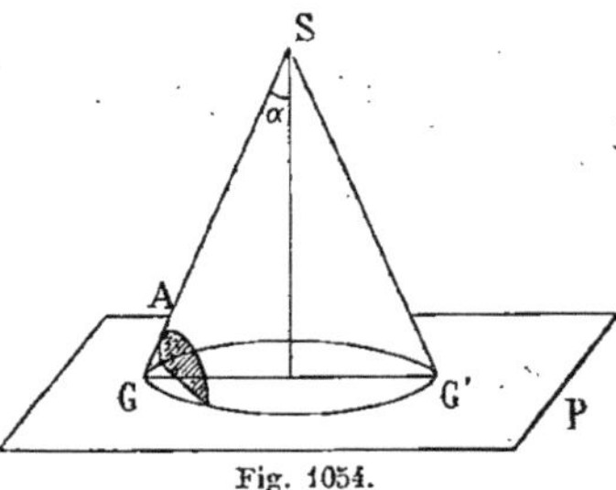

Fig. 1054.

Et, comme la construction précédente est toujours possible et donne toujours une longueur SA, on voit que toutes les paraboles peuvent être placées sur un cône donné[1].

Comme application de la section parabolique, on peut traiter le problème suivant.

PROBLÈME. — *Par deux points A et B pris sur la surface d'un cône de révolution, mener un plan qui coupe le cône suivant une parabole.*

On sait que le plan de la section parabolique est parallèle à un plan tangent au cône.

Si donc, par le sommet S du cône, on mène une parallèle à la droite AB, cette plle SI sera une droite du plan tangent auquel la section parabolique est parallèle.

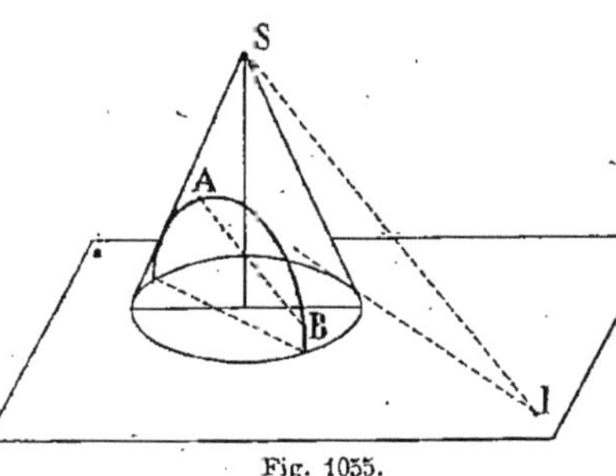

Fig. 1055.

du plan tangent auquel la section parabolique est parallèle.

---

1. On aurait pu le voir par la trigonométrie, car la figure 1052 nous donne : $SA = \dfrac{AO}{\sin\alpha}$ $AO = \dfrac{AF}{\sin\alpha}$ d'où $SA = \dfrac{AF}{\sin^2\alpha} = \dfrac{p}{2\sin^2\alpha}$

Il suffira donc, du point I où cette plle AB coupe la base, de mener les tangentes 0 et 0'.

Le problème aura donc toujours deux solutions.

Définition commune de l'ellipse, de l'hyperbole et de la parabole au moyen d'un foyer et d'une directrice.

On sait que dans la parabole pour tous les points le rapport de leurs distances à un point fixe F et à une droite fixe D est constant, et égal à 1.

Nous allons démontrer qu'il en est de même pour l'ellipse et pour l'hyperbole, ce rapport étant moindre que 1 pour l'E. et supérieur à 1 pour l'H.

Reprenons à cet effet les figures fondamentales qui nous ont servi à établir les théorèmes de Dandelin, pour l'ellipse et pour l'hyperbole.

Dans le cas de la section elliptique, prenons la droite DΔ suivant laquelle

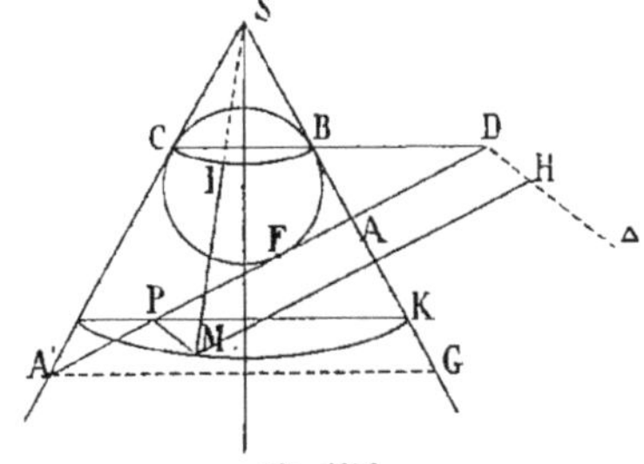

Fig. 1056.

le parallèle de contact BC coupe le plan de section. Si nous menons du point M la droite MP pp. à AA', et si par MP nous traçons le parallèle correspondant PK, il est clair que la droite PD mesurera la distance du point M à la droite DΔ (puisque la figure PDMH est un rectangle). MF étant égal à MI, c'est-à-dire à BK, le rapport $\dfrac{MF}{MH}$ est égal à $\dfrac{BK}{PD}$.

Mais le Δ PAK est semblable au Δ A'AG. On aura donc :

$$\frac{A'A}{AG} = \frac{AP}{AK} = \frac{AD}{AB} = \frac{AP + AD}{AK + AB} = \frac{PD}{BK}.$$

Donc :
$$\frac{PD}{BK} = \frac{a}{c}.$$

Ce qui montre que :
$$\frac{MF}{MH} = \frac{c}{a}.$$

Ce rapport est donc constant, ce qui démontre la proposition. Et ce rapport qui est égal à l'excentricité de l'ellipse est inférieur à 1.

Dans le cas de la section hyperbolique, mêmes conclusions. Il suffirait de prolonger le parallèle B'C' jusqu'à sa rencontre avec le plan sécant et on verrait que le rapport est constant, et supérieur à 1.

Donc, qu'il s'agisse d'une E., d'une H. ou d'une P., le rapport des distances d'un point de la courbe à un point fixe et à une droite fixe est constant.

La droite fixe s'appelle une directrice.

Dans une ellipse et une hyperbole il y a évidemment deux directrices correspondant à chacun des deux foyers.

Remarque. — Il est facile de fixer la position de la directrice dans l'ellipse.

Car, pour le sommet A, on a, x étant la distance du centre O à la directrice :

$$\frac{AF}{AD} = \frac{a-c}{x-a} = \frac{c}{a} = \frac{a}{x},$$

d'où on tire :

$$x = \frac{a^2}{c}.$$

Il est d'après cela facile de construire la directrice correspon-

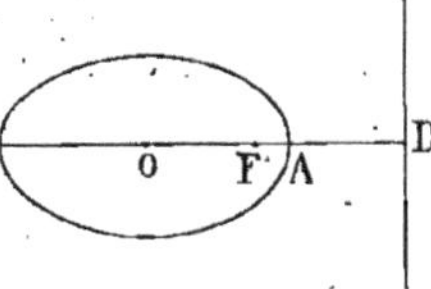

Fig. 1057.

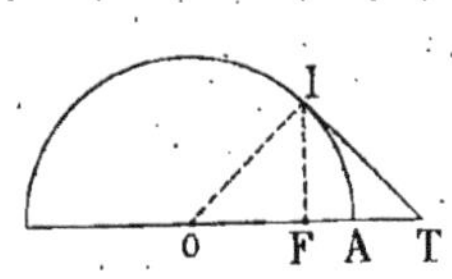

Fig. 1058.

dante au foyer F en décrivant le cercle principal, menant en F la pp. FI, puis la tangente IT

(puisque $\overline{OI}^2 = OT \times OF$, donc $a^2 = OT.c$, d'où $OT = \dfrac{a^2}{c}$).

(*Idem* pour l'hyperbole.)

Propriétés de la directrice.

Si on prend deux points M et M′ sur l'ellipse et qu'on joigne au foyer le point R où la corde MM′ coupe la directrice, cette droite FR est bissectrice extérieure de l'angle des deux rayons vecteurs.

En effet, si on mène les deux pp. MH et M′H′ à la directrice, D, les $\triangle$ semblables nous donnent :

$$\frac{MH}{M'L'} = \frac{RM}{RM'}.$$

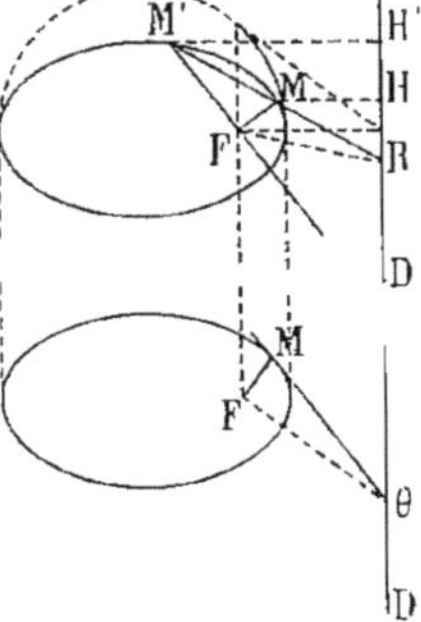

Mais MH et M′H′ sont proportionnels à MF et M′F. Donc :

$$\frac{MF}{M'F} = \frac{RM}{RM'},$$

Fig. 1059.

ce qui prouve que FR est la bissectrice extérieure.

C. Q. F. D.

Quand le point M′ se rapproche indéfiniment du point M, la corde MM′ devenant la tangente, la propriété subsiste. Donc :

Théorème. — *Si on joint au foyer le point où la tangente à l'E. coupe la directrice, cette droite est orthogonale au rayon vecteur du point de contact.*

APPLICATION. — *Construire une E., connaissant trois points, A, B, C, et la directrice D.*

On mène les cordes AB et AC, on cherche les points P et P′ où elles coupent la directrice. On construit les quatre points I et I′ des deux divisions harmoniques formées. Le foyer est au point de rencontre des deux cercles placés sur IP et I′P′.

(Résultats analogues pour l'hyperbole.)

Ombre portée d'une sphère.

1° Ombre au flambeau.

Soit S le point lumineux.

Si nous considérons le cône de sommet S circonscrit à la sphère O, les rayons issus de S et situés dans ce cône seront évidemment interceptés par la sphère, et les rayons tangents à la sphère limiteront l'ombre. Nous pouvons évidemment inscrire dans ce cône une infinité de sphères ; nous pouvons, en parti-

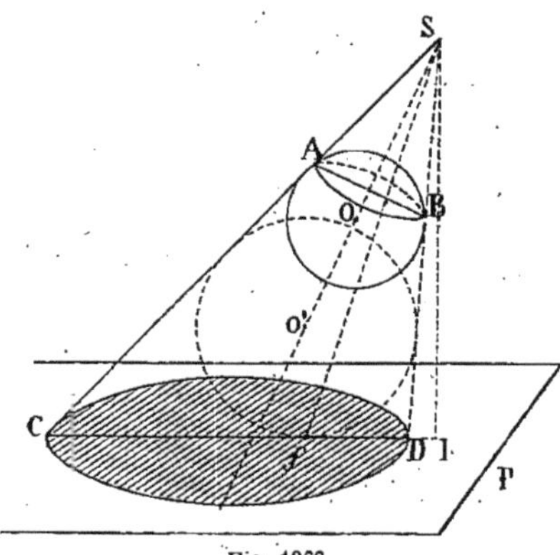

Fig. 1060.

culier, considérer la sphère inscrite tangente du plan opaque P. L'ombre portée de cette sphère sur le plan P sera la même que l'ombre portée du cercle AB (puisque les rayons lumineux tangents à la sphère sont précisément les rayons allant à la circonférence AB).

Mais maintenant la question est finie. Car l'ombre portée par la sphère O n'est autre que la section du cône de révolution par le plan P, section qui, d'après Dandelin, est une ellipse ayant pour grand axe l'intersection CD du plan P avec le plan principal SOI et pour foyer le point de contact f.

Cette ellipse est donc facile à construire.

2° **Ombre au soleil.**

L'ombre portée par la sphère O quand la lumière arrive de l'infini dans une direction donnée z, s'obtiendra en cherchant l'intersection du cylindre circonscrit à la sphère O (*fig.* 1061) par le plan P (problème connu).

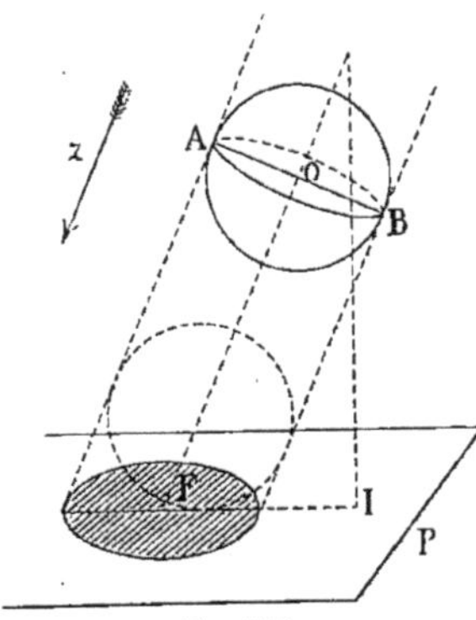

Fig. 1061.

N. B. — Il pourrait arriver que l'ombre portée se fasse à la fois sur deux plans opaques. C'est ce qui arrive, par exemple, quand la droite MN se projette en partie sur P et en partie sur Q) (d'où l'ombre μI ν', *fig.* 1062).

Il est clair qu'alors l'ombre brisée du cercle ou de la sphère

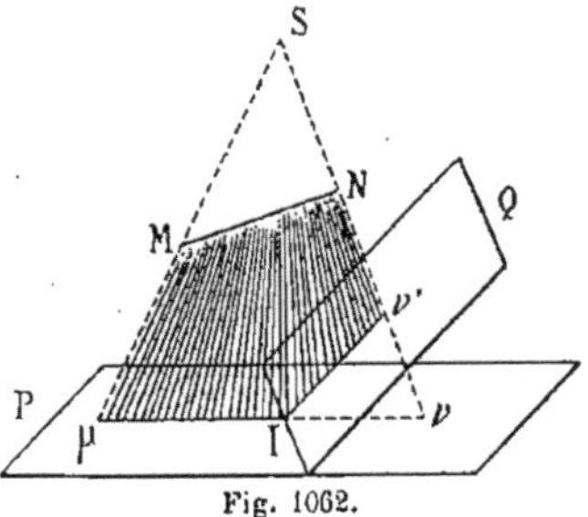

Fig. 1062.

se composera de deux arcs d'ellipses, faciles à déterminer. (On pourrait même avoir des arcs d'hyperbole ou de paraboles.)

De l'hélice.

Sommaire :

---

§ 1ᵉʳ. — Forme de l'hélice.

Soit ABCD un cylindre circulaire droit et ADPQ un rectangle ayant pour base une ligne AP égale à la circonférence de base du cylindre, la hauteur étant quelconque. On partage cette hauteur en n parties égales à h; on mène par les points de division les parallèles à AP, puis on trace les diagonales AR, EQ... des rectangles égaux ainsi formés. Lorsque le plan du grand rectangle est enroulé sur la surface du cylindre, toutes les diagonales pré-

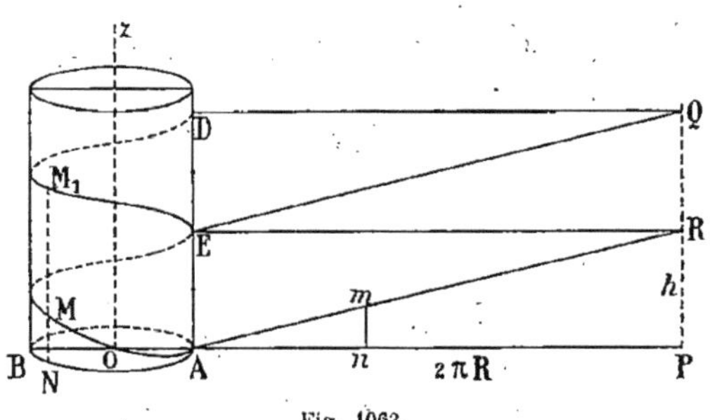

Fig. 1063.

cédentes donnent naissance à une courbe qu'on appelle *hélice*. Chaque diagonale engendre ce qu'on appelle une *spire* de l'hélice, la deuxième spire commençant là où finit la première. On appelle *pas de l'hélice* la portion AE de la génératrice comprise entre deux spires consécutives, portion qui est évidemment égale à la hauteur AE de chaque petit rectangle.

On appelle *ordonnée* d'un point M de l'hélice la pp. MN menée de ce point sur la base du cylindre, l'*abscisse curviligne* du point M étant l'arc de cercle AN compris entre l'*origine* A *de l'hélice* et le pied N de l'ordonnée.

L'abscisse curviligne du point M_1 situé au-dessus de M sur la deuxième spire est évidemment égale à (AN $+$ 2πR).

Théorème fondamental. — *L'ordonnée d'un point quelconque de l'hélice est proportionnelle à l'abscisse curviligne de ce point.*

En effet, le point M est la position que prend sur le cylindre le point *m* de la diagonale AR, dont la distance *mn* à la base AP est égale à MN, la distance A*n* étant égale à l'abscisse curviligne AN (puisque A*n* s'enroule sur l'arc AN).

Or on a :
$$\frac{mn}{RP} = \frac{An}{AP};$$

donc :
$$\frac{MN}{h} = \frac{\text{arc AN}}{2\pi R},$$

en appelant h le pas de l'hélice et R le rayon de la base du cylindre, d'où en désignant par z l'ordonnée MN et x l'abscisse curviligne :

$$z = \text{arc}\, x \times \frac{h}{2\pi R}. \qquad \text{C. Q. F. D.}$$

Cette relation entre z et x constitue l'*équation de l'hélice*.

---

§ 2. — Tangente à l'hélice.

Nous regarderons comme toujours la tangente comme la limite d'une sécante, et nous démontrerons d'abord le lemme suivant :

Lemme. — *La sous-tangente à l'hélice est égale à l'abscisse curviligne du point de contact.*

(On appelle *sous-tangente* la droite NT comprise entre le pied de l'ordonnée du point M de contact et le point où la tangente perce le plan de base du cylindre.)

Considérons d'abord la *sous-sécante* NK.

Les $\triangle$ semblables nous donnent :

$$\frac{NK}{N'K} = \frac{MN}{M'N'};$$

donc :
$$\frac{NK}{N'K} = \frac{\text{arc } AN}{\text{arc } AN'};$$

on en tire :
$$\frac{NK}{N'K - NK} = \frac{\text{arc } AN}{\text{arc } AN' - \text{arc } AN};$$

c'est-à-dire :
$$\frac{NK}{\text{corde } NN'} = \frac{\text{arc } AN}{\text{arc } NN'};$$

d'où :
$$NK = \frac{\text{corde } NN'}{\text{arc } NN'} \times \text{arc } AN.$$

Cela posé, quand M′ se rapproche indéfiniment de M, N′ se rapproche aussi de N et le rapport de la corde NN′ à l'arc NN′

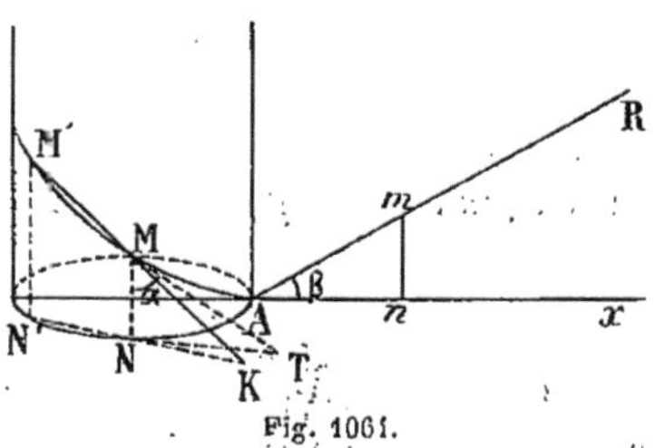

Fig. 1061.

tend vers 1. Donc, quand la sécante MM′ est devenue la tangente MT, la ligne NK étant devenue la sous-tangente NT, on aura :

$$NT = \text{arc } AN;$$

c'est-à-dire :
$$S_t = \text{arc } x. \qquad \text{C. Q. F. D.}$$

Ce lemme établi, la figure nous montre, NT étant égale à l'arc AN, donc égale à la droite An, que les deux $\triangle$ MNT et Amn sont égaux. Donc l'angle NMT est égal à l'angle Amn, c'est-à-dire est égal à un angle constant pour tous les points M. Donc :

Théorème. — *La tangente à l'hélice fait un angle constant avec les génératrices du cylindre.*

On exprime ce résultat en disant que l'hélice coupe les génératrices du cylindre toujours sous le même angle.

Il est facile de montrer que, si une courbe tracée sur un cylindre a des tangentes qui coupent les génératrices sous le même angle α, cette courbe est une hélice.

En effet, la tangente à la courbe en M étant forcément située dans le plan tangent en M au cylindre, plan tangent qui a pour trace sur le plan de base du cylindre la tangente en N au cercle de base, dans le Δ MNT l'angle T complément de l'angle α est constant. Si donc dans le plan GAx on mène une droite faisant avec Ax l'angle β complémentaire de α, et qu'on prenne sur cette droite un point m dont l'ordonnée

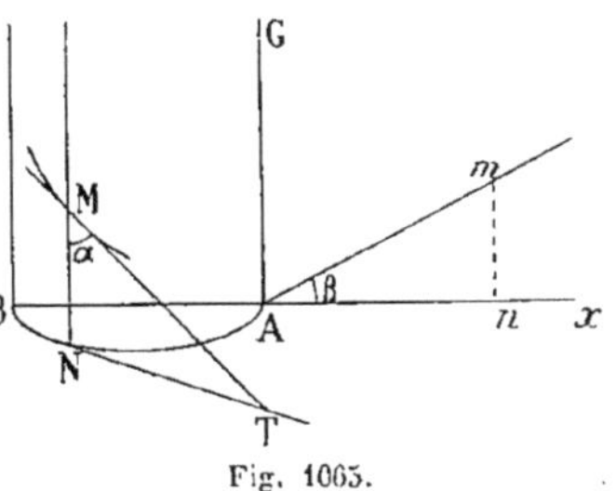

Fig. 1065.

mn soit égale à MN, le point m s'appliquera en M quand on enroulera le Δ Amn sur le cylindre. Donc l'arc AM sera engendré par la droite Am. Cet arc AM sera donc un arc d'hélice.

---

§ 3. — Sens de l'enroulement d'une hélice.

L'enroulement d'une hélice est tantôt sinistrorsum, tantôt dextrorsum.

CONVENTION. — On dit que l'enroulement est sinistrorsum quand, un observateur étant placé le long de l'axe du cylindre, un mobile parcourt cette hélice dans un sens tel que, quand il paraît monter de ses pieds vers sa tête, l'observateur le voit aller de sa droite vers sa gauche.

Cela a lieu dans le cas de la 1ʳᵉ figure, où on suppose l'observateur les pieds en O et la tête en haut, vers z.

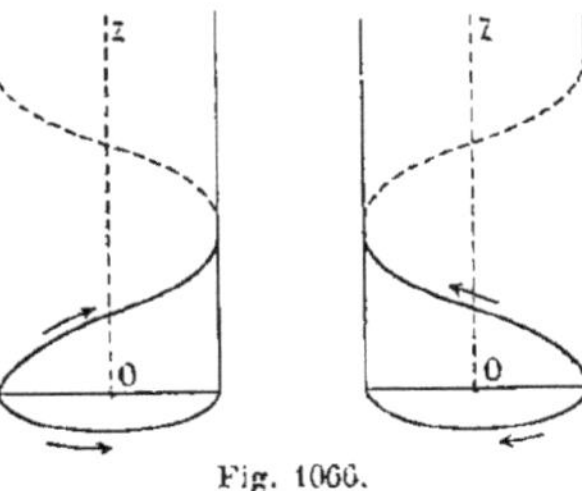

Fig. 1066.

Dans le cas de la 2ᵉ figure, l'enroulement est au contraire dextrorsum, car l'observateur le voit aller de sa gauche vers sa droite.

Pour le voir plus commodément, on peut projeter à chaque instant le mobile qui parcourt l'hélice sur le cercle de base du cylindre.

Dans les vis et tire-bouchons, l'enroulement est toujours sinistrorsum.

REMARQUE. — Si l'observateur au lieu d'avoir la tête en z l'avait en z', les pieds restant en O, le mobile qui parcourt l'hélice de façon à aller des pieds vers la tête de l'observateur, descendrait au lieu de monter. Donc sa projection sur le cercle de base marcherait en sens contraire de tout à l'heure.

Mais, d'un autre côté, la région de l'espace où était la gauche de l'observateur est devenue maintenant la région où est sa droite.

Donc le second observateur continuera à voir le mobile tourner dans le même sens.

Ce qui nous apprend que le *sens d'une hélice* est toujours le même, que l'observateur ait la tête en haut ou en bas.

§ 4. — **Projections d'une hélice circulaire.**

Prenons pour plan vertical de projection le plan passant par l'axe du cylindre et l'origine de l'hélice, le plan horizontal étant le plan de base.

L'hélice se projettera horizontalement sur un cercle.

Cherchons la projection verticale d'une spire, en supposant connus le rayon du cylindre et le pas h de l'hélice.

Partageons le cercle de base en un nombre assez grand n de parties égales et le pas h aussi en n parties égales.

Numérotons ces divisions, de 1 à 16 par exemple.

Quand l'arc est égal à 16, l'ordonnée est égale au pas h, d'où le point (a, a').

Quand l'arc est égal à $\dfrac{2}{16}$, l'ordonnée doit être égale à $\dfrac{2}{16}$ du pas, d'où le point (c, c'), etc. ..

Quand l'arc est égal à $\frac{1}{4}$, l'ordonnée de l'hélice vaut $\frac{1}{4}h$, d'où le point (c, c'), etc., etc.

Il est facile d'obtenir approximativement la tangente en ses différents points.

Par exemple, on portera dans le sens inverse du sens de l'hélice, sur la tangente au cercle en m, une longueur égale à l'arc am (problème qu'on ne peut faire qu'approximativement, c'est certain. Seulement, si le nombre de divisions est suffisamment grand, l'erreur obtenue en substituant la corde à l'arc peut être moindre que l'erreur de $\frac{1}{4}$ de mm que l'on fait forcément dans l'emploi de la règle et du compas, $\frac{1}{4}$ mm étant la limite de la visibilité).

On trouve de la sorte les diverses tangentes, telles que tm, $t'm'$.

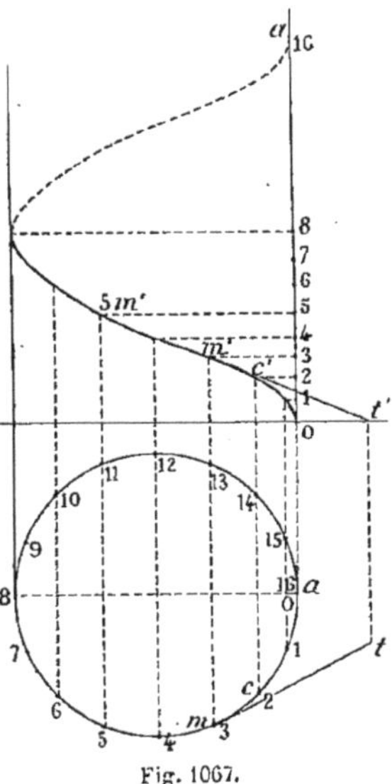

Fig. 1067.

REMARQUE I. — Aux points de l'hélice situés sur le contour apparent vertical, la courbe est tangente en projection verticale aux deux génératrices.

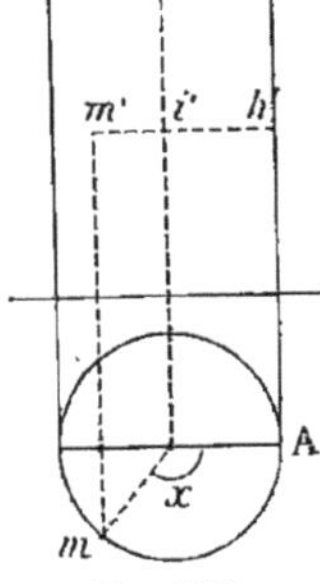

REMARQUE II. — La projection verticale de l'hélice circulaire est une sinussoïde.

Fig. 1068.   Fig. 1069.

Car l'épure nous montre que :

$$m'h' = R + R\cos(180 - x) = R - R\cos x.$$

Si donc on appelle y la quantité $i'm'$, l'axe des x étant l'axe du cylindre, on aura :

$$y = (R - R \cos x) - R = - R \cos x,$$

courbe connue appelée sinussoïde qui présente une inflexion aux points $\dfrac{\pi}{2}$, $\dfrac{3\pi}{2}$, etc., puisque la dérivée s'annule sans changer de signe.

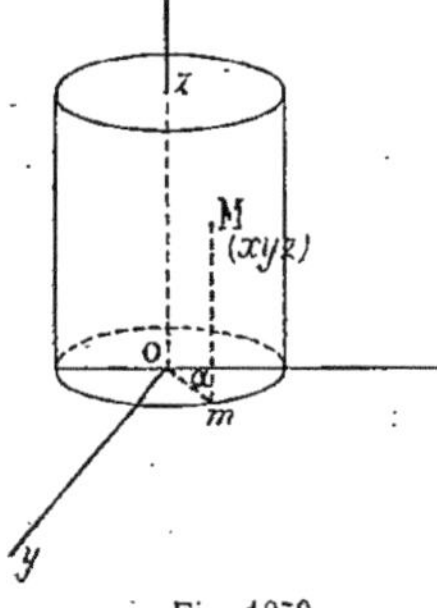

Fig. 1070.

REMARQUE III. — Puisque dans l'hélice $z = \lambda x$, on voit que, en mécanique, un mobile décrira une hélice quand, animé d'un mouvement circulaire uniforme horizontal, il s'élève en même temps verticalement d'un mouvement uniforme dont la vitesse est proportionnelle à l'angle x dont il tourne.

REMARQUE IV. — Equations de l'hélice. Si on désigne par m la projection du point M, et qu'on appelle α l'angle du rayon Om avec OA, on a évidemment, pour les valeurs des trois coordonnées x, y, z du point M de l'hélice :

$$x = R \cos \alpha;$$
$$y = R \sin \alpha;$$
$$z = K R \alpha.$$

Si donc on élimine α entre ces trois équations, on aura les deux relations suivantes :

$$x = R \cos \frac{z}{KR},$$

$$y = R \sin \frac{z}{KR},$$

qui constituent ce qu'on appelle les deux équations de l'hélice.

FIN

TABLE DES MATIÈRES

GÉOMÉTRIE DE L'ESPACE

LIVRE V

DROITES ET PLANS.

LIVRE VI

POLYÈDRES.

LIVRE VII

CORPS RONDS.

LIVRE VIII

I. ELLIPSE

III. HYPERBOLE.

IV. THÉORÈMES DE DANDELIN.

V. HÉLICE.

9 782014 468274